Studienskripten zur Soziologie

20 E.K.Scheuch/Th.Kutsch, Grundbegriffe der Soziologie
Grundlegung und Elementare Phänomene
2. Auflage. 376 Seiten. DM 17,80

22 H. Benninghaus, Deskriptive Statistik
(Statistik für Soziologen, Bd. 1)
5. Auflage. 280 Seiten. DM 18,80

23 H. Sahner, Schließende Statistik
(Statistik für Soziologen, Bd. 2)
2. Auflage. 188 Seiten. DM 15,80

24 G. Arminger, Faktorenanalyse
(Statistik für Soziologen, Bd. 3)
198 Seiten. DM 16,80

25 H. Renn, Nichtparametrische Statistik
(Statistik für Soziologen, Bd. 4)
138 Seiten. DM 14,80

26 K. Allerbeck, Datenverarbeitung in der
empirischen Sozialforschung
Eine Einführung für Nichtprogrammierer
187 Seiten. DM 10,80

27 W. Bungard/H.E. Lück, Forschungsartefakte
und nicht-reaktive Meßverfahren
181 Seiten. DM 15,80

28 H. Esser/K. Klenovits/H. Zehnpfennig,
Wissenschaftstheorie 1 Grundlagen
und Analytische Wissenschaftstheorie
285 Seiten. DM 18,80

29 H. Esser/K. Klenovits/H. Zehnpfennig,
Wissenschaftstheorie 2 Funktionsanalyse
und hermeneutisch-dialektische Ansätze
261 Seiten. DM 18,80

30 H. v. Alemann, Der Forschungsprozeß
Eine Einführung in die Praxis der
empirischen Sozialforschung
351 Seiten. DM 17,80

31 E. Erbslöh, Interview
(Techniken der Datensammlung, Bd. 1)
119 Seiten. DM 14,80

32 K.-W. Grümer, Beobachtung
(Techniken der Datensammlung, Bd. 2)
290 Seiten. DM 19,80

35 M. Küchler, Multivariate Analyseverfahren
262 Seiten. DM 18,80

36 D. Urban, Regressionstheorie und Regressionstechnik
245 Seiten. DM 17,80

37 E. Zimmermann, Das Experiment in den Sozialwissenschaften
308 Seiten. DM 19,80

Fortsetzung auf der 3. Umschlagseite

Zu diesem Buch

Der vorliegende Text gibt einen Überblick über den gegenwärtigen Stand der Freizeitforschung. Neben der historischen Entwicklung stellt er die quantitative und qualitative Seite der Freizeit einschließlich des Tourismus sowie die Diskussion bisher vorliegender theoretischer Konzepte dar.

Dieses Buch ist sowohl zur Einführung als auch zum vertiefenden Studium in die Freizeitforschung gedacht. Insbesondere soll es Begleitlektüre zu Lehrveranstaltungen sein. Darüber hinaus soll es jedoch auch Interesse an einem sozialen Phänomen wecken, das zwar alltäglich ist, als Wissenschaftsdisziplin allerdings noch wenig anerkannt ist.

Studienskripten zur Soziologie

Herausgeber: Prof. Dr. Erwin K. Scheuch
Prof. Dr. Heinz Sahner

Teubner Studienskripten zur Soziologie sind als in sich abgeschlossene Bausteine für das Grund- und Hauptstudium konzipiert. Sie umfassen sowohl Bände zu den Methoden der empirischen Sozialforschung, Darstellung der Grundlagen der Soziologie, als auch Arbeiten zu sogenannten Bindestrich-Soziologien, in denen verschiedene theoretische Ansätze, die Entwicklung eines Themas und wichtige empirische Studien und Ergebnisse dargestellt und diskutiert werden. Diese Studienskripten sind in erster Linie für Anfangssemester gedacht, sollen aber auch dem Examenskandidaten und dem Praktiker eine rasch zugängliche Informationsquelle sein.

Freizeit

Von Dr. rer. pol. Walter Tokarski
und Prof. Dr. phil. Reinhard Schmitz-Scherzer
Universität Gesamthochschule Kassel

B. G. Teubner Stuttgart 1985

Dr. rer. pol. Walter Tokarski

1946 in Leverkusen geboren. 1963 bis 1965 Lehre als Industriekaufmann in Köln. 1967 bis 1969 Besuch des Köln-Kollegs und Abitur. 1969 bis 1974 Studium der Soziologie, Sozialpsychologie und Wirtschaftswissenschaften an der Universität zu Köln, danach Wissenschaftlicher Angestellter. Promotion 1979 mit einer Arbeit über das Verhältnis von Arbeit und Freizeit. Von 1980 bis 1982 Wissenschaftlicher Angestellter und Stellvertretender Geschäftsführer des Modellversuchs "Innovationsförderungs- und Technologietransfer-Zentrum der Hochschulen des Ruhrgebiets" des Landes Nordrhein-Westfalen an der Ruhr-Universität Bochum. 1982 bis 1984 Wissenschaftlicher Angestellter, seit 1984 Akademischer Rat an der Universität Gesamthochschule Kassel. Zahlreiche Publikationen zu den Thematiken Freizeit und Soziale Gerontologie im In- und Ausland.

Prof. Dr. phil. Reinhard Schmitz-Scherzer

1938 in Krefeld geboren, 1960 Abitur, 1965 Diplom im Fach Psychologie, 1969 Promotion mit einer Arbeit zum Thema "Freizeit und Alter" am Psychologischen Institut der Universität Bonn. Dort auch seit 1965 beruflich tätig mit dem Schwerpunkt Gerontologie innerhalb der Entwicklungs- und der pädagogischen Psychologie. Mitarbeit an der Bonner gerontologischen Längsschnittstudie von 1965 bis 1982. Habilitation 1976, seit 1979 appl. Professor. Publikationen in deutscher, englischer, französischer und spanischer Sprache zur Thematik Freizeit und zu gerontologischen Fragestellungen. Seit 1982 als Professor für Soziale Gerontologie an der Universität Gesamthochschule Kassel.

CIP-Kurztitelaufnahme der Deutschen Bibliothek

Tokarski, Walter:
Freizeit / von Walter Tokarski u. Reinhard Schmitz-Scherzer. - Stuttgart : Teubner, 1985.
(Teubner-Studienskripten ; 125 : Studienskripten zu zur Soziologie)
ISBN 978-3-519-00125-6 ISBN 978-3-322-94880-9 (eBook)
DOI 10.1007/978-3-322-94880-9

NE: Schmitz-Scherzer, Reinhard:; GT

Gesamtherstellung:Beltz Offsetdruck, Hemsbach/Bergstr.
Umschlaggestaltung: W. Koch, Sindelfingen

Lebensfroh ist er und nicht die Bohne ehrgeizig, nachsichtig bis dicht an die Toleranz, ehrlich und offen, nicht zu bescheiden, höflich ja, auch noch kritikfähig, nicht übertrieben fleißig und leistungsgeil, pfeift auf Gehorsam... So ist nach Meinung der Deutschen der Deutsche, der seine Freizeit zu genießen weiß.

Voller Selstvertrauen schaltet er ehrgeizlos für täglich 114 Minuten den Fernseher ein, manscht berstend vor Heiterkeit in der Volkshochschule einen Aschenbecher aus Ton oder verschreckt als keuchender Mittelstreckler die Pudel im Park ... Wir wissen das alles ganz genau. Weil Freizeit in Deutschland eine Wissenschaft ist.

(aus: Der Stern vom 26.7.1984)

Inhalt | Seite

1. Einleitung

Freizeitforschung spielt lediglich eine untergeordnete Rolle - nicht nur in der Bundesrepublik Deutschland. Nach einem Boom von Literatur und Forschungsprojekten zur Freizeitproblematik in den 70er Jahren ist es wieder sehr viel ruhiger darum geworden. Auf der internationalen Ebene spiegelt sich dieses Bild wider. Die große Euphorie in puncto Freizeit, der große Run auf die "Freizeitgesellschaft", der Drang nach Verbesserung der Chancen verschiedener sozialer Gruppen in der Freizeit scheint durch eine eher resignative Stimmungslage ersetzt worden zu sein: Die wirtschaftlichen Krisen in den westlichen Industrieländern mit ihren hohen Raten an Arbeitslosen sowie der Notwendigkeit, Arbeit neu zu definieren und zu verteilen, lassen die Arbeit im Mittelpunkt des Interesses stehen, obwohl gleichzeitig auch vom Bedeutungsverlust der Arbeit die Rede ist. Jedenfalls sind Freizeitkonzepte z.Zt. weniger gefragt.

Was die wissenschaftliche Seite der Freizeit anbetrifft, so zeigen die letzten 10 Jahre Freizeitforschung keine wesentlichen Fortschritte. Dies mag auch ein Indikator dafür sein, daß sich die Freizeitforschung in einer stagnierenden Phase befindet. Auch hier bietet die ausländische Literatur kein anderes Bild, keine neueren Impulse. Wir sind dennoch der Meinung, daß heute der Zeitpunkt für eine erneute Bestandsaufnahme günstig ist; günstig, weil sich die Gesellschaft heute in einem Umbruch befindet, - Freizeit wird in absehbarer Zeit wieder an Bedeutung gewinnen, Tendenzen in diese Richtung sind unverkennbar -, günstig weiterhin, weil Konzepte dafür benötigt werden. Die veränderte soziale Situation von Jugendlichen, Arbeitslosen, Frauen und Ruheständlern und anderen sozialen Gruppen weist deutlich in diese Richtung. In diesem Sinne verstehen wir das vorliegende Buch als eine Weiterführung der Ansätze von Schmitz-Scherzer (1974) und Scheuch (1977), das den veränderten Bedingungen Rechnung tragen, aber auch Anregungen geben will.

Gleichzeitig sind wir uns als Autoren aber auch durchaus im klaren darüber, daß jedes grundlegende Buch über Freizeit und jede Bestandsaufnahme ("state of the art") angesichts dieser Umbruchsituation und der zu erwartenden Veränderungen im Arbeits- und Freizeitbereich immer nur ein

"Zwischenbericht" sein kann. Unter diesen Umständen erscheint es uns auch angebracht, unsere hier vertretenen Hypothesen und Konzepte bewußt zur Diskussion zu stellen und die Möglichkeit der Revision von vorne herein einzukalkulieren, wenn neue Erkenntnisse vorliegen. Wir sind der Meinung, daß erst aus der Kontroverse befriedigende Fortschritte für die Freizeitforschung entstehen können.

Und noch zwei Aspekte erscheinen uns wichtig zu betonen:

Das vorliegende Buch befaßt sich in erster Linie mit der Freizeit in der Bundesrepublik Deutschland, auch wenn an vielen Stellen Literatur ausländischer Autoren herangezogen wird. Freizeit kann immer nur in dem kulturellen Kontext betrachtet und verstanden werden, in dem sie sich abspielt; dazu gehört - in Abwandlung eines Wortes von E l i a s (1981, S. XIX) - ihr sich wandelnder, werdender und gewordener Status, also auch ihre Geschichte.

Aus diesem Ansatz folgt notwendigerweise, daß die hier vorgenommene Diskussion der Freizeit möglichst disziplinübergreifend erfolgt, obwohl freilich gewisse Einflüsse der wissenschaftlichen Sozialisation der Autoren zum Tragen kommen. Wir glauben, daß gerade das Bemühen um eine übergreifende Sichtweise des Phänomens Freizeit ein erster Schritt zur Weiterentwicklung der Freizeitforschung und möglicherweise der Freizeit überhaupt ist. Leider geschah dies in der Vergangenheit zu selten. Wir erheben daher die Offenheit für eine disziplinübergreifende Betrachtung als unbedingte Forderung, ohne die wir kaum Entwicklungschancen für zukünftige Freizeitforschung sehen. Uns ist allerdings auch klar, daß dieses Buch eben an dieser Forderung gemessen wird.

Die Vorgehensweise bei der Darstellung der Freizeit in der Bundesrepublik Deutschland sowie der wissenschaftlichen Bezüge und Konzepte orientiert sich am Prinzip des Baukastensystems: Nach einer kurzen Diskussion der gegenwärtigen politischen und gesellschaftlichen Situation der Freizeit als Ausgangspunkt (Kap. 2) und einem Abriß der historischen Entwicklung der Freizeit, der Freizeitpolitik und der Freizeitforschung (Kap. 3) zum besseren Verständnis der Hintergründe der heutigen Situation, werden die

Erkenntnisse der Forschung über die Freizeit heute (Kap. 4) in kleinen Abschnitten aufeinander aufbauend dargelegt. Eine analytische Zergliederung des Stoffes erwies sich dabei als unabdingbar. Wir haben uns jedoch bemüht, diese Zergliederung gemäß unserer o.a. Forderung "disziplinübergreifend" vorzunehmen. Uns erschien es darüber hinaus sinnvoll zu sein, erst das Phänomen Freizeit eingehend in seinen Facetten darzustellen, bevor definitorische und theoretische Fragen diskutiert werden (Kap. 6). Der Leser, der sich bisher noch nicht mit dieser Thematik beschäftigt hat, hat dadurch eine bessere Möglichkeit, die Entwicklung und den Erkenntnisstand der Freizeitforschung zu beurteilen. Die umgekehrte Vorgehensweise, wie sie in wissenschaftlichen Werken immer wieder angewandt wird, birgt die Gefahr, daß die theoretische Seite eines Phänomens relativ isoliert neben den empirischen Resultaten der Forschung steht. Dies wollten wir vermeiden.

Ein besonderes Kapitel ist dem Reisen in der Freizeit gewidmet - einem Thema, das in unserer Gesellschaft eine erhebliche Bedeutung besitzt (Kap. 5) und quasi als "Sonderform" der Freizeit gelten kann.

Wir danken allen, die bei der Erstellung des Buches Verständnis und Geduld aufgebracht haben. Ein Buch über Freizeit zu schreiben ist Arbeit - und diese nimmt von der eigenen Freizeit einen guten Teil weg.

Kassel/Bad Honnef im Sommer 1985

Walter Tokarki
Reinhard Schmitz-Scherzer

2. Freizeit in der politischen und gesellschaftlichen Diskussion

Freizeit wird in unserer Gesellschaft immer wichtiger, gleichzeitig jedoch immer problematischer; wenigstens muß man zu diesem Schluß kommen, wenn man der öffentlichen Diskussion folgt. Ob dies vom Einzelnen ebenso gesehen wird, steht nicht eindeutig fest. Eine Reihe von Studien weist darauf hin, daß in der Bundesrepublik ein Paradigmenwechsel erfolgt, von der Krise der Arbeitsgesellschaft ist die Rede. Die Ergebnisse dieser Studien scheinen auf ein Absinken der relativen Bedeutung der Arbeit zugunsten der Freizeit hinzudeuten. Wird Freizeit zum Lebenssinn (Opaschowski 1983), kann sie es überhaupt? Oder gewinnt dadurch gar die Arbeit erst recht im Vergleich zur Freizeit an Bedeutung?

Gleichzeitig wird von vielen Seiten - nicht nur von Pädagogen - darauf hingewiesen, daß die Mehrheit der Bevölkerung nicht auf vermehrte Freizeit vorbereitet sei, was insbesondere die Freizeitinhalte betrifft. Genau hier aber liegt z.Zt. die große Gefahr der gegenwärtigen Politik: Vermehrte Freizeit - es stehen verschiedene Modelle der Realisierung zur Auswahl, angefangen von der Verkürzung der Tagesarbeitszeit bis hin zur gerontologisch bedeutsamen Verkürzung der Lebensarbeitszeit (Schmitz-Scherzer & Tokarski 1983a, S. 74) - wird primär als Instrument zur Sicherung von Arbeitsplätzen eingesetzt. Erst in zweiter Linie wird sie als Verbesserung der Lebensbedingungen oder als Möglichkeit der Humanisierung des Lebens der Menschen in unserer Gesellschaft verstanden. Freizeit wird politisch als eine quantitative Manövriermasse zur Lösung anderer Probleme als der im Freizeitbereich selbst liegenden angesehen. Es wird so getan, als gäbe es keine Probleme in der Freizeit, obwohl häufig von sogenannten Defizitgruppen in der Freizeit die Rede ist. Insgesamt gesehen stellt sich Freizeit heute bei uns vor allem als privater Bereich dar, trotz Politisierung, trotz Massenphänomenen, trotz immer größerer Vergesellschaftung von Verhaltensweisen. Probleme in der Freizeit gehören zum privaten Bereich der einzelnen Mitglieder unserer Gesellschaft und werden so von der Gesellschaft und ihren Mitgliedern weitgehend tabuisiert. Wer gibt schon gerne zu, Langeweile zu haben, zu dösen, gewisse Freizeitangebote aus finanziellen Gründen nicht in Anspruch nehmen zu können etc.? Damit werden aber Freizeitprobleme von Arbeitslosen, von kinderreichen Familien, alleinerziehenden Müttern, Behinderten und auch alten Menschen zu deren privaten Angelegenheiten und entbehren damit der Aufmerksamkeit der Politik. Wir können heute bereits Tendenzen einer "neuen Zweiklassengesellschaft" in der Freizeit beobachten: Die einen können mit ihrer vermehrten Freizeit etwas anfangen, die anderen nicht; und dies nicht, weil sie nicht wüßten, wie, sondern weil sie aus den unterschiedlichsten Gründen dazu nicht in der Lage sind: z.B. wegen fehlender finanzieller Mittel, fehlender Mobilität, restriktiver Arbeits- und Lebensbedingungen u.ä. (Schmitz-Scherzer, Schulze & Tokarski 1983, S. 1 ff.).

Freizeit ist immer in engem Zusammenhang mit Arbeit gesehen worden, wobei Arbeit als Sinn des Lebens verstanden worden ist, Freizeit jedoch nur als davon abgegrenzte Restzeit. Zu fragen ist: Kann Freizeit wirklich die Arbeit als höchsten Wert ersetzen, ihre hohe Bedeutung für die Gesellschaft und ihre Prozesse kompensieren, angefangen von der Strukturierung des Tages bis hin zur Lebenssinngebung? Sind Freizeitprobleme dann "ernste" Probleme oder weniger ernste? Was macht uns so sicher, daß die Mitglieder unserer Gesellschaft mehr Freizeit haben wollen und nicht vielleicht eine qualitativ andere Arbeit? Sind wir analog der o.a. "Zweiklassengesellschaft in der Freizeit" auch auf dem Weg zu einer "Zweiklassengesellschaft in der Arbeit", wobei die einen "normale" Areit haben wie bisher, also einen 8-Stunden-Tag, 4o-Stunden-Woche, ein Pensionsalter von 65 Jahren; die anderen aber "verkürzte" Arbeit - am Tag, in der Woche, im Leben?

Damit sind Fragen angeschnitten, die in der jetzigen Diskussion um vermehrte Freizeit kaum gestellt worden sind; bezeichnenderweise wird in der Diskussion von Arbeitszeitverkürzung gesprochen, womit gleichzeitig der Stellenwert der Freizeit charakterisiert ist. Sehr deutlich jedoch wird hier insbesondere, daß mit den herkömmlichen sozialen Differenzierungen, wie sie die Freizeitforschung verwendet - Schicht, Beruf, Einkommen, Bildung etc. - die hier skizzierte Problematik nicht mehr hinreichend untersucht werden kann, auch wenn vielleicht die eine oder andere soziale Gruppe besonders betroffen sein sollte. Eine differenziertere Betrachtungsweise wird erforderlich. Es müssen neuen Wege der Analyse der

Freizeit in unserer Gesellschaft gesucht werden, Wege, um Freizeit "ernster" zu nehmen, als es bisher der Fall gewesen ist. Denn wie kann man ernsthaft mehr Freizeit für alle verlangen, wenn diese Freizeit nur zweitrangig in der Wertskala ist?

3. Zur historischen Entwicklung der Freizeit

3.1. Geschichte der Freizeit als Sozialgeschichte

Eine Geschichte der Freizeit muß erst noch geschrieben werden. Große Geschichte, wie sie in der überwiegenden Zahl der Geschichtsbücher dargestellt ist, befaßt sich nicht mit Freizeit, allenfalls mit der Freizeit einiger Mächtiger. Die Geschichtsbücher beinhalten viele solcher Geschichten und Anekdoten - und vermitteln dadurch ein völlig falsches Bild der Zeit. Über den Alltag des Volkes, die Freizeit der arbeitenden Menschen, die Lebensbedingungen derer, die nicht mächtig waren, darüber wissen wir wenig. Sicherlich sind uns allen einzelne Fragmente des Tagesablaufs von Menschen früherer Jahrhunderte bekannt, aus der Literatur, aus den Medien, von Museumsbesuchen, aus Erzählungen. Aber kennen wir damit das Leben der Menschen in den früheren Jahrhunderten unserer Geschichte? Kennen wir ihre Einstellungen, ihre Lebensinhalte, ihre Ängste und Sorgen? Wissen wir, wie sie gedacht haben und warum sie so lebten, wie sie lebten? Kennen wir die Handlungsgründe der Menschen, die durch ihr Verhalten und ihr Denken, durch ihr Kämpfen und Sterben, zur Entwicklung der Gesellschaft, so wie sie heute ist, beigetragen haben? Wohlbemerkt, es ist hier nicht von Herrschern und Mächtigen die Rede, sondern von sog. einfachen Menschen. Denn wir müssen unterscheiden zwischen den Mächtigen, die durch ihr Handeln ganze Völker vernichten oder große Reiche schaffen konnten, und den Menschen, denen dies nicht möglich war, und die ihren eigenen täglichen Kampf kämpften. K u c z y n s k i faßt diese Problematik sehr präzise, wenn er sagt: "Auch wird so oft nicht beachtet, daß es gewissermaßen zwei Arten von Klassenkämpfen gibt: die großen Schlachten und den alltäglichen Kampf" (1981, S. 13).

Erst seit dem Zweiten Weltkrieg vollzieht sich hier eine Wandlung: Geschichte als Sozialgeschichte gewinnt langsam an Bedeutung und wird nicht mehr nur von "Außenseitern" betrieben (Huck 1980, S. 11). Allerdings - und das zeigt sich heute - beschränkt sich die Beschäftigung mit Sozialgeschichte bisher primär auf nur einige wenige Aspekte des industriellen Zeitalters, insbesondere auf langfristige Phänomene der Makroebene, während der Mensch und seine Bedürfnisse, Werte, Lebensweisen und Handlungsmuster nach wie vor nur lückenhaft analysiert werden (Huck 1980, S. 11 ff.). Hier sind sicherlich bereits bekannte Quellen neu zu untersuchen, die geeignet sind, die Lebensbedingungen der Menschen in früheren Epochen aufzuzeigen.

Eines muß in diesem Zusammenhang jedoch vorab deutlich hervorgehoben werden: Gesellschaftliche Entwicklungen vollziehen sich immer im Zusammenwirken von Subjekt und Objekt, von Individuen und Gesellschaft (Elias 1981). Insofern sind zwar "die Gedanken der herrschenden Klasse ... die in der Gesellschaft herrschenden Gedanken" (Kuczynski 1981, S. 10), aber wie wirken sie sich auf den Einzelnen in der Gesellschaft aus, wie wirken sie zurück? Sozialer Wandel ist ein höchst konfliktträchtiges Phänomen, konfliktträchtig sowohl für das Verhältnis von Individuum und Gesellschaft, als auch für die individuellen und gesellschaftlichen Strukturen überhaupt. Gesellschaft bedeutet das Ergebnis eines Prozesses, stellt aber auch selbst einen permanenten Prozeß dar. Das, was heute ist, hat seine Geschichte, seine Entwicklung, seinen Prozeß. Leben heute, Alltag und Freizeit heute, sind geworden, wandeln sich, werden zu etwas anderem. Ohne Kenntnis dessen, was vorher war, können wir das Heute nicht verstehen, können wir kaum erkennen, wohin der Prozeß in Zukunft weitergeht (Elias 1983, S. 3o ff.). Geschichtsanalyse ist also notwendig (Prahl 1977, S. 35; Kramer 1977, S. 10), eine Erkenntnis, der sich weite Bereiche der Sozialwissenschaften bisher entzogen haben. Freizeitforschung ist eine der Disziplinen, die sich bisher zu wenig mit der historischen Entwicklung ihres Erkenntnisobjektes beschäftigt haben. Entsprechend kurzsichtig und unbefriedigend erscheinen denn auch oft heutige Erklärungsversuche verschiedener Freizeitphänomene.

Von dieser Basis aus werden im folgenden einige Betrachtungen zur Freizeit in Deutschland angestellt. [1]

Die Analyse der geistesgeschichtlichien Fundierung der Freizeit wird im folgenden an erster Stelle stehen. Daran schließen sich eine Diskussion der Freizeit im Wandel politischer, ökonomischer und sozialer Bedingungen einschließlich quantitativer Veränderungen, der Entstehung und Entwicklung der Freizeitpolitik sowie der Freizeitforschung an.

Dabei kann hier keine vollständige Geschichte der Freizeit geschrieben werden; dies muß und soll den Historikern vorbehalten bleiben. Was hier jedoch geleistet werden kann, ist eine Herausarbeitung von historischen Wurzeln der Freizeit und ihrer Konsequenzen für die jeweiligen Lebensbedingungen bis heute. So selbstverständlich uns unsere Freizeit ist, so ist sie doch von unserer Kultur geprägt und unterscheidet sich von der in anderen Kulturkreisen. Erst unter spezifischen kulturellen Randbedingungen und vor dem Hintergrund sozialgeschichtlich überlieferter und z.T. bis heute fortwirkender Orientierungsmuster gewinnen Merkmalsausprägungen der Freizeit ihre jeweils spezifische Bedeutung. Ein und dasselbe Verhalten in der Freizeit hat in verschiedenen Kulturkreisen bei oft unterschiedlicher Genese auch eine unterschiedliche Bedeutung und einen anderen Stellenwert (Giegler 1982, S. 52).

Den wichtigsten Fragen nach den Alltags- und Freizeiterfahrungen und -bedingungen einzelner sozialer Gruppen in der Geschichte sowie nach der Entwicklung der Integrations- und Differenzierungskraft von Freizeit für diese sozialen Gruppen kann dabei nur ansatzweise nachgegangen werden. Doch sind gerade diese beiden Fragen wichtig zur Beurteilung der gesell-

---

[1] Die hier gemnachten Überlegungen gelten selbstverständlich nicht für alle Länder Europas, sondern sind auf Deutschland zunächst beschränkt. Allenfalls ließen sich Generalisierungen für einige spezifische Regionen Europas machen, etwa nach der Klassifikation von Gerschenkorn (1962), der verschiedene Ländergruppen nach ihrer "ähnlichen" historischen Entwicklung unterscheidet. Danach gehören die westeuropäischen Länder Frankreich, Niederlande, Belgien, Deutschland und der Norden der USA zu einer Gruppe, die als "zentral" bezeichnet wird, Länder, wie die skandinavischen Länder, Rußland, Polen, Ungarn, die Balkan- und die übrigen Mittelmeerländer zur Gruppe der "peripheren" Länder hinsichtlich ihrer allgemeinen Entwicklung.

schaftlichen Entwicklung und des sozialen Wandels sowie der Stellung des einzelnen in der Gesellschaft. Eine Aufarbeitung dieser Thematik in der historischen Entwicklung wäre für die Zukunft wünschenswert.

3.2 Zur geistesgeschichtlichen Fundierung der Freizeit

Aufgrund des Einbezugs mangelnder (historischer) Momente in die Arbeit der Freizeitforschung wird die Geschichte der Freizeit in der Literatur, soweit sie überhaupt angesprochen wird, auf einige wenige Bemerkungen und Stereotype zusammengestrichen. Sie betonen die Zweitrangigkeit der Freizeit generell (Tokarski 1982, S. 191) und lassen sich im Vergleich zu anderen Phänomenen der Geschichte fast als banal einstufen. So wird z.B. in der Freizeitforschung häufig die These vertreten, Freizeit, wie sie heute verstanden wird, sei im Zuge der industriellen Revolution aufgrund der Arbeitszeitverkürzung seit dem Ende des 19. Jahrhunderts entstanden und habe ihre bis heute charakteristische Ausprägung durch die damit verbundene Trennung von Wohn- und Arbeitsstätte erhalten (vgl.z.B. Strelewicz 1965, S. lo f.; Nahrstedt 1972, S. 19; zusammenfassend Hammerich 1974, S. 269). Damit ist zunächst die Blickrichtung auf die Freizeitproblematik einer spezifischen Bevölkerungsgruppe, die der Industriearbeiter, beschränkt. Ihnen galt und gilt auch in der Forschung das größte Interesse, vornehmlich, wenn es um die Bestimmung des Verhältnisses von Arbeit und Freizeit geht. Es ist zweifellos richtig, daß die Folgen der industriellen Revolution für die Entwicklung der Freizeit von großer Bedeutung gewesen sind. Zumindest ebenso entscheidend für das heutige Freizeitverständnis ist jedoch auch die geistige Strömung, die die Entwicklung dieser industriellen Revolution mit der Trennung von Wohn- und Arbeitsstätte und der Einführung von Maschinen in die menschliche Arbeit vorbereiteten. Dies war aber freilich nicht nur für eine bestimmte Bevölkerungsgruppe bedeutsam. So wird in jüngster Zeit der Ursprung des Begriffes Freizeit und seiner spezifischen Ausprägung in die Zeit der bürgerlichen Aufklärung des 18. Jahrhunderts (Nahrstedt 1972, S. 17) und in die Zeit der Reformation des 16. Jahrhunderts (Opaschowski 1976, S. 18 ff.) vorverlegt (Tokarski 1979, S. 14 ff.). Freizeit hat durch die Industrialisierung lediglich die besonderen Charakteristika erhalten, wie wir sie heute in Industriegesellschaften kennen.

Die Analyse der Entstehung des Freizeitgedankens und des heutigen Freizeitverständnisses war gleichzeitig stets eine Analyse der Entstehung der Polarität von Arbeit und Freizeit, sowohl in qualitativer als auch in quantitativer Hinsicht. Es war vor allem die Reformation, die mit der ihr zugehörigen Ethik des asketischen Protestantismus eine methodisch-rationale Reglementierung und Einteilung des gesamten Lebens vorgab und auf diese Weise die angesprochene Polarität mitbewirkte. Dabei entwickelte sich im Bewußtsein der Menschen zum ersten Male der Gegensatz von "öffentlich verpflichteter Zeit" und einer übrigbleibenden "privaten freien Zeit" (Opaschowski 1976, S. 19). Arbeit und Freizeit wurden so komplementäre Elemente im menschlichen Leben. Die hier vollzogene Zweiteilung des Lebens hat das religiöse, wirtschaftliche, soziale und politische Denken und Handeln in jener Zeit bis heute entscheidend verändert. Die deutsche, aber auch die gesamte westeuropäische und amerikanische Freizeitforschung steht bis heute in der Nachfolge dieser in der protestantisch-puritanischen Arbeitsethik begründeten Polarisierung von Arbeit und Freizeit. Weitgehend ausgenommen hiervon sind nur die romanischen, insbesondere die katholischen Länder, wie Italien, Spanien, Portugal und teilweise auch Frankreich (Opaschowski 1976, S. 32).

Schon in der Reformation entstand demnach das heute noch aktuelle Arbeitsethos: Die Arbeit wird zum Sinn des Lebens und beruht auf einer ursprünglich religiös begründeten Verpflichtung, die der Einzelne seiner Arbeitstätigkeit gegenüber empfinden soll. Die Pflichterfüllung dominiert über den Daseinsgenuß, Arbeit und Erwerb werden so zum Selbstzweck des Lebens, zu einem sittlichen Wert: "Nicht Muße und Genuß, sondern nur Handeln dient nach dem Willen Gottes zur Mehrung seines Ruhms. Zeitvergeudung ist demnach die erste und prinzipiell schwerste aller Sünden" (Max Weber 1973, S. 166).

Diese alle menschlichen Daseinsbereiche und auch die Wertvorstellungen und Handlungsorientierungen der Menschen umfassende Lebensform des Protestantismus führte W e b e r zufolge schließlich zur Entwicklung dessen, was in vereinfachter Form als seine "Protestantismus-These" berühmt geworden ist: die Theorie, daß eine der Wurzeln des modernen Kapitalismus im Protestantismus zu suchen ist. Darin, daß der Protestantismus über sein besonderes Arbeitsverständnis als Pflichterfüllung und Selbstzweck des Lebens eine für den Kapitalismus notwendige kollektive Wertorientierung herausbildete, liegt nach M a x W e b e r sein historisch bedeutsamer Beitrag zur Entwicklung der modernen kapitalistischen Gesellschaft (vgl. hierzu auch Conrad/Streeck 1976, S. 182). Damit wird deutlich, daß Freizeit in ihrem neuzeitlichen Verständnis nicht erst als Produkt der industriellen Revolution angesehen werden kann, sondern das Ergebnis einer schon früher wirksam gewordenen religiösen Strömung ist, die ihrerseits die industrielle Revolution mitgetragen hat. O p a s c h o w s k i stellt die These auf: "Je mehr eine Gesellschaft vom Protstantismus, Calvinismus und Puritanismus geprägt worden ist, desto mehr trägt ihr Wirtschaftssystem kapitalistische Züge und desto radikaler ist der Gegensatz von Arbeit und Freizeit ausgebildet" (1976, S. 33). Frühere Arbeiten von R o s e n (1959),L e n s k i (1961) und B l a u n e r (1964) kommen zu ähnlichen Ergebnissen.

Etwa mit dem Ende des 18. Jahrhunderts änderten sich die gesellschaftlichen Bedingungen. Das Selbstverständnis des Bürgertums wurde durch die Auflösung der verpflichtenden Respektierung der vorgeschriebenen oberen Grenze des standesgemäßen Aufwandes geprägt. Dies hatte zur Folge, daß nicht nur die Wahl unterschiedlicher Bezugspersonen möglich wurde, sondern sich auch ein entsprechendes Verhalten ohne Sanktionierung äußern konnte. Es kam zwangsläufig zu einer Krise in der Selbstdefinition des Bürgertums; einmal begann es, feudalherrschaftlichen Aufwand zu treiben und sich an den Adel, bei dem häufige, entsprechend gelebte Freizeit als Statussymbol galt (Veblen 1899), anzulehnen, zum anderen stellten sich aber Schwierigkeiten dabei ein, das Arbeitsethos mit der feudalherrschaftlichen Muße in Einklang zu bringen. Vor diesem Hintergrund entstanden die moralischen Belehrungen über richtige und vernünftige Nutzung der Freizeit. Gleichzeitig liegt hier der Ursprung der direkten Zuordnung von Freizeit und Bildung, die später speziell für die Arbeiterschaft eine große Rolle gespielt hat (vgl. hierzu Hammerich 1974, S. 271 ff.)

Je mehr sich die Werthaltungen des Protestantismus ökonomisch auszuwirken begannen, desto stärker waren sie jedoch auch gefährdet. Die ethischen Grundlagen des Puritanismus gerieten zunehmend in Konflikt mit den unter ihrer eigenen Mithilfe veränderten wirtschaftlichen und gesellschaftlichen Verhältnissen. Im Zuge der weiteren Entwicklung wurde die religiös begründete Idee der Arbeit als Sinn des Lebens, die die Basis der asketischen Lebensform des Puritanismus war, von einem spezifisch bürgerlichen, säkularisierten "Erwerbsinteresse" abgelöst (Max Weber 1973, S. 184 f.). Dabei blieben jedoch die bereits entwickelten normativen Orientierungen als "kulturelle Werte" erhalten: Der Kapitalismus als soziales System und als kollektive Lebensform funktionierte "von allein" auf der Basis der Anpassung seiner Mitglieder an die "eingelebten Selbstverständlichkeiten" (Max Weber 1973, S. 188). Das vom religiösen Ursprung losgelöste "Erwerbsinteresse" und die daraus resultierenden sozialen Auswirkungen im Kapitalismus des 19. Jahrhunderts waren denn auch die Hauptangriffspunkte des Marxismus.

M a r x stellt im "Kapital" insbesondere den Doppelcharakter der Arbeit heraus. Dieser Doppelcharakter ist seinen Ausprägungen als konkrete und abstrakte Arbeit ist zugleich der Ausgangspunkt zur Erklärung der Entstehung des Mehrwerts und der Ausbeutung. Indem M a r x jedoch die Arbeit als erste Grundbedingung allen menschlichen Lebens, als entscheidende und unerläßliche Existenzbedingung des Menschen bezeichnet, stellt er gleichzeitig auch den Gegensatz von Arbeit und Freizeit heraus. Die Differenzierung der Arbeit in entfremdete sowie freiwillige und schöpferische Arbeit, die Unterscheidung von gesellschaftlich notwendiger Arbeit und Freiheit in der Freizeit implizieren wie im Puritanismus eine Polarität beider Bereiche.

Exkurs: Marx über die disponible Zeit

Die Erschließung des wissenschaftlichen Werks von Max Weber im Hinblick auf die unterschiedlichen Aspekte von Zeit und ihrer Verwendung ist noch nicht abgeschlossen (vgl. hierzu und auch zu den folgenden Ausführungen Lippold & Manz 1980, S. 123 ff.; Ebert 1983, S. 14o5 ff.). M a r x selbst spricht nicht von Freizeit, sondern verwendet in seinen Werken die Begriffe disponible Zeit, Arbeitszeit, Nichtarbeitszeit und Mußezeit (leisure time). Die notwendige Arbeitszeit und die disponible Zeit bilden ein Begriffspaar, wobei die Summe der arbeitsfreien Zeit eines Arbeiters, seine Mehrarbeitszeit und die Zeit aller anderen Nichtberufstätigen als disponible Zeit gefaßt wird. Disponible Zeit und die notwendige Arbeitszeit ergeben dann die gesamte dem Menschen zur Verfügung stehende Zeit.

M a r x spricht darüber hinaus aber auch von leisure, loisir und leisure time. Er wählt diese Begriffe jedoch zur Charakterisierung der Zeit, die für Muße im eigentlichen historischen Sinne des Wortes verwandt wird. Oft wird in der deutschen Übersetzung dieser Begriff mit Freizeit gleichgesetzt, was so nicht zutrifft.

In den Heften I bis V des Manuskripts 1861 bis 1863 (Zur Kritik der politischen Ökonomie) als Band 3.1 der zweiten Abteilung der M a r x / E n g e l s - Gesamtausgabe werden die Aussagen über die disponible Zeit ergänzt (zitiert nach Ebert 1983, S. 14o5). M a r x geht darin von gesellschaftlichen Verhältnissen aus, unter denen die Werktätigen in der materiellen Produktion gezwungen sind, alle Zeit als Arbeitszeit zu verwenden, um ihren Lebensunterhalt zu sichern. Die disponible Zeit, die durch steigende Arbeitsproduktivität freigesetzt wird, kommt unter diesen Verhältnissen nur den Herrschenden zugute. In diesen Sinne stellt M a r x fest:

"Wie die Pflanzen der Erde, das Vieh von der Pflanze oder vom pflanzenfressenden Vieh lebt, so der Theil der Gesellschaft, der freie Zeit, disposable nicht in der unmittelbaren Produktion der Subsistenz absorbirte Zeit besitzt, von der Mehrarbeit der Arbeiter" (S. 169 des Manuskripts). Weiter: "Sobald eine Gesellschaft existiert, worin einige leben ohne zu arbeiten (direkt in der Produktion von Gebrauchswerten betheiligt zu sein), ist es klar, daß der ganze Überbau der Gesellschaft als Existenzbedingung hat die Surplusarbeit der Arbeiter. Es ist zweierlei, was sie von dieser Surplusarbeit empfangen. Erstens: die materiellen Bedingungen des Lebens, indem sie an dem Product theilnehmen und von ihm subsistieren, welches die Arbeiter über das Product hinaus liefern, das zur Reproduktion ihres eigenen Arbeitsvermögens erheischt ist. Zweitens: die freie Zeit, die sie zur Disposition haben, sei es zur Muße, sei es zur Ausübung nicht unmittelbar productiver Thätigkeiten (wie z.B. Krieg, Staatswesen), sei es zur Entwicklung menschlicher Fähigkeiten und gesellschaftlicher Potenzen (Kunst etc., Wissenschaft)" (S. 168 des Manuskripts). Und: "Die ganze menschliche Entwicklung, soweit sie über die zur natürlichen Existenz der Menschen unmittelbar notwendige Entwicklung hinausgeht, besteht blos in der Anwendung dieser freien Zeit und setzt sie als ihre nothwendige Basis voraus(S. 168 des Manuskripts); "Reichtum ist daher disposable Zeit" (S. 169 des Manuskripts).

Die disponible Zeit, von M a r x z.T. auch als disposable Zeit oder freie Zeit bezeichnet, ist also der Gradmesser der gesamten Effektivität der gesellschaftlichen Arbeit. Je geringer der Anteil der notwendigen Arbeitszeit der Werktätigen in der materiellen Produktion ist, umso größer ist die disponible Zeit als Gradmesser des gesellschaftlichen Reichtums.

Man kann daraus den Schluß ziehen, daß die Analyse der disponiblen Zeit den gesamten Prozeß ihrer Freisetzung durch Steigerung der Arbeitsproduktivität, ihrer Verteilung auf Klassen, Schichten usw., und ihrer Verwendung umfassen muß. Die disponible Zeit kann dabei von der Gesellschaft verwendet werden zur Vergrößerung der materiellen Produktion, zur Entwicklung der nichtproduzierenden Bereiche (Wissenschaft, Kunst, Staatsapparat, Verteidigung usw.), sie kann aber auch von den einzelnen Gesellschaftsmitgliedern als Mußezeit (zur Erholung usw.) und zur Entwicklung ihrer Persönlichkeit, ihrer Kenntnisse und Fertigkeiten verwendet werden.

Heutige marxistische Theorie, wenn sie sich mit den Verhältnissen in kapitalistischen Ländern beschäftigt, in denen Freizeit bzw. die disponible Zeit zunimmt, weist auf der Basis der M a r x 'schen Überlegungen auf das Problem hin, daß "der Gegensatz zwischen der notwendigen Arbeitszeit der Arbeiter in der materiellen Produktion und der disponiblen Zeit auf die Spitze getrieben (wird), da das Kapital bestrebt ist, die gewonnene disponible Zeit zur Vergrößerung der Mehrarbeit und damit zu höherer Kapitalverwertung zu nutzen. Das wird zur Fessel der Entwicklung der Produktivkräfte" (Ebert 1983, S. 14o6): "Je mehr dieser Widerspruch sich entwickelt, um so mehr stellt sich heraus, daß das Wachstum der Produktivkräfte nicht mehr gebannt sein kann an die Aneignung fremder surplus labour, sondern die Arbeitermasse selbst ihre Surplusarbeit sich aneignen muß. Hat sie das getan - und hört damit die disposable time auf, gegensätzliche Existenz zu haben - so wird einerseits die notwendige Arbeitszeit ihr Maß an den Bedürfnissen des gesellschaftlichen Individuums haben, andrerseits die Entwicklung der gesellschaftlichen Produktivkraft so rasch wachsen, daß, obgleich nun auf den Reichtum aller die Produktion berechnet ist, die disposable time aller wächst" (Marx 1974, S. 596). Somit schafft also nur eine sozialistische Revolution die Voraussetzungen, daß die Werktätigen in steigendem Maße an den Ergebnissen des Wachstums der Produktion und der Entwicklung der nichtproduzierenden, d.h. der sozial-kulturellen Bereiche, teilhaben und sie disponible Zeit zur körperlichen und geistigen Entwicklung, teils zum Konsum, teils zur freien Tätigkeit und Entwicklung haben (Ebert 1983, S. 14o6).

Halten wir an dieser Stelle fest: Die in der Literatur immer wieder angesprochene Zäsur im Arbeits- und Freizeitverständnis ist kein plötzlicher Umbruch, wie es in den meisten Abhandlungen, die die industrielle Revolution zum Ausgangspunkt der Analyse machen, angegeben wird. Es ist vielmehr eine über Jahrhunderte hinweggehende kontinuierliche Umorientierung von Denken und Handeln im Zuge von Veränderungen der gesellschaftlichen Bedingungen und umgekehrt, wie dies auch bei der industriellen Revolution der Fall gewesen ist. Das bis zu dieser Zeitspanne vorherrschende Arbeitserständnis - Arbeit als Strafe (bei den Hebräern), Arbeit als Sklavenarbeit (in der Antike), Arbeit als Mühsal (im Mittelalter; Höbermann 1975, S. 2) und "persönlichkeitsschädigend" (Blücher 1972, S. 255) - verkehrt sich nur langsam in sein Gegenteil: Arbeit bedarf nicht mehr des äußeren Zwanges, sondern wird in Befolgung des göttlichen Gebots geleistet: Der Zwang wird internalisiert (Fetscher 1973, S. 46).

Qualitative und quantitative Entwicklung von Arbeit und Freizeit sind dabei natürlicherweise eng verknüpft. So ist vom späten Mittelalter an eine steigende Tendenz der Arbeitszeit festzustellen (Wilensky 1972, S. 155). Dies ist zum einen mit der dominierenden Position des Wachstumsziels in der merkantilistischen Zeit (Nave-Herz 1976, S. lo), zum anderen mit der hier skizzierten protestantisch-puritanischen Arbeitsethik erklärbar. Zugleich ist ein Rückgang an freier Zeit (Muße) bei den höheren Schichten zu verzeichnen, da Arbeit nicht mehr ein "sozialer Makel" (Opaschowski 1976, S. 22) ist, sondern einen "sittlichen Wert" darstellt (Wilensky 1972, S. 155). Ihren Höhepunkt erreichte die Arbeitszeitkurve im 19. Jahrhundert (Nave-Herz 1976, S. lo). Bis zum Mittelalter jedoch arbeiteten die Individuen bei einer rechnerischen Verteilung der Arbeitszeit auf das ganze Jahr nicht länger als die Durchschnittsbürger heute (Andreae 197o, S. 15), trotz teilweise höherer Stundenzahlen pro Tag. Dieser hohe Anteil an arbeitsfreier Zeit am gesamten jährlichen Zeithaushalt ergab sich sowohl in der Antike als auch im Mittelalter durch die hohe Zahl von Festtagen und Festzeiten, die dann seit dem 15. Jahrhundert stetig abnahm (Wilensky 1972, S. 155). Darüber hinaus wurde die Arbeitszeit auf eine ganz natürliche Art uund Weise begrenzt: durch fehlendes künstliches Licht, durch die Jahreszeiten und durch das Wetter (Nave-Herz 1976, S. lo). Allerdings muß einschränkend gesagt werden, daß diese arbeitsfreie Zeit in ihrer Verwendung nicht frei disponibel war, sondern je nach Art des arbeitsfreien Tages dem kirchlichen, häuslichen oder zunft-spezifischen Reglement unterlag (Nave-Herz 1976, S. 11).

Unter den skizzierten kulturellen Wandlungen, die sich gleichzeitig mit dem Übergang zum industriellen Zeitalter vollzogen und diesen Übergang unterstützten, muß die Veränderung des Zeitbewußtseins des Menschen als einschneidend angesehen werden: Die Annahme einer zyklischen Zeitfolge wurde vom Konzept eines "gradlinigen Zeitflusses", wie wir ihn heute kennen, abgelöst. Damit veränderte sich auch das Zeitmaß, auf das sich das individuelle Erleben der Zeit bezog und damit gleichzeitig die Methode der Zeitmessung (Timm 1968; Huck 1980, S. 13; Heinemann & Ludes 1978, S. 220 ff.; Wendorff 1980; Bergmann 1983): Das Leben wurde teilbar, meßbar, vorhersagbar, damit auch kontrollierbar. Die Einteilung des Lebens in Vergangenheit, Gegenwart und Zukunft begann, nicht mehr nur das "Jetzt" spielte eine Rolle für den Menschen, zumindest in unserem Kulturkreis. Denn generalisierbar sind diese Prinzipien der Zeit nicht (Bergmann 1983, S. 471 ff.), womit die Gültigkeit unserer Zeitordnung relativiert werden muß.

Dieses neue Zeitprinzip war nun ebenfalls nicht ein kurzfristiges Vorkommnis, sondern auch eine Entwicklung über Jahrhunderte hinweg. H u c k (1980, S. 13 ff.) beschreibt das so: "Die neue Zeitordnung löste zwei nebeneinander bestehende, zum Teil gleichzeitig benutzte Zeitsysteme ab: Am natürlichen Zeitsystem, das durch die kosmischen Zyklen - die regelmäßige Wiederkehr von Ebbe und Flut, Tag, Monat und Jahr - und durch die Wachstumsvorgänge in der Natur geprägt war, orientierte sich, wer der Natur selber seinen Lebensunterhalt abgewinnen mußte; das rituelle Zeitsystem mit seiner Abfolge von Gebetsstunden, Sonn- und Feiertagen, das dem mönchischen Leben des Mittelalters sein Maß verliehen hatte, trat ergänzend hinzu. Die Anschaulichkeit und Wirklichkeitsfülle dieser Chronologie, an das sich das Zeitbewußtsein der Menschen abstützte, ging mit der neuen Zeitordnung verloren, denn sie war nur noch ein gleichförmiges, regelhaftes, nüchternes Maß. Der Weg zur Institutionalisierung der neuen Zeit führte weit durch die Jahrhunderte: Schon im 14. Jahrhundert hatte man - dem Bedürfnis nach objektiver und genauer Zeitmessung folgend - die Stunde in 60 Minuten, die Minute in 60 Sekunden zu unterteilen begonnen. Mit der Erfindung der mechanischen Uhr im 15. Jahrhundert wurde dieses Zeitmaß auch praktisch nutzbar. Nicht zu Unrecht hatte man in der Uhr den technologischen Schlüssel zur modernen Weltepoche sehen wollen und ihre Bedeutung noch über die der Dampfmaschine gestellt. Die Verbreitung von Kirchen-, Wand- und Taschenuhren seit dem 18. und 19. Jahrhundert sicherte dem neuen Zeitsystem allgemeine Geltung und Anwendung. Es war nun, durch die Entnaturalisierung und Säkularisierung des Zeitbegriffs, nicht mehr an bestimmte enge Wirklichkeitsbereiche gebunden, sondern abstrakt und allgemein und daher für alle Glieder der Gesellschaft gültig und verständlich. Erst seit Zeit von konkreter ausgefüllter Zeit zur abstrakten Verrechnungseinheit für jegliches menschliche Tun geworden war, konnte der Gedanke Sinn gewinnen, Zeit zu teilen, Zeit zu sparen, Zeit zum Maß für Leistung zu machen, "freie" Zeit von Arbeitszeit strikt abzugrenzen".

Damit, so H u c k , ließe sich aber auch die Sozialgeschichte der frühen Industrialisierung primär "als Kampf um die Durchsetzung des neuen Zeitprinzips darstellen" (S. 14), in deren Folge soziale Abhängigkeiten durch den Verlust frei verfügbarer Zeit, veränderte Produktionsformen, Zeitdisziplin nicht nur am Arbeitsplatz, auftraten. Reglementierungsversuche und moralisierende Anklagen, die die Verwendung der Nicht-Arbeitszeit von Arbeitern betrafen, waren vermehrt zu beobachten (vgl. z.B. Walvin 1976, S. 2 ff.; Myerscough o.J., S. 4 f.; Huck 198o, S. 15 f.), hatten letztlich aber kaum Erfolg: Ausbrüche aus der "totalen Ordnung des Lebens" blieben an der Tagesordnung, bürgerliche Ordnungssysteme ließen sich nicht so ohne weiteres auf Arbeiter übertragen: Freizeit als Raum zur sozialen Differenzierung - ein bis dahin kaum berücksichtigter Aspekt der Entwicklung.

E i c h l e r (1979), der die Begriffsgeschichte von "Spiel" und "Freizeit" analysiert und dabei identische geistesgeschichtliche Wurzeln beider Begriffe idenfiziert hat, weist mit der Verbindung beider Begriffe einen weiteren wichtigen Zusammenhang für unser heutiges Freizeitverhalten nach: E i c h l e r kommt zu dem Ergebnis, Arbeit sei mit "Ernst" und Freizeit mit "Spiel" gleichgesetzt, wodurch die seit dem Protestantismus vorherrschende Meinung, Spiel (Freizeit) sei etwas Nicht-Notwendiges, etwas Zweitrangiges und Nebensächliches, gestützt wird. Gleichzeitig weist er nach, daß Spiel semantisch die negative Abgrenzung von Ernst ist; Freizeit als negative Abgrenzung von Arbeit erscheint hier in genau dem gleichen Licht (vgl.Eichler, S. 23 ff. und 29 ff.). Erst Reformation, absolutistischer Staat und puritanische Arbeitsethik waren dafür verantwortlich, daß der Spielbegriff diese negative gesellschaftliche Achtung erfuhr. Allerdings muß bei aller Parallelität der Entwicklung von Spiel und Freizeit gesagt werden, daß Freizeit nicht so eindeutig geachtet worden ist, wie das Spiel, sondern - da jünger in der Entstehung - bereits von vorne herein positiv umgewertet wurde; "vernünftige", "nützliche" Gestaltung der Freizeit ließen Freizeit nicht ganz so negativ erscheinen, ebenso nicht die Assoziation von Freizeit mit Freiheit (Nahrstedt 1972). Dennoch ist es bemerkenswert, daß Freizeit zur Arbeit hin in ihrer Bedeutung dadurch nicht relativiert wurde, sondern sich weiterhin negativ gegen Arbeit abgrenzte (Eichler 1979, S. 23 f.); trotz der in der Folgezeit in den Freizeitbegriff hineininterpretierten Freiheitsideale.

3.3 Entwicklung der Freizeit im Wandel politischer, ökonomischer und sozialer Bedingungen

Freizeit ist also nicht erst Produkt der Industriegesellschaft, sondern war bereits früher bekannt, wenn auch z.T. unter anderem Namen (Opaschowski 1976; Prahl 1977; Eichler 1979; Tokarski 1979). Es stellt sich nun die Frage, wie sich Freizeit in früheren Gesellschaften äußerte und wie sie sich im Wandel der sozialen und politischen Bedingungen ebenfalls verändert hat. Quantitative Vergleiche alleine, d.h. Vergleiche der Arbeitszeiten im Zeitverlauf, verdecken diese historischen Wandlungen (Prahl 1977, S. 35), die doch immens sind, wenn man bedenkt, welche geschichtlichen Epochen und damit sozialen und politischen Entwicklungen alleine seit 1650 zum Tragen kamen (Kinder & Hilgermann 1966):

° So die sog. "vorindustrielle Epoche" (ca. 1650 - 1810), gekennzeichnet durch die politischen Systeme des Feudalismus und Absolutismus sowie der Zeit der Revolutionen, die in der Geschichtsschreibung die "Zeitalter der Vernunft", das "Barock", die "Aufklärung" und das "Zeitalter der Revolutionen" umfaßt;

° die Epoche des Übergangs und der Industrialisierung (ca. 1810 - 1918), politisch gekennzeichnet durch die deutschen Nationalstaaten und ab 1871 durch das Kaiserreich, in der Geschichtsschreibung als die Zeitalter der "Restauration", der "Nationalstaaten" und des "Imperialismus" charakterisiert;

° die Epoche der sog. "spätindustriellen Gesellschaft" (ab ca. 1918), gekennzeichnet durch die Weimarer Republik (bis 1933), dem "Dritten Reich" (1933 - 1945) sowie der Bundesrepublik Deutschland (seit 1949), verschiedentlich auch bereits als "nachindustrielle Gesellschaft" bezeichnet.

Auf diesen drei großen Epochen liegt das Schwergewicht der weiteren Betrachtung, ein Vorspann mit einer Analyse früherer Gesellschaften ist indes notwendig.

3.3.1. Von der einfachen zur mittelalterlichen Gesellschaft

Bereits in den frühen Gesellschaften unserer Geschichte, in deren Nachfolge wir stehen, bildeten sich Strukturen heraus, die für unsere Freizeit von Bedeutung sind. In den einfachen bzw. den sog. "primitiven" Gesellschaften der Antike war der Arbeitsrhythmus primär durch die Bedingungen der Natur vorgegeben, die Abfolgen des Sonnenauf- und -untergangs, der Jahreszeiten (Sommer, Winter, Ernte- oder Regenzeit) etc. bestimmten die Reihenfolge von Arbeitszeit und arbeitsfreier Zeit. Indem sich jedoch eine immer stärkere Herrschaftsordnung herausbildete, gab es mehr und mehr soziale Gruppierungen, die weniger arbeiteten als die übrigen, und von daher mehr "Freizeit" besaßen; es waren dies die jeweils Mächtigen in einer Gesellschaft: in heutigen Begriffen also Reiche, Adlige, religiöse Häupter, Politiker (Giegler 1982, S. 56 f.). Hieraus resultierte eine Ungleichverteilung von Arbeit und Freizeit, die über eine lange Periode der Geschichte hinweg, nämlich bis ins 20. Jahrhundert bestimmend für die sozialen Verhältnisse war.

Die in der griechischen und römischen Antike vorzufindende Unterscheidung von Arbeit und Muße schloß sich hieran nahtlos an. Das "Muße-Monopol" (Prahl 1977, S. 37; Giegler 1982, S. 59 ff.) hatten die herrschenden Schichten inne, allerdings stand diese Muße im Dienste der Gemeinschaft, des Staates, und wurde definiert als "schöpferische" Muße, d.h. als Zeit zur Bildung im weitesten Sinne. Das ausschlaggebende Charakteristikum der Muße war die "Zweckfreiheit" (Giegler 1982, S. 61), aber nicht die Passivität (De Grazia 1962, S. 14). Muße war die Voraussetzung und Vorbereitung zur Übernahme eines öffentlichen Amtes, die Bedingung zur Erlangung von Weisheit und politischer Geschicklichkeit. Gemeine Arbeit galt als der Muße abträglich und wurde nur von den unteren Schichten geleistet. Erst in der antiken römischen Gesellschaft erhielt der Mußebegriff die Bedeutung der "Ruhe und Ordnung des Privatmannes" (Prahl 1977, S. 37). Es findet sich bereits hier - allerdings nur für wenige Mächtige - eine erste Differenzierung zwischen "öffentlich verpflichteter Zeit" und "privater Zeit", die sich später in der Reformation zu einem allgemeinen Bewußtsein ausweitete (Opaschowski 1976, S. 19; Tokarski 1979, S. 15), und auch unser gegenwärtiges Arbeits- und Freizeitverständnis prägt.

Für die unteren Schichten der griechischen und römischen Antike galt es dagegen, die materielle Basis für die Muße der Mächtigen zu erwirtschaften. Es waren dies in Griechenland die Sklaven und Handwerker, in Rom die Händler, Handwerker, kleinen Grundbesitzer, Arbeiter, Armen, "Unfreien" und Sklaven.

Im Dienste des Herrschaftssystems und zu seiner Stützung standen die regelmäßig stattfindenden Rituale, Zeremonien, Festtage und Veranstaltungen, die eine öffentliche Strukturierung und Organisierung der Zeit bewirkten, und die arbeitsfreie Zeit, die durchaus vorhanden war, auflockerten (Weber 1963, S. 13). Die römische Gesellschaft hat diese Organisierung ("Brot und Spiele") nahezu perfektioniert (Webster 1916, S. 3o4; Wilensky 1972, S. 155). A n d r e a e (1970, S. 15) führt aus, daß die Römer insgesamt nicht mehr garbeitet hätten, als der deutsche Durchschnittsbürger im Jahre 1968. Zu diesem Zeitpunkt der Entwicklung läßt sich für "das Verhältnis von Muße, Arbeit und Zeitverwendung" mit P r a h l (1977, S. 38) feststellen, daß sich die Muße der Mächtigen in einen öffentlichen und privaten Sektor aufspaltete, das Verhältnis von Arbeit und Muße ungleich beschaffen war und die freie Zeit der unteren Schichten organisiert verbracht wurde.

Das Mittelalter brachte eine weitgehende Loslösung von den Verhältnissen der Antike mit sich. Mit dem Einfluß, den die Kirche zunehmend gewann, war eine immer stärker auferlegte Zeitverwendung und Rollenfixierung verbunden (Prahl 1977, S. 39; Nave-Herz 1976, S. 11): Arbeitsdisziplin, Gebetszeiten, kirchliche Feiertage, Festtage strukturierten die Verwendung der Zeit, Haus- und Zunftordnungen ergänzten diese (Weber-Kellermann 1974; Möller 1969, zit. bei Nave-Herz 1976, S. 11). Eine solche Determinierung des mittelalterlichen Menschen hatte die Stützung des jeweiligen Herrschaftssystems zum Ziel, indem Macht öffentlich demonstriert sowie kontrolliert und sanktioniert wurde. Andererseits war aber gleichzeitig dadurch eine öffentliche Garantie der Ordnung und damit des Schutzes gegen Ausbeutung gegeben (Prahl 1977, S. 39). Allerdings blieb die "Muße" für die stille Beschäftigung mit Gott dennoch ein Bestandteil des Lebens (Giegler 1982, S. 63 f.). Eine kleine Minorität nur konnte sich der philosophisch-theologischen Muße widmen, die Majorität mußte ohne solche der Arbeit nachgehen (Rosenmayr 1972, S. 219). Für sie blieb zwar der Feierabend, die Zeit nach getaner Arbeit, sie war jedoch immer auf die Arbeit bezogen (Giegler 1982, S. 67).

Die Arbeitszeit im Mittelalter ergab bei einer täglichen Arbeit von ca. 11-12 Stunden bzw. 14-16 Stunden für die Bauern, Handwerker und Arbeiter auf das Jahr umgerechnet wegen der vielen Feiertage nur eine 45-Stunden-Woche (De Grazia 1962, S. 89; Wilensky 1972, S. 155; Kramer 1977, S. 25).

Nach W i l e n s k y (1972, S. 155) nahm vom späten Mittelalter an die Arbeitszeit ständig zu. Die Abnahme der Fest- und Feiertage (De Grazia 1962, S. 89) war hierfür ebenso verantwortlich wie die protestantische Berufsethik und die Industrialisierung. Davon waren jedoch primär nur die unteren Schichten betroffen, während die weltlichen und kirchlichen Machtträger nach wie vor der Muße verbunden waren, allerdings bei einem erweiterten Mußebegriff: neben der bisherigen Bedeutung wird Muße auch als Zeit für menschliches Erkennen und Bildung verstanden, Musik und Dichtung, die Kunst der Wissenschaft, Jagden und Wettkämpfe gehörten dazu. Das im späten Mittelalter allmählich aufkommende Bürgertum orientierte sich dabei eher an den Mußebetätigungen der höfischen Gesellschaft als an denen der unteren Schichten (Volksfeste, Ballspiele u.ä.) und bildete eigene Mußebetätigungen heraus. Die Nachwirkungen bis zur heutigen Zeit sind offenkundig.

3.3.2. Vorindustrielle und industrielle Gesellschaft

Eines der auffallendsten Merkmale der Neuzeit war die Abwertung des Begriffes "Muße" in die Bedeutung von "Müßiggang", die im Gefolge der protestantischen Ethik auftrat. Der Arbeitsgedanke gewann an Gewicht, die Arbeitszeit stieg gleichzeitig an. Dies stand insbesondere mit der Konstituierung eines neuen Standes in Zusammenhang: dem Bürgertum. Das Bürgertum, dies waren Handwerker und Kaufleute, dies war vor allem die städtische Bevölkerung. "Der Arbeitsgedanke war ein Kennzeichen der Stadt und ihrer Bewohner, der 'Bürger' ... Dort ist der Gedanke an eine mögliche Aristokratie der Arbeit und der wirtschaftlichen Leistung, der in der Welt der Antike keinen Platz hatte, Wirklichkeit geworden." (Nahrstedt 1969, S.

113). Wirtschaftliche Leistung als Tugend, als das Erstrebenswerte, dies war dem Einfluß der protestantischen Ethik zu verdanken. Die neuen sozialen Schichten nahmen solche Lehre dankbar auf, versprach sie doch Ruhm und Anerkenntnis in einer sonst für abhängige Schichten kaum mit sozialen Belohnungen ausgestatteten Welt. Daß diese Belohnung primär eine theologische war, spielte zunächst nicht die Rolle, blieb doch noch genügend Raum für weltliche Dinge: Die Hochschätzung der Arbeit bedeutet nicht, daß nicht auch Geselligkeit und Freizeit ihren Platz im Leben hatten.

Doch waren diese an gewisse Vorbedingungen geknüpft, in erster Linie an Zeit und Geld. Während die Oberschichten diese nach wie vor besaßen, mangelte es den unteren Schichten im allgemeinen an beidem. Der neue Stand, das Bürgertum, begann jedoch in dem Maße Zeit und Geld zu haben, als die Wirtschaft zur tragenden Säule des Staates wurde. "Die Grundlagen der Wirtschaftsverhältnisse in der Stadt waren nicht mehr kriegerische, sondern wirtschaftliche Leistung aufgrund von wirtschaftlicher Arbeit" (Nahrstedt 1969, S. 113).

Unter dem Einfluß der Renaissance und der Reformation fanden sich auch die ersten Ansätze zur Lohnarbeit (Prahl 1977, S. 40 f.). Handwerk und Handel bewirkten die Ausweitung von Produktion und die Expansion von Märkten. Lohnarbeit war die Folge, um dies leisten zu können. Sie brachte aber gleichzeitig auch die Quantifizierung der Arbeit mit sich, brachte den "individuellen" Leistungsgedanken hervor. Was den wohlhabenden Schichten zum Lebenswerk diente, sollte laut protestantischer Arbeitsethik auch allen anderen Menschen Lebenssinn bedeuten: Leistung als Vorbedingung zur Aufnahme in den Himmel, Arbeit als Läuterung. Der Unterschied bestand lediglich darin, daß Reiche immer reicher wurden, indem sie Kapital und Menschen für sich arbeiten ließen und so Leistung in Form von zusätzlichem Kapital schufen, Arme aber arm blieben, weil sie lediglich ihre Arbeitskraft besaßen, diese für andere einsetzten und durch diese Leistung nur wiederum ihre Arbeitskraft erhalten konnten. Dem religiösen Prinzip "Leistung" waren jedoch alle "gleichermaßen" verpflichtet und handelten danach.

Lohnarbeit und technischer Fortschritt brachten gleichzeitig eine revolutionäre Veränderung der Arbeitsorganisation mit sich (Prahl 1977, S. 41): Die Arbeitszeit konnte unabhängig von Natur, Religion und individueller Leistung in gleiche Zeiteinheiten festgelegt werden. Die Vergrößerung der Betriebe, vom Handwerkerbetrieb zur Manufaktur, sowie die Ausweitung der Lohnarbeit, hatten Arbeitsteilung und Arbeitszerlegung zur Folge. Gleichzeitig fand eine Trennung von Wohn- und Arbeitsplatz statt. "Der Arbeitsablauf, der in bäuerlich-handwerklich bestimmten Gesellschaften sowohl durch die natürlichen Rhythmen des Jahres als auch durch die naturwüchsigen Perioden der traditionsfesten Zeremonien gegliedert war, geriet unter die Schablone der mechanisch eingeteilten Arbeitszeit" (Habermas 1957, S. 220). Der Tagesablauf der vorindustriellen Gesellschaft war durch eine Zeitstruktur gekennzeichnet, die nicht in die zwei Phasen Arbeit und Nichtarbeit zerfiel, sondern: "Interpersonelle Kontakte und Arbeit vermischten sich - der Arbeitstag verlängerte oder verkürzte sich je nach der zu bewältigenden Aufgabe - und es gibt kaum das Gefühl eines Konfliktes zwischen 'Arbeit' und 'Zeitverbringen'" (Thompson 1973, S. 83). Die zeitliche Struktur des Tages fiel weder objektiv noch im subjektiven Verständnis in Arbeit und Freizeit auseinander; die "Geschlossenheit des Lebenszusammenhangs" (Feige 1936, zit. in Schlösser 1981, S. 16) war Merkmal dieser Gesellschaft. Es sei an dieser Stelle davor gewarnt, diese Art der Gesellschaft zu idealisieren und zu idyllisieren. Dies wird leider allzu oft getan, wenn davon die Rede ist, zu solchen Zuständen der Vermischung von Arbeit und Freizeit zurückzukehren. Dabei wird in der Regel vergessen, wie hart das Leben zu dieser Zeit war, wie gering die Lebenserwartung, wie arm die Lebensverhältnisse, wie unsicher die soziale und politische Situation und wie streng hierarchisch die Gesellschaft organisiert war. Das, was wir heute Idyll nennen, war oft Ausdruck der Not oder einfach Zwang: der allgemeine Feierabend, die enge Familienbindung, die Großfamilie.

Die Entwicklungen zur "Schablone der mechanisch eingeteilten Arbeitszeit" (Habermas 1958, S. 220), zur "Zerhackung der Zeiteinheiten" (Giegler 1982, S. 70 ff.) waren jedoch nicht durchgängig. Agrarwirtschaft, Handwerk und Kleinbetriebe sowie Hausindustrien bestimmten zunächst immer noch das Bild. Dennoch hatten diese Tendenzen bereits Konsequenzen. Im Rahmen der

Hochschätzung von Arbeit konnte Freizeit nur zweitrangig bleiben; wenn "Müßiggang" aller Laster Anfang war, so konnte "Muße" nicht sinnvoll sein: Freizeit wurde zur Restzeit. Der gemeinsame Feierabend, zunächst als alltägliche Geselligkeit der Arbeitsgemeinschaften am Abend, entstand aus dem Zwang heraus, die wenigen Licht- und Wärmequellen im Kreise von Familie, Haus, Arbeitsgenossen und Nachbarn optimal zu nutzen. Er verschwand langsam in dem Maße, wie Arbeitskräfte in die Manufakturen überwechselten; an die Stelle des häuslichen Feierabends "trat oft das Wirtshaus" (Prahl 1977, S. 42).

Auf der anderen Seite ging aber auch das "Mußemonopol" der oberen Schichten verloren; das Bürgertum drängte in diese Strukturen hinein und wurde alsbald die eigentlich herrschende Klasse: Die neue Aristokratie war die Wirtschaftsaristokratie". Das Zeitalter der Industrialisierung war in vollem Gange.

Vor der Herausbildung des entwickelten Bürgertums war Kunst, Musik, Theater, Wissenschaft, Politik und Gemeinwohl ausschließlich Angelegenheit des Staates und der Kirche. Die Veränderung der Produktionsweisen und -verhältnisse mit all ihren Konsequenzen für eine Individualisierung (im Gegensatz zum vorhergehenden Ständedenken) brachte auch hier eine neue Organisation hervor: die freie, individuelle Assoziation, den Verein (Bischoff & Maldaner 1980, S. 23). Der Verein war in Deutschland zunächst nur Angelegenheit der oberen Schichten und des Bürgertums. Zu Beginn des 19. Jahrhunderts war der Verein quasi die Konzentration aller Aktivitäten außerhalb des Arbeitsprozesses. Der Großteil der kulturellen Institutionen, wie sie heute existieren, wurde zunächst als private Vereine des Bürgertums entwickelt: Schulen, Universitäten, Museen, Theater, Für-sorge, Sozialversicherung; Kommitees und Wahlvereine verwandelten sich erst gegen Ende des 19. Jahrhunderts in politische Parteien (Bischoff & Malda-ner 1980, S. 23).

In der Mitte des Jahrhunderts erlebte der Verein eine Blüte, das gesamte bürgerliche Leben war in ein Netz von Vereinen eingebunden. Mitgliederstärkste Vereine waren der Deutsche Sängerbund und die Deutsche Turnerschaft, in die primär Angestellte neben dem Bürgertum eintraten.

Arbeitervereine entstanden erst gegen Ende des 19. Jahrhunderts und waren z.T. Konkurrenzorganisationen (Bischoff & Maldaner 1980, S. 25 ff.; auch Reulecke & Weber 1978). Ihre Mitgliederzahlen sowie ihre Bedeutung wuchsen schnell an. Hiermit vollzog sich quasi die "Integration" der Arbeiter in die bürgerliche Gesellschaft unter Übernahme deren Gesetzlichkeiten. Eine gegenseitige Öffnung der bürgerlichen und der Arbeitervereine fand jedoch kaum statt.

Die Industrialisierung - z.T. aber auch bereits die vorindustrielle Phase - war gekennzeichnet durch Rationalisierung der Arbeit, Trennung von Wohnung und Arbeitsstätte, Arbeitszerlegung, Lohnarbeit, Massenhaftigkeit der Produktion, Ausweitung und Reglementierung der Arbeitszeiten, Abzug von Arbeitskräften in die Industrie und im Zuge all dieser Veränderungen der Lebensstrukturen, Aufgabe traditioneller Bindungen und Lebensformen. Die neue Klasse der Industriearbeiter entstand und wuchs ständig an. Für diese Menschen blieb aufgrund der langen Arbeitszeiten (bis zu 18 Stunden pro Tag), der Entlohnung mit dem Existenzminimum und der hierdurch entstehenden Notwendigkeit der Mitarbeit von Frauen und Kindern, Sonntagsarbeit sowie der Reduzierung der Zahl von Feiertagen, nahezu keine freie Zeit, abgesehen vom notwendigen Schlaf und von Nahrungsaufnahme. Vorstellungen über Freizeit als eigenem Lebensbereich konnten sich kaum ausbilden oder durchsetzen (Schlösser 1981, S. 18). Das religiöse Prinzip der protestantisch-puritanischen Arbeitsethik trat hier als Verursacher der Verelendung von Massen in Erscheinung.

Erst in der zweiten Hälfte des 19. Jahrhunderts änderten sich diese Verhältnisse langsam mit der Verringerung der Arbeitszeiten, aber auch durch ökonomische und sozialpolitische Tendenzen (Prahl 1977, S. 45):

- die Ausweitung des Konsumgüterbereichs hatte ohne steigende Kaufkraft und mehr Zeit zum Konsum bei den Konsumenten keinen Sinn,
- zunehmende Technisierung führte zu einer Intensivierung der Arbeit und trug zur Verkürzung der Arbeitszeit bei,
- materielle und psychische Verelendung führte zur politischen und gewerkschaftlichen Organisation der Industriearbeiter,
- die sozialpolitische Verantwortung des Staates seit dem Beginn der So-

zialgesetzgebung brachte einen gewissen Schutz mit sich,

° Bürokratisierung in Industrie und Staat führte zur Bildung eines "neuen Mittelstandes", an dem sich mehr und mehr die Lebensbedingungen orientierten.

Je mehr freie Zeit nun allmählich für die Industriearbeiter zur Verfügung stand, desto mehr wurde die Frage nach der sinnvollen Verbringung dieser freien Zeit laut. Arbeiterparteien und Gewerkschaften forderten dazu auf, die gewonnene Zeit zur Bildung zu benutzen, um sich so in die bürgerliche Mittelstandsgesellschaft zu emanzipieren. "Die Arbeiterbildung als primärer Inhalt der neugewonnenen freien Zeit verlor allerdings in dem Umfang an Bedeutung, in dem sich die ökonomisch-politischen Organisationen der Arbeiterbewegung (Gewerkschaften, SPD) zu 'staatstragenden' Institutionen entwickelten. Die gesellschaftsverändernde Definition der Freizeit als Bildungs- und Politisierungszeit wich ... sozialpolitischen bzw. -hygienischen Funktionsbestimmungen. Die arbeitsfreie Zeit sollte der Erholung und gesundheitlichen Wiederherstellung des durch die harte Industriearbeit belasteten Menschen dienen, und sie sollte 'richtig' verbracht werden" (Prahl 1977, S. 46). Dies bedeutete aber gleichzeitig Entpolitisierung und damit Individualisierung der Freizeit. Hier liegt quasi der Beginn der Konstituierung der Freizeitpädagogik und Freizeitsoziologie in Deutschland.

3.3.3. Die spätindustrielle Gesellschaft

Wenn im folgenden von spätindustrieller Gesellschaft gesprochen wird, so ist damit die Zeit ab 1918 gemeint. Diese Phase der Geschichte ist in Deutschland durch drei große Epochen gekennzeichnet: der Weimarer Republik, dem Dritten Reich und der Bundesrepublik Deutschland. Für die Freizeit haben sie jede für sich besondere Bedeutung (vgl. als Übersicht auch Giesecke 1983).

3.3.3.1. Weimarer Republik

Im Prinzip gelten die im vorigen Kapitel gemachten Aussagen bis zum Ende des Ersten Weltkrieges. Zwar lag die Arbeitszeit um 1900 mit ca. 61 bis 65 Stunden bereits weit unter den Arbeitszeiten von 1860 mit 80 bis 90 und von 1880 mit ca. 72 Stunden. Dennoch kann erst ab 1918 von einer gewissen Zäsur gesprochen werden, die für die Freizeit und ihre weitere Entwicklung von Bedeutung ist. Per Verordnung wurde der Achtstunden-Arbeitstag in Industrie und Verwaltung eingeführt, wobei allerdings noch zahlreiche Ausnahmen existierten: 1924 lag die Zahl der tatsächlich geleisteten Wochenarbeitsstunden bei 50,5 (Schlösser 1981, S. 18 f.). Gleichzeitig wurde die Samstagsarbeit eingeschränkt sowie der Urlaub für Angestellte ausgeweitet und für Arbeiter eingeführt (Bischoff & Maldaner 1980, S. 19). Damit - und dies ist, was mit Zäsur gemeint ist - verfügte die Mehrheit der Bevölkerung über ein gewisses Ausmaß an gesetzlich geregelter und auch als solche definierte freie Zeit (Prahl 1977, S. 48). Dieses nie zuvor gekannte Ausmaß an freier Zeit für die Mehrzahl der Arbeitnehmer wurde sofort vom Bürgertum kritisch aufgegriffen und als Massenproblem charakterisiert, was zur Folge hatte, daß die Diskussion um eine sinnvolle Freizeitgestaltung erneut aufflammte. Die Begründung, daß die Massen mit ihrer neugewonnenen freien Zeit nichts anzufangen wüßten, orientierte sich dabei am alten Mußebegriff, den das Bürgertum und die über den Krieg geretteten Eliten des Kaiserreichs ungern auch für Arbeiter gültig wissen wollten. Hinzu kam die zu dieser Zeit sehr große Anzahl von Arbeitslosen, die mit der großen Depression ihren Höchststand erreichte, und die angesichts dieser Situation während ihrer unfreiwilligen Freizeit kaum zur Diskussion um sinnvolle Freizeitgestaltung neigten.

Aus den vielen existierenden Arbeitervereinen entwickelte sich während der Weimarer Republik ein sozialistisches Vereinswesen, das nicht mehr auf ein Nachholen kultureller Güter ausgerichtet war, sondern das eigene kulturelle Aktivitäten entwickelte. Diesem sozialistischen Vereinswesen stand jedoch das bürgerliche gegenüber, das nach wie vor kulturell den Ton angab: Es gelang nie, diese Vormachtstellung auch nur infrage zu stellen (Bischoff & Maldaner 1980, S. 28). Die Gestaltung der freien Zeit in Vereinen, Organisationen, Gruppen etc. war dennoch in der Zeit der

Weimarer Republik unter den Arbeitern sehr verbreitet, was allerdings weniger mit einer Ablehnung bürgerlicher Kulturgüter zu tun hatte, sondern damit, daß dies eine billige Form der Freizeitgestaltung war.

Reisen und Tourismus waren zwar bereits seit Ende des 18. Jahrhunderts keine Seltenheit mehr, auch für die unteren Schichten, die anläßlich Familienfesten, Ausbildungsgründen, zur Erlangung eines Arbeitsplatzes oder während der Militärzeit durchaus auch weite Reisen unternahmen; Bade- und Bildungsreisen waren jedoch Privilegien der Bürger der oberen Schichten. Tourismus im heutigen Sinne entstand erst sehr spät. In den Jahren der Weimarer Republik unternahmen zunächst Beamte, Angestellte, Handwerker und kleine Händler über Reisegesellschaften Kurzurlaube in landschaftlich reizvolle Gegenden Deutschlands, in die "Sommerfrische" als kleinbürgerliches Äquivalent zu den Badeorten (Scheuch 1981, S. 1093). Erst ab ca. 1920, nachdem auch Arbeitern ein tariflich abgesicherter Urlaub zustand, boten Arbeiter-Organisationen Reisen zur Erholung, zur Bildung, politischer Betätigung und als Kulturreisen an (Bischoff & Maldaner 1982, S. 39). Diese Anfänge des organisierten Reisens wurden ab 1933 staatlich übernommen (vgl. zu Freizeit- und Fremdenverkehr nach dem Ersten Weltkrieg auch: Hofmeister & Steinecke 1984).

3.3.3.2. Drittes Reich

Viele der hier genannten Erscheinungen der Zeit der Weimarer Republik waren es denn auch, die die Nationalsozialisten ab 1933 aufgriffen und zur "Indoktrinierung und Mobilisierung der Massen" in der Freizeit nutzten (Prahl 1977, S. 49): Massenfreizeit, Vereinswesen, hoher Organisierungsgrad, Diskussion um erwünschte sinnvolle Freizeitgstaltung. Freie Zeit - wie alle Lebensbereiche - sollte nicht individuell verfügbar, sondern nach den Grundsätzen des Nationalsozialismus ausgerichtet sein. Die Entwicklung zum totalen Staat schränkte den individuellen Spielraum des einzelnen immer mehr ein und beseitigte ihn schließlich ganz. Der staatliche Kontrollapparat drang immer stärker in soziale und kulturelle Lebensbereiche ein. Bis in die Freizeitgestaltung hinein kümmerten sich Staat und Partei um die Menschen. Die gesamten kulturellen, vor allem künstlerischen und pädagogischen Aktivitäten mußten sich auf die herrschende Weltanschauung ausrichten (Hofer 1974, S. 74). Durch kollektive Aktionen sollte der Zusammenhang zwischen Einzelnen und System gefestigt werden (Prahl 1977, S. 49).

Grundgedanke, Integrationsfaktor und Organisationsmoment zugleich war das Element des Soldatischen. Die von den Nationalsozialisten propagierte neue Volksgemeinschaft war die einer totalen Wehrgemeinschaft, was eine radikale Militarisierung des Lebens bedeutete. Hauptmerkmale der Gesellschaftsordnung und Hauptträger der Willensbildung waren die Massenorganisationen, die jeden Bürger zu jeder Zeit erfassen sollten. Sie ermöglichten es dem Staat und der Partei, die Menschen sowohl in der Arbeit als auch in der Freizeit zentral zu lenken, zu beeinflussen und jederzeit zu kontrollieren (Hofer 1974, S. 75).

Die größte der nationalsozialistischen Massenorganisationen war die Deutsche Arbeitsfront, die jeden Deutschen erfassen sollte. Sie war Dachorganisation für andere Massenverbände und hatte das Ziel, "die sozialen Gegensätze zwischen Arbeitgebern und Arbeitnehmern aufzuheben" (Hofer 1974, S. 75) sowie die "Betreuung" auf alle Lebensbereiche auszudehnen und so die Volks- und Leistungsgemeinschaft aller Deutschen herbeizuführen (Verordnung über die Deutsche Arbeitsfront vom 25.10.1934). An die Stelle der nicht mehr existierenden Bildungs- und Geselligkeitsorganisationen der Gewerkschaften trat die Freizeitorganisation "Kraft durch Freude", die Unterhaltung, Bildung, Reisen, Urlaub, Feierabend mit ideologischer Erziehung und politischer Kontrolle verband.

Ein "Amt für Reisen, Wandern, Urlaub" gewährleistete durch Standardisierung und Rationalisierung niedrige Preise und die Auslastung der Kapazitäten (Bischoff & Maldaner 1982, S. 39).

Die sechs- bis zwölftägigen bezahlten Ferientage waren zu der Zeit international führend, die versprochenen drei bis vier Wochen Urlaub wurden jedoch nie erreicht (Scheuch 1981, S. 1094): Ferien waren neben den "Volksempfängern" (Radiogeräte) und dem "Volkswagen" (Autos) die wichtigsten Errungenschaften zur Förderung eines organisierten Volkstourismus. Allerdings hatte die eigene "Kraft durch Freude" -

Reiseorganisation lediglich 10% am gesamten deutschen Reiseverkehr und erreichte nur ca. 5% der Arbeiterschaft. Dennoch läßt sich sagen, daß mit diesen Aktivitäten Massentourismus salonfähig geworden war (Spode 1980, S. 281 ff.).

Die deutsche Jugend wurde in der Hitlerjugend erfaßt. Ziel war es, "die gesamte deutsche Jugend ... außer in Elternhaus und Schule in der Hitlerjugend körperlich, geistig und sittlich im Geiste des Nationalsozialismus zum Dienst am Volk und zur Volksgemeinschaft zu erziehen" (Gesetz über die Hitlerjugend vom 1.12.1936). Daß diese eine der erfolgreichsten Aktionen der Nationalsozialisten war, wundert nicht; Erzeugung von Gemeinschaftsinn war das Mittel dazu: "Vieles war nicht so schön, wie ich es mir vorgestellt hatte. Aber es gab doch genug, was ansprach: Gemeinschaft, in der man sich bestätigt fühlte; Verantwortung und Führungsaufgaben, die das Selbstbewußtsein und den Ehrgeiz befriedigten" (H.G. Zmarzlik, zit. in Focke & Reimer 1980, S. 15). Oder: "Keine Parole hat mich je so fasziniert, wie die von der Volksgemeinschaft" (M. Maschmann, zit. in Focke & Reimer 1980, S. 17).

3.3.3.3. Bundesrepublik Deutschland

Die heutige Freizeitsituation in der Bundesrepublik steht in der Tradition all dieser historischen Tendenzen, in der viele Entwicklungslinien zusammenlaufen; nicht zuletzt auch diejenigen Entwicklungen, die internationalen Einflüssen zu verdanken sind, denn so offen für andere kulturelle Einflüsse wie heute war unsere Gesellschaft noch nie. Idealtypische Betrachtungsweisen der Freizeit, wie sie manchmal versucht werden, können somit den vorherrschenden pluralistischen Tendenzen nicht gerecht werden und sind entsprechend unrealistisch. Wenn man dem Ansatz folgt, daß Freizeit primär das ist, was ein Individuum unter gegebenen Bedingungen darunter versteht, wie es die neuere Freizeitforschung tut, so läßt sich sinnvollerweise nur die Freizeit bestimmter Individuen und Gruppen mit gleichen sozialen Bedingungsnetzen (Determinantensystemen) beschreiben und auf historische Orientierungsmuster in der Freizeit hin untersuchen. Dies bedeutet, daß sich immer räumliche und soziale Abweichungen von den allgemeinen Feststellungen und Tendenzen ergeben, weil z.B. einzelne

Gruppen sozialen Wandel früher oder später vollziehen, weil das Auftreten verschiedener zusätzlicher Variablen (z.B. interkulturelle Einflüsse) die allgemein gültigen Tendenzen überlagert oder einfach weil für verschiedene soziale Gruppen auch verschiedene historische Orientierungsmuster in der Freizeit gültig sind. Als Beispiele für letzteren Fall mögen die sich unterschiedlich entwickelten Freizeitmuster bei Industriearbeitern, Angestellten, Beamten und den "Mußeklassen" dienen. In jedem Fall, so ist festzuhalten, existieren immer - und dies gilt sicherlich auch für jede Gesellschaft - unterschiedliche historische Orientierungsmuster in der Freizeit nebeneinander her.

Die Phase nach dem Zweiten Weltkrieg in der Bundesrepublik ist durch starke Arbeitszeitverkürzung (Tages-, Wochen- und Lebensarbeitszeitverkürzung) bei gleichzeitiger Intensivierung der zu leistenden Arbeit gekennzeichnet. Die Bundesrepublik ist freilich nach wie vor eine Arbeits- und Leistungsgesellschaft ersten Ranges, "trotz angeblich zu beobachtenden 'Paradigmenwechsels' zugunsten der Freizeit" (Tokarski 1982, S. 10), trotz angeblichen "Leistungsverfalls" bei der Jugend und trotz "Wertewandels" in der deutschen Gesellschaft. Es stellt sich nämlich hier die Frage, ob die Studien, die die zuvor genannten Resultate ermittelt haben, nicht einem Zweckdenken der Befragten angesichts steigender Arbeitslosigkeit (insbesondere Jugendarbeitslosigkeit), und erwünschtem politischen Denken unterlegen sind. Nicht Arbeit und Leistung zugunsten Freizeit stehen zur Debatte, sondern das Problem, wo der Arbeits- und Leistungswillen eingesetzt werden kann. Geminderte Chancen im Arbeitsbereich führen deshalb u.U. zur Suche nach Chancen außerhalb der Arbeit. Solange sozialer Aufstieg aber nur über die Arbeit zu realisieren ist, ändert sich an der großen Bedeutung der Arbeit in unserer Gesellschaft nichts. Es ist nicht auszuschließen, daß eine veränderte wirtschaftliche Lage im Sinne einer geringeren Arbeitslosigkeit diesen "Paradigmenwechsel" durchaus als bloßen Schein dahinstellt, zudem ist auch denkbar, daß es sich nur um einen bestimmten Trend bei bestimmten sozialen Gruppen handelt.

Selbstverständlich bleiben die im Zusammenhang mit den gegenwärtigen Entwicklungen geführten Diskussionen nicht ohne soziale Folgen, doch zum jetzigen Zeitpunkt von einem grundlegenden Wandel in der Wertewelt unserer

Gesellschaft zu sprechen, scheint etwas gewagt. Die enge Verknüpfung von Arbeit und Freizeit, wie sie sich in unserer Gesellschaft zeigt, spricht (noch) dagegen. Die gleichzeitige Instrumentalisierung der vermehrten Freizeit zur Beschaffung von mehr Arbeitsplätzen (über Arbeitszeitverkürzungen, Jobsharing, frühere Pensionierung u.ä.) läßt keinen anderen Schluß zu.

Verkürzte Arbeitszeiten und vemehrter Wohlstand in der Wiederaufbauphase nach dem Zweiten Weltkrieg haben Freizeit verstärkt zur Konsumzeit werden lassen. Nach O p a s c h o w s k i (1980, S. 7) ist Freizeit insbesondere in den 60er und 70er Jahren durch Konsumorientierung gekennzeichnet, nachdem sie in den 50er Jahren primär erholungsorientiert gewesen sei: "Freizeit war fast gleichbedeutend mit Konsumzeit und wurde vorwiegend zum Geldausgeben ... genutzt. (...) In der Arbeit etwas leisten zu müssen, um sich in der Freizeit etwas leisten zu können, war Richtschnur der meisten Freizeitkonsumenten. Die ökonomische Leistung in der Arbeit war das Vehikel zur sozialen Selbstdarstellung in der Freizeit" (S. 7). Eine relativ starke Entwicklung der Konsum- sowie der Kultur- und Freizeitindustrie war Folge dieser Entwicklung.

Sicherlich handelt es sich hier um eine Sichtweise, die in ihrer generellen Tendenz kritisch geprüft werden müßte. Daß große Teile des beobachtbaren Freizeitverhaltens dagegen auch und oft an erster Stelle Konsum erkennen ließen und lassen, steht dagegen außer Zweifel.

Für die 80er Jahre ist von O p a s c h o w s k i (1980, S. 2) die "erlebnisorientierte Freizeitphase" prognostiziert worden, die "Zeit zum verstärkten intensiven und bewußten Leben und zur Entwicklung eines eigenen freizeitkulturellen Lebensstiles" geben soll. Dabei sei "die Erlangung einer konsumalternativen Erlebnisfähigkeit" von besonderer Bedeutung. Diese Einschätzung orientiert sich ganz eindeutig an dem schon oben diskutierten Paradigmenwechsel und an in einzelnen Untersuchungen festgestellten Wertewandels in der Bundesrepublik (z.B. Der Stern 1981, Opaschowski & Raddatz 1982). Dabei muß allerdings Skepsis angebracht sein, denn es ist durchaus denkbar, daß hier "eine besondes sublime Art des Konsums" (MLS 1982, S. 31) stattfindet, die darüber hinaus bereits seit den 60er Jahren zu beobachten ist und somit keine Reaktion auf die aktuelle wirtschaftliche und soziale Situation darstellt. Zudem werden hier Werthaltungen in der Interpretation vorhandener Daten sichtbar, die nicht ohne weiteres nachvollziehbar sind.

An dieser Stelle sei noch etwas zur "Freizeitgesellschaft" gesagt, auf die solche Überlegungen letztlich hinauslaufen. Bis vor wenigen Jahren war eine deutliche Tendenz festzustellen, die sog. "Freizeitgesellschaft" als die direkte Nachfolgerin der Industriegesellschaft anzusehen: Die ständige Zunahme von arbeitsfreier Zeit im Zuge der insbesondere seit der Jahrhundertwende zurückgehenden effektiven Arbeitszeit von 59 Std. im Jahre 1910 auf 40,5 Std. im Jahre 1975 (Scheuch 1977, S. 7), sowie die starke Bedeutungszunahme der Freizeitindustrie haben eine solche Annahme gestützt. Die "nachindustrielle Freizeitgesellschaft" (Nahrstedt 1974) schien vorprogrammiert zu sein. Diese euphorischen Prognosen beruhten primär darauf, daß in unserer Gesellschaft der Lebensstandard durch ständiges Wachstum weiter steigt und dementsprechend genügend Arbeit für alle vorhanden sei. Diese gelte es - entsprechenden Informationen zufolge - nur so zu verteilen, daß Arbeit gesamtgesellschaftlich zwar noch notwendig sei, jedoch nur über kurze Zeiträume hinweg (z.B. Fourastié 1951; Kahn & Wiener 1967; Küng 1971). Diskutiert wurde der 40-Stunden-Tag, die 3-Tage-Woche u.ä. Modelle. Die ökonomischen Krisen der Gegenwart, die seit Jahren die westlichen Industrieländer mit hohen Arbeitslosenquoten, Rezessionen, stark abnehmenden Wachstums- und hohen Inflationsraten nicht mehr nur als Ausnahme, sondern als Regel kennzeichnen, haben jedoch diesen Prognosen die Basis entzogen. Denn als Folgen dieser Krisen zeigt sich, daß die Zukunft weder auf Wachstum bauen kann, noch genügend Arbeit für alle vorhanden ist. Dennoch wird die Freizeit ausgeweitet, allerdings unter anderen Vorzeichen. So scheint zwar die weitere Vermehrung der Freizeit als d a s Instrument zur Sicherung von Arbeit und Arbeitsplätzen darauf hinzudeuten, daß die Freizeitgesellschaft dennoch kommt, doch muß hier gefragt werden, ob dies nicht ein Trugschluß ist: Maßnahmen, wie die Verkürzung der Lebensarbeitszeit, sollen nicht verändernd, sondern stabilisierend wirken. Erst Arbeit garantiert Freizeit in unserer Gesellschaft, sowohl materiell als auch existenziell. Solange die Industriegesellschaft die vorherrschende Gesellschaftsform ist, solange diese Gesellschaft durch das Prinzip Leistung, insbesondere über die Arbeit, repräsentiert wird, solange kann es keine Freizeitgesellschaft geben, wenn die Arbeit gefährdet ist. Für diejenigen, die Arbeit haben, gilt weiterhin das Leistungsprinzip, um die Arbeit nicht zu verlieren; für diejenigen, die keine Arbeit haben, ist vorrangiges Ziel, Arbeit zu bekommen, um ihre Existenz zu sichern. Eine Vermehrung der Freizeit zur Sicherung übriggebliebener Arbeit ändert nichts an dem grundlegenden Prinzip der Industriegesellschaft, sondern stützt dieses nur.

Das Verhältnis von Arbeit und Freizeit kann sich erst grundlegend ändern, wenn es sich quantitativ noch weiter zunsten der Freizeit verschiebt. F e t s c h e r (1983, S. 65) vermutet sogar, daß die führenden Männer der Industriegsellschaften mehr oder minder bewußt erkannt (haben), daß eine weitergehende Verlängerung der Freizeit unvorhersehbare qualitative Folgen haben müßte, und zögern deshalb den Prozeß weiter hinaus". Die starren Positionen der Arbeitgeber bei den Tarifverhandlungen 1984 hinsichtlich der Beibehaltung der 40-Stunden-Woche können u.U. sogar als Indikatoren für diese Behauptung gelten.

Mit dieser Skizze sind jedoch schon weitgehend die Orientierungsmuster der Freizeit angesprochen, wie sie sich aus der historischen Entwicklung konsequent ergeben:

° Massenfreizeit aufgrund von Arbeitszeitverkürzungen,
° Blockfreizeit aufgrund von Verkürzungen der Wochen- und Jahresarbeitszeit (verlängertes Wochenende, Urlaub),
° kürzere Lebensarbeitszeit bei längerem Leben generell. Ein Mann hat heute mit 60 Jahren eine Lebenserwartung von nahezu 20 Jahren. Freizeitleben im Ruhestand?
° Konsumptive Freizeit aufgrund von Arbeitszeitverkürzungen, erhöhter Kaufkraft und Anwachsen der Konsumgüterindustrie,
° Trennung von Arbeit und Freizeit aufgrund der in der Tradition des Protestantismus stehenden Arbeitsgesellschaft, wobei der Freizeit die sekundäre Bedeutung zukommt,
° Nebeneinanderentwicklung von "individuellen Freizeitmustern" aufgrund unterschiedlich entwickelter historischer Orientierungsmuster bei ver-

schiedenen sozialen Gruppen, z.B. bei Industriearbeitern, Angestellten und Beamten sowie den oberen sozialen Schichten,

° Offenheit für interkulturelle Einflüsse.

Fassen wir an dieser Stelle zusammen, so läßt sich feststellen, daß die Geschichte der Freizeit viele Gesichter hat. Nicht nur, daß zwischen geistes- und begriffsgeschichtlichen Aspekten sowie Aktivitäten und der Bedeutung solcher Aktivitäten in verschiedenen sozialen Gruppen differenziert werden muß - hier ergeben sich u.U. Diskrepanzen zwischen allgemeinem Freizeitverständnis und dem Freizeitverständnis in spezifischen sozialen Gruppen -, sondern sie hängt auch sehr stark von einzelnen historischen Entwicklungen ab, die oft vordergründig nur wenig mit Freizeit zu tun haben: so etwa mit der Entwicklung der Zeitstrukturen, mit der Schichtungsproblematik und ihrer Veränderung im Zeitverlauf (Freizeit war immer auch eine Angelegenheit der sozialen Differenzierung, wie die Analyse zeigt), mit der Entwicklung materieller Lebensbedingungen, mit dem Einfluß gesellschaftlicher Werte sowie religiöser Einflüsse, mit konkreten historischen Ereignissen, der geographischen Lage und ähnlicher Aspekte sowie mit der Entwicklung von Massenkulturen über historische Zeitperioden hinweg.

3.4. Entwicklung der Freizeitpolitik

Der Begriff Freizeitpolitik ist erst seit ca. 10 Jahren geläufig. Freizeitpolitik in der Bundesrepublik Deutschland bezeichnet zunächst einmal als Sammelbegriff diejenigen Initiativen gesellschaftlicher Gruppen, Sozialpartnern, Kirchen, Verbänden, privaten Initiativen, politischen Parteien sowie des Staates, die das Ziel "der planenden Vorsorge für die Freizeit des Einzelnen" (MLS 1982, S. 9) verfolgen. Dabei wird die Berechtigung und Notwendigkeit der Gestaltung der Freizeit von außen in der Bundesrepublik von niemandem in Frage gestellt (vgl. den Überblick in MLS 1982, S. 56 ff.). Bei aller Berechtigung und Notwendigkeit wird jedoch immer wieder betont, daß es bei der Freizeitpolitik nicht darum gehe, die Freizeit zu reglementieren, zu verwalten oder zu verplanen, sondern "abgestimmt mit den Zielsetzungen anderer Sachbereichspolitiken, insbesondere unter den restriktiven Bedingungen der Haushaltspolitik räumliche, zeitliche, soziale Benachteiligungen und Mangel an Information abzubauen und so die freien Wahlmöglichkeiten in der Gestaltung der Freizeit zu vergrößern", wie es z.B. im 1. Freizeitbericht der Landesregierung Nordrhein-Westfalen heißt (MLS 1982, S. 9; Focke 1975, S. 23 ff.). Freizeitpolitik i.e.S. meint also primär die Aktivitäten des Staates, was für die Bundesrepublik die besondere Begrenzung auf die freizeitpolitischen Aktivitäten des Bundes, der Länder und der Gemeinden bedeutet. Insbesondere heißt dies aber auch, daß die zunehmende Kommerzialisierung der Freizeit durch private Träger nicht einfach hingenommen, sondern daneben die Notwendigkeit öffentlicher Angebote betont wird (Focke 1975, S. 24). Unter diesem Aspekt werden angemessene Formen der Kooperation zwischen öffentlicher Hand und privaten Trägern gesucht und erprobt. Eine Rolle dabei spielt die Deutsche Gesellschaft für Freizeit, die die Kooperation und Koordination ihrer Mitgliedsverbände, ca. 30 zentraler Organisationen in der Bundesrepublik von zumeist kommunaler und privater Art, und gleichzeitig den Dialog mit öffentlichen Stellen (Bundes- und Landesministerien, Kommunen, Verwaltungen) betreibt (DGF 1981, S. 1o f.).

Freizeit und Erholung sind in der Bundesrepublik in erster Linie Angelegenheiten der Bundesländer und der Kommunen. Der Bund kann hier nur indirekt auf die Freizeit einwirken, indem er Rahmenbedingungen schafft, die die freie Gestaltung der Freizeit bzw. die Einrichtung von Freizeitanlagen u.ä. ermöglichen oder forcieren. Dies geschieht etwa durch gesetzliche Initiativen, Regierungsprogramme, konzeptionelle Ausarbeitungen etc. Die tatsächliche Ausführung bzw. konkrete Realisierung solcher Programme und Konzepte liegt bei den Bundesländern und den Gemeinden: so etwa die Bereitstellung öffentlicher Grün- und Sportanlagen, Erholungsgebiete, kultureller Einrichtungen, Freizeitzentren etc.

Freizeit ist in der Bundesrepublik kein eigenständiger Politikbereich, wie man jetzt vielleicht vermuten könnte, sondern wird auf vielen politischen Feldern thematisiert und quasi als "Querschnittsaufgabe" angegangen: in der Wohnungs- und Städtebaupolitik, in der Kultur- und Sportförderung, in der Agrarpolitik und insbesondere in der Sozial- ud Familienpolitik; seit jüngster Zeit treten sehr stark auch Arbeitsmarkt- und Wirtschafts- sowie Verkehrspolitik hinzu.

Die wesentlichen freizeitpolitischen Forderungen in diesem Rahmen wurden erstmalig in der Bundesrepublik Anfang der 70er Jahre in einer umfassenden freizeitpolitischen Konzeption der Bundesregierung zusammengefaßt, ohne daß diese Konzeption allerdings bis heute aus dem Stadium eines Entwurfs herausgekommen und veröffentlicht wäre. Wohl aber sind - und dies muß ausdrücklich betont werden - viele Einzelaspekte insbesondere im Wohn- und Städtebaubereich sowie in der Architektur und Landschaftsgestaltung gestartet und auch erfolgreich umgesetzt worden. Man kann sagen, daß die Freizeitinfrastrukturausstattung in der Bundesrepublik gut bis sehr gut im Vergleich zu anderen Ländern ist, insbesondere wenn man den kommerziellen Bereich hinzunimmt. So ist heute davon auszugehen, daß die vorhandenen regionalen und überregionalen Freizeit- und Erholungseinrichtungen den Bedarf weitgehend abdecken (Schmettow & Lawitzke 1984, S. 12). Dabei bleibt die Frage der Qualität allerdings zunächst unbeantwortet. Mit weniger Energie betrieben bzw. weniger erfolgreich für die Freizeit waren Bestrebungen öffentlicher Träger auf dem Gebiet der "Humanisierung der Arbeitswelt", auf dem Gebiet der Beseitigung von Chancenungleichheiten in der Freizeit, etwa bei älteren Menschen, Behinderten, kinderreichen Familien und Jugendlichen; vielleicht ein Hinweis darauf, daß Freizeit von manchen Fachpolitikern eben doch noch nicht hinreichend beachtet wird. Die Reduzierung der Bemühungen auf rein quantitative Gesichtspunkte, d.h. auf eine Verminderung der Arbeitszeit und eine Vermehrung der Freizeit, wie sie seit einiger Zeit in der Diskussion ist bzw. bereits realisiert wird, bringt sicherlich hierfür auch keine Lösung (Tokarski 1982, S. 195 f. und 1982a, S. 12).

Die 80er Jahre brachten und bringen weiterhin für die Freizeitpolitik im Zuge der Sparmaßnahmen, des verlangsamten Wirtschaftswachstums und der inzwischen doch sehr hohen Infrastrukturausstattung in der Bundesrepublik neue Anforderungen. Der 1. Freizeitbericht der Landesregierung Nordrhein-Westfalen faßt diese Anforderung in folgende Leitsätze zusammen (MLS 1982, S. 8), die - soweit überschaubar - für die gesamte Bundesrepublik Geltung haben könnten:

"1. Weniger Aufwand für bauliche Anlagen und mehr Aufmerksamkeit für freie, naturnah gestaltete Räume.

2. Weniger fern abgelegene Freizeitanlagen und mehr Angebote unmittelbar in der Wohnumgebung oder in benachbarten Wohnvierteln.

3. Weniger Ausgaben für die Schaffung neuer Anlagen und mehr Aufwand für die Erhaltung und die Modernisierung der bestehenden Einrichtungen.

4. Weniger spezialisierte und separierte Angebote und mehr räumliche und organisatorische Integration der verschiedensten Flächen und Einrichtungen."

Blickt man von dieser Basis aus zurück, so lassen sich für die letzten 30 Jahre vier Phasen der Freizeitpolitik mit unterschiedlichen Schwerpunkten festhalten, die in der Bundesrepublik - aber auch in anderen europäischen Ländern - zum Tragen kamen (Ledermann 1983, S. 1):

° In einer ersten Phase setzte Freizeitpolitik an den wachsenden Verkehrsproblemen und der damit verbundenen Spielnot der Kinder und den Freiproblemen der Jugendlichen, am wachsenden Bedarf an Ferienangeboten aufgrund der längeren Ferienzeiten sowie der schnellwachsenden Stadtbevölkerung an. Es entstanden überall Kinderspielplätze, Jugendhäuser, Ferienzentren, alles spezialisierte Freizeitangebote und -einrichtungen für bestimmte Altersgruppen.

° Eine 2. Phase Mitte der 60er Jahre brachte insbesondere durch die starke Verstädterung, die Fünf-Tage-Woche und das Anwachsen der Gruppe der älteren Menschen in den Städten die Forderung nach mehr Gemeinschaftseinrichtungen für alle Altersgruppen, neben den speziellen Angeboten (Schaffung von zentraler Infrastruktur). Gerade in dieser Zeit entstanden viele entsprechende Angebote, nicht nur durch Neubau, sondern auch durch Umwidmung und Umbau von Schulen zu Begegnungsstätten für die gesamte Bevölkerung etc.

° In einer 3. Phase Anfang der 70er Jahre wurde stark der Ruf nach mehr Wohnlichkeit und Lebensqualität laut, ein Ruf, der aus der raschen Vergrößerung der Städte und der steigenden Inhumanität der Lebensverhältnisse kam. Die "Stadt für den Menschen" wurde zum politischen Schlagwort und hatte auch Erfolg: autofreie Fußgängerzonen, wiederhergestellte Altstadtkerne, bessere Baugesetze und Vorschriften zur Bekämpfung von Lärm, Wasser- und Umweltverschmutzung entstanden (Hinwendung zu stadtteilbezogener Infrastruktur).

° Die erst seit kurzer Zeit begonnene 4. Phase der Freizeitpolitik macht den Freizeitwert der Wohnungen und der engeren Wohnumgebung zum Hauptgegenstand ihrer Bemühungen. Die Bürger selbst - in Bürgerinitiativen - haben nicht wenig zu einer solchen Entwicklung beigetragen. Hierzu gibt es nicht nur in der Bundesrepublik viele Beispiele: u.a. Wohnstraßen, Altbausanierungen, Auskernung von Hinterhöfen. Auf dem Gebiet der qualitativen Verbesserung von Wohnungen, vor allem Mietwohnungen, werden verstärkt Anstrengungen unternommen (z.B. Ansätze zur Selbstorganisation).

Freizeitpolitik im engeren Sinne gibt es in der Bundesrepublik erst seit Beginn der 70er Jahre. Abgesehen von den Spezifika des Nationalsozialismus - KdF, HJ, BDM etc. - war Freizeitpolitik vorher Arbeitszeitpolitik und damit Bestandteil der Sozialgesetzgebung. Damit beginnt in Deutschland Freizeitpolitik mit dem Beginn der Sozialgesetzgebung unter Bismarck in den 60er und 70er Jahren des vorigen Jahrhunderts. Die nachfolgende Tabelle 1 zur Entwicklung der effektiven Wochenarbeitszeit von abhängig Beschäftigten in der Industrie zeigt die Entwicklung der Arbeitszeiten bis heute.

Tabelle 1: Entwicklung der effektiven Wochenarbeitszeit von abhängig Beschäftigten in der Industrie von 1830 bis 1975 in Stunden

1830 - 1960	80-90	1936	46,7	1956	48,0
1861 - 1870	78	1937	47,6	1957	46,5
1871 - 1880	72	1938	47,9	1958	45,7
1881 - 1890	66	1939	48,6	1959	45,8
1891 - 1900	61-65	1940	50,1	1960	45,5
1901 - 1910	58-61	1941	50,1	1961	45,5
1911 - 1914	54-60	1942	49,2	1962	44,9
1915 - 1918	?	1943	48,0	1963	44,7
1919 - 1923	48	1944	48,3	1964	44,7
1924	5o,4	1946	39,5	1965	44,1
1927	49,9	1947	39,1	1966	43,9
1928	48,9	1948	42,4	1967	42,3
1929	46,0	1949	46,5	1968	43,3
1930	44,2	1950	48,0	1969	44,0
1931	42,4	1951	47,4	1970	44,0
1932	41,4	1952	47,5	1971	43.2
1933	42,9	1953	47,9	1972	42,8
1934	44,5	1954	48,6	1973	42,8
1935	44,4	1955	48,8	1974	41,9
				1975	40,5

Quelle: Prahl 1977, S. 47

Die größte Verkürzung der Arbeitszeit hat im Zeitraum zwischen 1860 und 1918 stattgefunden (Prahl 1977, S. 47), z.T. wurde sie zwischen 1935 und 1940 jedoch wieder aufgehoben. Es muß allerdings betont werden, daß es sich hier um die Wochenarbeitszeiten von Industriearbeitern handelt. Tabelle 2 zeigt die tariflichen Wochenarbeitszeiten von Arbeitern in der gewerblichen Wirtschaft und in Gebietskörperschaften im Vergleich zu Angestellten für den Zeitraum von 1958 bis 1981, gleichzeitig aber auch die etwas abweichende Entwicklung bei Arbeitern und Angestellten.

Tabelle 2: Entwicklung der tariflichen Wochenarbeitszeit in der gewerblichen Wirtschaft und bei Gebietskörperschaften von 1958 bis 1981 in Stunden

Jahr	Arbeiter	Angestellte
1958	45,2	45,5
1961	44,1	44,4
1964	42,4	43,3
1967	41,3	42,1
1971	40,5	41,1
1973	40,4	40,7
1975	40,1	40,1
1977	40,1	40,1
1979	40,04	40,02
1981	40,04	40,02

Quelle: MLS 1982, S. 11

Diese Zahlen vernachlässigen allerdings wichtige Aspekte der Arbeitszeitverkürzung, nämlich die Veränderungen der Jahres- und Lebensarbeitszeiten durch längeren Urlaub, frühere Pensionierung, längere Ausbildung etc. Hierzu bedarf es eines weiteren Rückblicks auf diese Entwicklung:

Seit etwa 1860 kam in Deutschland im Zuge der gewerkschaftlichen und politischen Organisierung der Arbeiterschaft der Kampf um die Reduzierung der Arbeitszeiten in Gang (Nave-Herz 1976, S. 15 ff.; Scheuch 1977, S. 6 ff.; Prahl 1977, S. 45 ff.; Bischoff & Maldaner 1980, S. 172 ff.; Presse- und Informationsamt 1982, S. 152; Kaiser et al. 1983, S. 15 ff.):

- Die tägliche Arbeitszeit wurde seit 1860 schrittweise reduziert (siehe Tabelle 1),
- die Sonntagsarbeit wurde im letzten Drittel des 19. Jahrhunderts fast ganz aufgehoben,
- das Arbeitsschutzgesetz legte 1891 die tägliche Arbeitshöchstgrenze für Frauen auf 10 Stunden fest,
- in Ansätzen wurde auch schon die Sonntagsarbeit verkürzt, formal jedoch erst nach dem Ersten Weltkrieg durchgesetzt,
- der Acht-Stunden-Tag wurde 1918 für Industrie und Verwaltung eingeführt

° die Ausweitung des Urlaubs erfolgte ebenfalls nach dem Ersten Weltkrieg, der Jahresurlaub wurde jedoch erst nach dem Zweiten Weltkrieg gesetzlich garantiert; erst seit 1963 gilt ein einheitliches Bundesurlaubsgesetz, das allen Arbeitnehmern einen Mindesturlaubsanspruch zusichert;

° erst in den fünfziger Jahren setzte die Diskussion um die Fünf-Tage-Woche ein und wurde schließlich durchgesetzt: 1980 galt die tarifliche Regelung der 40-Stunden-Woche für 98% aller Arbeitnehmer, eine weitere allgemeine Verkürzung der Wochenarbeitszeit auf 35 Stunden ist in der Diskussion, in einigen Bereichen (z.B. Brauereigewerbe, Tabakindustrie) ist sie schon für bestimmte Altersgruppen eingeführt, eine 38,5-Stunden- Woche in einigen Branchen ist seit 1984 tariflich geregelt,

° seit einigen Jahren gibt es für Arbeitnehmer die Möglichkeit, bezahlten Bildungsurlaub zu nehmen.

Die einzelnen Schritte dieser Entwicklung zeigt Tabelle 3 noch einmal im einzelnen.

Fassen wir zusammen, so besteht Freizeitpolitik in der Bundesrepublik heute primär aus zwei Elementen, nämlich

1. aus der Schaffung von Rahmenbedingungen für Freizeit und Erholung, die sich in vielen Teilpolitiken vollzieht (Wirtschaftspolitik, Verkehrspolitik, Wohnungsbaupolitik etc.) sowie

2. aus Arbeitszeitpolitik als Teilbereich der Sozialpolitik, die allerdings eher den Sektor Arbeit im Blickfeld hat als den Sektor Freizeit.

Beides zusammen hat für die Gestaltung der Freizeit zunächst nur indirekte Wirkungen. Freiheit der Wahl und der Entscheidung über die Freizeitgestaltung durch den einzelnen Bürger wird immer als oberstes Ziel angesehen.

Tabelle 3: Reduzierung der Arbeitszeit bis zur 38,5-Stunden-Woche

1869:	Die Altersgrenze für Kinderarbeit wird auf 12 Jahre beschränkt; 12- bis 14jährige dürfen 6 Stunden täglich arbeiten.
1873:	Die Buchdrucker schließen den ersten nationalen Tarifvertrag ab. Die tarifliche Arbeitszeit wird auf 10 Stunden verkürzt.
1883:	Die gesetzliche Krankenversicherung wird eingeführt.
1884:	Die Unfallversicherung wird eingeführt.
1889:	Die Invalidenversicherung wird eingeführt.
1891:	Die Novelle zur Gewerbeordnung wird verabschiedet: - Sonn- und Feiertagsruhe in zahlreichen Industriezweigen - Verbot der Kinderarbeit unter 13 Jahren in Fabriken und Beschränkung der Arbeitszeit für Kinder über 13 Jahren auf sechs Stunden und Jugendlichen unter 18 Jahren auf 10 Stunden täglich - Beschränkung der Beschäftigung von Gehilfen, Lehrlingen und Arbeitern an Sonntagen und Feiertagen im Handelsgewerbe auf fünf Stunden
19oo:	Der Ladenschluß an Werktagen wird in Deutschland erstmalig geregelt. Die Ladenöffnungszeit wird von 7.00 Uhr morgens bis 21.oo Uhr abends festgelegt.
1908:	Die Arbeitszeit für Frauen wird auf zehn Stunden festgelegt.
1919:	Der Acht-Stunden-Tag wird durch den Rat der Volksbeauftragten eingeführt. Der Ladenschluß wird auf 19.00 Uhr festgelegt.
1921:	Nur 0,3% der tariflich erfaßten Beschäftigten arbeiten mehr als 48 Stunden pro Woche.
1922:	Bereits 54% aller tariflich erfaßten Beschäftigten haben Anspruch auf einen Urlaub von bis zu 3 Tagen, 8% mehr als 6 Tage im Jahr.
1923:	Der Acht-Stunden-Tag wird durch Verordnung zum Teil wieder aufgehoben.
1927:	13% der durch Tarifverträge erfaßten Beschäftigten müssen wieder mehr als 48 Stunden pro Woche arbeiten.
1933/1945:	Zerschlagung der Gewerkschaften und Aufhebung des Acht-Stunden-Tages.
1946:	Der achtstündige Arbeitstag wird wieder zur Normalarbeitszeit erhoben.

Fortsetzung nächste Seite

1953: Die durchschnittliche wöchentliche Arbeitszeit beträgt immer noch rund 48 Stunden.

1956: Verabschiedung des Ladenschlußgesetzes am 28.11.1956, das den werktäglichen Ladenschluß von montags bis freitags von 18.30 Uhr bis 7.00 Uhr, am Samstag um 14.00 Uhr, am ersten Samstag im Monat um 18.00 Uhr festlegt.

1956/1960: Die Gewerkschaft IG Metall vereinbart, in drei Stufen die Arbeitszeit von 48 auf 40 Stunden herabzusetzen; die letzte Stufe tritt im Jahr 1967 in Kraft. Generell wird die tarifliche Arbeitszeit von 48 auf 44 Stunden verkürzt.

1962: Die Gewerkschaft IG Druck und Papier vereinbart in einem Drei-Stufen-Abkommen, bis 1965 die Arbeitszeit auf 40 Wochenstunden zu reduzieren.

1963/1969: Die Gewerkschaft Handel/Banken/Versicherungen vereinbart die 40-Stunden-/5-Tage-Woche.

1984: Einführung der 38,5-Stunden-Woche in einigen Tarifbereichen, z.B. Metall

Quelle: Kaiser et al. 1983, S. 15 ff. und eigene Recherchen

3.5. Entstehung und Entwicklung der Freizeitforschung

Empirische Freizeitforschung - soweit soziologisch - gibt es seit Beginn des 20. Jahrhunderts. Um 1900 fanden sich nach Scheuch (1977, S. 17 ff.) schon Arbeiten über Freizeit in den USA und der UdSSR. 1908 führte

P r o k o p o v i c z die erste größere Studie in Rußland durch; kurz nach dem Ersten Weltkrieg entstand über einige Gemeindestudien auch in den USA für den Freizeitbereich größeres Interesse (Johannis & Cunningham 1974). Die "National Recreation Association" erarbeitete 1933 eine umfangreiche Erhebung (Scheuch 1977, S. 22). Studien anderer Wissenschaftsdisziplinen über Freizeit sind erst 10 bis 30 Jahre alt (Schmitz-Scherzer 1974, S. 12 ff.).

Freizeitforschung in Deutschland ist ebenfalls relativ jung. Die meisten der mehrere tausend Bücher und Artikel umfassende Liste der Publikationen sind erst in den letzten 30 Jahren entstanden. Lehrbücher existieren sogar erst seit 10 Jahren (Prahl 1977, S. 29). Sicherlich sind erste Versuche über die Verwendung der arbeitsfreien Zeit bzw. des Verhältnisses von Arbeit und Freizeit schon früher bekannt. So haben z.B. M a r x und E n g e l s diese Aspekte in ihren Untersuchungen zur Lage der Industriearbeiter aufgegriffen, jedoch waren diese Untersuchungen keine Freizeitstudien i.e.S.

Die sozialwissenschaftliche Erforschung der Freizeit in Deutschland begann in ersten Ansätzen um die Jahrhundertwende (Tokarski 1979, S. 14). Äußerer Anlaß war die 1892 in Kraft getretene Novelle zur Reichsgewerbeordnung, die u.a. die gesetzliche Sonntagsruhe in den Fabriken einführte. Da die Unternehmer mißtrauisch die Vermehrung der Wochenendfreizeit für die Arbeiter betrachteten, führte die "Centralstelle für Arbeiterwohlfahrtseinrichtungen" 1893 eine Umfrage in Fabrikbetrieben durch (Giesecke 1968, S. 13). Die Tatsache, daß die Industriearbeiter einen über die bloße Reproduktion der Arbeitskraft hinausgehenden Anteil an arbeitsfreier Zeit besaßen, war also Anstoß für die Erforschung der Freizeit.

Gleichzeitig war damit ein zentrales Interesse der Forschung an der Freizeit von Industriearbeitern erwacht. Es hat bis heute zu sehr umfangreichen Untersuchungen geführt, allerdings unter Vernachlässigung anderer sozialer Gruppen (z.B. Hausfrauen, kinderreiche Familien etc.).

Inwieweit zwischen Arbeit und arbeitsfreier Zeit ein Zusammenhang besteht, wurde insbesondere in den verschiedenen Erhebungen des "Vereins für Socialpolitik" über "Auslese und Anpassung (Berufswahl und Berufsschicksal) der Arbeiterschaft der geschlossenen Großindustrie" vor dem Ersten Weltkrieg erhoben (Schlösser 1981, S. 23), deren methodologische Einleitung aus dem Jahre 1908 von M a x W e b e r stammt. Auch hier war also das Verhalten von Arbeitern in der Freizeit und dessen Auswirkungen auf die außerbetriebliche Lebensgestaltung in bestimmten Industriezweigen bevorzugter Forschungsgegenstand - so in der Spinnerei und Weberei, in der Elektroindustrie, Buchdruckerei, Feinmechanik, Maschinenindustrie, Automobilindustrie, Lederwaren- und Textilindustrie (zit. in Schlösser 1981, S. 25, Anm. 45 und 46).

Aus der Zeit zwischen den beiden Weltkriegen sind keine bedeutsamen empirischen Untersuchungen aus Deutschland bekannt (Prahl 1977, S. 31). Allerdings finden sich in dieser Zeit insbesondere zwei Publikationen, die sich mit der Freizeit beschäftigen, nämlich die von K l a t t (1929), die sich aus pädagogischer Sicht mit Freizeit befaßt, und die von S t e r n h e i m (1932), die eine Analyse des Problems der damaligen Freizeitgestaltung darstellt.

In der Zeit des Nationalsozialismus wurde die Freizeit als Lebensbereich sehr stark beachtet, jedoch kann von einer Analyse oder von Forschung keine Rede sein. Freizeitforschung spielte erst wieder nach dem Zweiten Weltkrieg in der Bundesrepublik eine Rolle. Vom Volumen her wurde die empirische Freizeitforschung zwar ein etabliertes Gebiet, jedoch konnte es sich bisher an den Hochschulen nicht recht durchsetzen (Scheuch 1977, S. 31 ff.). Mit S c h e u c h (1977, S. 33) muß nach wie vor festgestellt werden, daß Freizeitforschung außerhalb der klassischen Disziplinen im Zusammenspiel kommerzieller Forschungsinstitute mit Verbänden, Behörden, Ministerien als "sozialtechnisches Arbeitsgebiet" existiert. Inwieweit dadurch überhaupt Entwicklungschancen gegeben sind, darf bezweifelt werden, da hier primär ad-hoc und auf kurzfristig existierende Probleme hingearbeitet wird.

Betrachtet man nur die universitäre Freizeitforschung, so beschränkt diese sich primär auf zwei Fachdisziplinen in der Bundesrepublik: auf die Soziologie und die Pädagogik (vgl. hierzu und auch im folgenden Tokarski 1982, S. 191 ff.). Dies bedeutet in der Konsequenz, daß Freizeitforschung bisher unter einseitigen fachspezifischen Gesichtspunkten betrieben worden ist. Insgesamt gesehen läßt sich sagen, daß die Pädagogik z.Zt. in der Freizeitdiskussion die bestimmendere Disziplin ist. Während die Soziologie in erster Linie quantitativ beschreibende Studien erstellt hat, hat das Interesse der Pädagogik insbesondere auf Freizeitproblemen und ihrer Überwindung gelegen. Die Konzepte der Animation sind z.B. in diesem Zusammenhang anzuführen.

Was nahezu gänzlich fehlt, sind qualitative und vergleichende Analysen. Es ist jedoch anzunehmen, daß Studien dieser Art als Auftragsforschung für die Industrie und öffentliche Träger erstellt wurden. Leider ist jedoch der Zugang zu diesen Analysen häufig versperrt, so daß gelten muß: Was nicht publiziert ist, ist nicht existent. Sozialpsychologie und Psychologie, für die qualitative Studien eigentlich alltäglich sind, sind - mit einigen Ausnahmen - bisher nicht in der Freizeitforschung engagiert. Die Volkswirtschaftslehre hat Freizeit seit längerer Zeit als Gegenstand des Interesses aufgegeben und diskutiert Freizeit z.Zt. nur als Instrument zur Lösung der Wirtschaftskrise. Bei den übrigen Disziplinen - Geographie, Geschichte, Medizin - finden sich gelegentlich wichtige Hinweise, diese Disziplinen haben sich jedoch eigentlich nie als freizeitrelevante Wissenschaften verstanden. Hier ist sicherlich für die Zukunft eine Um- bzw. Neuorientierung erforderlich.

Bemerkenswert erscheint auch, daß Freizeitforschung analog der "zweitrangigen" Bedeutung der Freizeit in der Gesellschaft eigentlich immer "nebenher" betrieben wurde. Es gibt keinen Lehrstuhl für Freizeitsoziologie, Freizeitpädagogik, Freizeitpsychologie o.ä., ganz zu schweigen von etablierter Freizeitforschung an Universitäten. Entsprechend klein ist auch die Gruppe derjenigen Wissenschaftler, die sich an Universitäten mit Freizeit auseinandersetzen. Allerdings ist in jüngster Zeit der Trend zu beobachten, daß sich die Sportwissenschaft stärker etabliert und Freizeit als eine ihrer Domänen ansieht. Es ist dabei zu hoffen, daß die hier häufig anzutreffende Gleichsetzung von Freizeit mit Sport endlich überwunden wird.

Insgesamt läßt sich feststellen, daß gegenwärtig die Freizeitforschung vor allem durch fünf Merkmale gekennzeichnet ist (Tokarski, S. 192 und 1983a):

- die untergeordnete Behandlung und Sichtweise des Phänomens Freizeit und der Betrachtung von Freizeit im Rahmen allgemeiner gesellschaftlicher Prognosen und Entwicklungen quasi als "Randphänomen", lediglich als eine quantitative Größe unter vielen;
- die unbefriedigende Freizeitdefinitionen und theoretischen Ansätze in der Freizeitforschung;
- die mangelnde Einbindung von Freizeitforschung in übergreifende Konzepte;
- die Beschränkung auf primär nur zwei Fachdisziplinen (Soziologie und Pädagogik;
- die mit wenigen Ausnahmen noch immer unzureichend eingesetzten qualitativen Forschungsmethoden und -techniken, trotz der zunehmenden Methodenvielfalt in den einzelnen Fachdisziplinen.

Es fehlen nach wie vor innovative Impulse. Dies gilt sowohl für die Bundesrepublik als auch auf internationaler Ebene.

Es ist nicht verwunderlich, wenn sich die Freizeitforschung Kritik ausgesetzt sieht: Stagnation ist ein Vorwurf, der schon seit Jahrzehnten erhoben wird. Dies gilt auch für die Kritik der gesellschaftlichen Bezugslosigkeit und der mangelnden übergreifenden Untersuchungen. Der Hinweis des beziehungslosen Nebeneinanderher-Existierens vom Empirie und der theoretischen Begrifflichkeit (Nauck 1983) ist allerdings ein Vorwurf, der nahezu die gesamten Sozialwissenschaften trifft. Freizeitforschung macht hier keine Ausnahme. Dies sei an dieser Stelle hervorgehoben, um dem Eindruck entgegenzutreten, Freizeitforschung sei im Vergleich zu anderer Forschung besonders ineffizient. Sie teilt die Schwierigkeit einer jeden Spezialdisziplin, die sich der Multidisziplinarität bei gleichzeitiger Praxisnähe verschrieben hat.

Mögliche Wege aus diesem Dilemma werden viele aufgezeigt: Neben der Forderung nach dem Aufgreifen des Zusammenhangs von Freizeit und Ideologie sowie der Marktgesetze werden Interdisziplinarität und historische Orientierung genannt. Aber auch diese Wege sind letztlich kaum geeignet, der Freizeitforschung weiterzuhelfen, solange nur die Forderungen existieren, sie jedoch nicht konsequent umgesetzt werden. Schon früher forderten z.B. Opaschowski (1973), Rapoport & Rapop o r t (1974), P a r k e r (1976), S c h e u c h (1977), R o b e r t s (1978), K e l l y (1982) etc. eine Neuorientierung in der Freizeitforschung, die einerseits gesamtgesellschaftliche Zusammenhänge, gleichzeitig aber auch die individuelle Ausbalancierung der verschiedenen Bereiche, wie Arbeit, Familie, Konsum, Freizeit etc. (Rapoport & Rapoport 1974, S. 228), sowie subjektive Faktoren der Freizeit (Neulinger 1974) berücksichtigen soll. Diese komplexen Zusammenhänge adäquat definitorisch, theoretisch und methodisch in den Griff zu bekommen, ist keine leichte Aufgabe. Sie wird so bald nicht gelöst werden können. O p a s c h o w s - k i (1973) beklagt in diesem Kontext einen generellen Mangel an Phantasie in der Freizeitforschung. Dem kann man auf der sehr generellen Ebene durchaus zustimmen, wenngleich O p a s c h o w s k i selbst in seinen eigenen Studien dieser Forderung auch nicht entspricht.

4. Freizeit heute

4.1. Spannungsfeld Freizeit

Freizeit heute steht also in der Tradition einer langen Geschichte, die als Sozialgeschichte bislang noch recht wenig erforscht ist. Sehr verschiedenartige Strömungen und Einflüsse werden wirksam und führen dazu, daß Freizeit von unterschiedlichen Individuen und sozialen Gruppen auch sehr unterschiedlich gestaltet und erlebt wird. Entsprechend scheint oft jeder etwas anderes, wenn von Freizeit die Rede ist, zu meinen. Dennoch sprechen wir heute in unserer Gesellschaft fast immer von "der Freizeit" und damit von einer Fiktion. Die historische Betrachtung der Freizeit im vorigen Kapitel hat deutlich gemacht, wie komplex und multidimensional Freizeit ist, welchen unterschiedlichen Orientierungsmustern Freizeit unterliegen kann, welchen kulturellen und interkulturellen Einflüssen Freizeit ausgesetzt ist. Soziale Differenzierungen und individuelle Ausprägungen tun ein übriges dazu, "die Freizeit" in ein kompliziertes interdependentes System vieler verschiedener Freizeitmuster aufzufalten. Gemeinsam ist diesen verschiedenen Freizeitmuster nur der sehr unbestimmt beschriebene Rahmen der Nicht-Arbeit, alles andere dagegen ist offen, sehr vage definiert, voller Widersprüche, Spannungen und Unsicherheiten.

Auf der einen Seite weiß zwar jeder gleich, was mit Freizeit gemeint ist, d.h was er ganz persönlich darunter versteht und damit verbindet: Freizeit gilt für die Mehrzahl der Bevölkerung als etwas Erstrebenswertes, als Freiraum und Freiheit. Mehr Freizeit ist für die meisten Menschen der große Wunsch.

Auf der anderen Seite kommt bei näherem Untersuchen häufig das Gefühl auf, daß Freizeit nicht konkret faßbar ist. Oft wissen wir nicht, was Freizeit beinhaltet, wann sie beginnt und wann sie aufhört, ob das, was wir bei anderen - und oftmals bei uns selbst - beobachten, Freizeitverhalten ist oder nicht. Sind z.B. Gartenarbeit und Autowaschen Freizeitaktivitäten? Ist die Reparatur einer Lampe Freizeit oder Arbeit? Ist Essen nur Nahrungsaufnahme oder was sonst noch? Die hier nur kurz beschriebenen Situationen zeigen schon die Schwierigkeiten auf, die die Forschung bei der Definition von Freizeit hat.

Ein weiteres kommt hinzu:

Selbstverständlich ist nicht alles Freizeit, was ein Individuum in seiner arbeitsfreien Zeit unternimmt. Hier ist sicherlich zu unterscheiden zwischen dem, was oft "eigentliche Freizeit" genannt wird, und anderen Aktivitäten in der arbeitsfreien Zeit. Dennoch tritt selbst bei Tätigkeiten, die ziemlich eindeutig Freizeitaktivitäten zu sein scheinen, bei vielen Menschen das Gefühl auf, daß das, was sie gerade machen, eigentlich nicht das ist, was sie als Freizeit bezeichnen, obwohl sie es in dieser Zeit tun. Oft werden soziale Zwänge wirksam, denen man sich nicht oder nur schwer entziehen kann. Häufig verbietet der sog "graue Alltag", daß ein Individuum das Gefühl hat, in seiner Freizeit tun und lassen zu können, was es will.

Die Beschreibung dieser verschiedenen Aspekte von Freizeit macht zweierlei deutlich:

1. Freizeit ist einerseits Teil des Alltags, d.h. in der Freizeit werden alle psychologischen, sozialen und physiologischen Determinanten des Alltags wirksam (Lenz-Romeiss 1974, Scheuch 1980, Pronovost 1982, Lüdtke 1984).
2. Freizeit bezeichnet andererseits gleichzeitig einen Freiraum, in dem jeder tun und lassen kann, was er will.

Es ist offensichtlich, daß beide Aspekte der Freizeit zusammengenommen in Widerspruch zueinander stehen, was bei den meisten Menschen erhebliche Konflikte, Spannungen und Unsicherheiten erzeugt. Eng damit zusammen hängt aber noch etwas anderes: Die wachsende Kluft zwischen dem tradierten Wertesystem unserer Gesellschaft und den scheinbar unbegrenzten Möglichkeiten der Freizeit verursacht zusätzliche Probleme: Auf der einen Seite steht nach wie vor die Arbeit in ihrer puritanischen Asprägung als "Sinn des Lebens", d.h. als hoher, wenn nicht sogar höchster Wert in unserer Gesellschaft (Vassen 1984), obwohl viele ihre Arbeit gleichzeitig als Last und Zwang empfinden (vgl. hierzu z.B. Tokarski 1979, 1984). Gefühle der Nutzlosigkeit bei Arbeitslosen sind ein dramatischer Beleg dafür, daß Arbeit einen solchen Stellenwert besitzt. Trotz einer - zugegebenermaßen mit Einschränkungen verbundenen - materiellen Absicherung über die Arbeitslosenversicherung sind diese Gefühle häufig sehr stark und können bis zu Depressionen, psychischen Störungen und sogar Selbsttötung führen (vgl. z.B. Rice 1975). Integration von Ausländern - um ein weiteres Beispiel zu nennen - wird in erster Linie über die Arbeit angestrebt. So steht bei den Integrationsmaßnahmen für ausländische Jugendliche die Verbesserung der beruflichen Ausbildung eindeutig im Vordergrund, um darüber bessere soziale Chancen für diese Jugendlichen zu schaffen. Rehabilitation ist in erster Linie berufliche Rehabilitation (Tokarski 1982b). Wenn Freizeit ganz allgemein und spezifische Freizeitaktivitäten im besonderen einen solchen Sinngehalt vermitteln könnten, wie es die Arbeit vermag (Jahoda 1983), wenn sie einen solchen Wert darstellen könnten, wie ihnen oft zugesprochen wird, dann wären z .B. die Reaktionen von Arbeitslosen kaum denkbar, ebenso wie auch die Zunahme der Langeweile während der Freizeit in den letzten 30 Jahren kaum nachvollziehbar wäre. Es läßt sich vermuten, daß die Abwesenheit der stark vorstrukturierten Arbeitsituation, die genau bestimmt, welche Tätigkeiten in welchen Zeitabläufen verrichtet werden müssen, zu Unstrukturiertheiten in der Freizeit führen, die dann als Mangel erlebt werden; Langeweile ist eine mögliche Form dieses Erlebens.

Dennoch steht zur Verwendung der Freizeit eine breitgefächerte Palette von Möglichkeiten theoretisch zur Verfügung, angefangen von legaler oder illegaler Zusatzarbeit über Ausflüge, häuslicher und außerhäuslicher Tätigkeiten bis hin zum Faulenzen und Nichtstun. Häufigkeit und Dauer solcher Tätigkeiten differieren je nach sozialer Zugehörigkeit, wobei "Beruf und Bildung ...gegenwärtig neben den vorgegebenen Merkmalen Alter mal Geschlecht, die Kategorien (sind), welche am stärksten mit Unterschieden in der Verwendung von freier Zeit korrelieren" (Scheuch 198o, S. 3). Für sich genommen, d. h. als Tabelle mit einzelnen Aktivitäten, ist die Aufzählung von Verhaltensweisen in der Freizeit nicht sehr instruktiv. Überdies läßt sich beobachten, daß diese Übersichtstabellen seit Jahren in ihrer Struktur stabil sind. Man kann weder von der Häufigkeit noch von der Dauer der Ausübung bestimmter Aktivitäten her auf deren Bedeutung schließen, d.h. auf die Funktionen dieser Aktivitäten für das Individuum. Es muß darüber hinaus unterstellt werden, daß die Mehrzahl der Freizeittätigkeiten - wie im übrigen die Mehrzahl der Verhaltensweisen des Alltags auch - multifunktional sind, d.h. unterschiedliche Erlebensqualitäten und Bedürfnisbefriedigungen besitzen können. Welche Funktionen ein bestimmtes Freizeitverhalten hat, hängt in hohem Maße von den Motivationen, Erwartungen und Identifikationen, aber auch von Faktoren wie Ort und Zeitpunkt sowie dem Grad der Gewohnheit ab. Entsprechend vielfältig sind auch die Funktionen der Freizeit, die von den Forschern konstatiert werden (Tokarski 1982, 1983a).

In Anbetracht dieser hier bereits als sehr komplex charakterisierten Sachverhalte stellt sich die berechtigte Frage, wie Freizeit von der Forschung überhaupt adäquat untersucht werden kann. S c h e u c h (1977, S. 148 ff.) weist auf die Diskrepanz zwischen der tatsächlichen Freizeit in unserer Gesellschaft und dem, was Wissenschaftler unter Freizeit verstehen, hin. Diese Diskrepanz - die ja letztlich das Verhältnis jeder Wissenschaft zu ihrem Erkenntnisgegenstand bestimmt und damit ihren Status in der Wissenschaftslandschaft - ist vermutlich im Falle des Frei-

zeitphänomens erheblich. Entsprechend spielt Freizeitforschung nicht nur in der Bundesrepublik Deutschland im Konzept der Wissenschaften eine untergeordnete Rolle (Tokarski 1982, 1983a).
Neben den bereits erwähnten Gründen (s. Kap. 3.5.) tragen noch weitere dazu bei:

- Freizeitforschung ist ein Beispiel für eine problemorientierte Sozialwissenschaft. Freizeit kommt als Thema erst auf den Tisch, wenn es zu einem "sozialen Problem" zu werden beginnt und "auf die Schnelle" Problemlösungen gefunden werden sollen. Daraus resultiert eine unzureichende Problembehandlung.

- Freizeitforschung bewegt sich meistens im engen Rahmen einer "Spezialdisziplin", die kaum Bezüge zu allgemeinen sozialen Prozessen und Gegebenheiten sowie theoretischen Modellen anderer Forschungsgebiete und Disziplinen herstellt.

- Freizeitphänomene werden in der Regel als "politisch-normative Konzepte" diskutiert, d.h. mit dem Ziel, etwas politisch durchzusetzen. Politisch erwünschte Dinge werden jedoch nur selten umfassend, sondern nur unter ganz bestimmten Aspekten betrachtet, geschweige denn analysiert.

Ausgehend von der Feststellung, daß es eine erhebliche Diskrepanz zwischen Forschung und Praxis gibt, deren man sich immer bewußt sein sollte, wird im folgenden die Situation der Freizeit heute und der Stand der Forschung dargelegt. Zunächst wird die Freizeit quantitativ eingegrenzt und anschließend in qualitativer Hinsicht diskutiert. In diesen Zusammenhang gehört auch die Beschäftigung mit methodischen Fragen, die an den entsprechenden Stellen erfolgt. Danach folgt die Analyse der Freizeit spezifischer sozialer Gruppen in unserer Gesellschaft.

4.2. Freizeit quantitativ

Unter quantitativer Freizeit werden alle diejenigen Dinge über Freizeit subsumiert, die die Rahmenbedingungen für Freizeit in unserer Gesellschaft definieren. Diese Rahmenbedingungen sind insofern von erheblichem Interesse, als sie die relative Bedeutung des Freizeitsektors zu anderen Bereichen beschreiben und die zeitlichen, materiellen und verhaltensmäßigen Grenzen und Möglichkeiten der Freizeit quantitativ bestimmen. Auf die Freizeitpolitik als Faktor für die Rahmenbedingungen der Freizeit ist bereits im vorigen Kapitel ausführlich eingegangen worden, sie wird deshalb hier nicht weiter thematisiert.

Die wesentlichen zeitlichen Aspekte der Freizeit sind in dem hier genannten Zusammenhang
- das Verhältnis von Arbeitszeit, freier Zeit und Freizeit sowie die verschiedenen Zeithaushalte unterschiedlicher sozialer Gruppen (Kap.4.2.1.)
- die Differenzierung der freien Zeit und der Freizeit nach Feierband, Wochenende und Urlaub (Kap. 4.2.2.).

Unter die materiellen Aspekte fallen
- die Höhe der Freizeitausgaben sowie die Ausstattung mit Freizeitgütern im weitesten Sinne (Kap. 4.2.3.).

Die verhaltensmäßigen Aspekte, die die Häufigkeit der Ausübung spezifischer Freizeittätigkeiten wiedergeben, sind entsprechend die
- Freizeitaktivitäten (Kap. 4.2.4.).

4.2.1. Freie Zeit und Freizeit

Die Gesamtzeit eines Individuums wird üblicherweise in drei Blöcke aufgeteilt, wobei freie Zeit dabei nichts anderes meint als die Zeitspanne zwischen Berufsarbeit und physisch notwendigem Schlaf. Damit wird freie Zeit als Restkategorie verstanden. "Freie Zeit ist zumeist abgegrenzt als der Zeitraum, der weder für die auf Verdienst gerichtete Tätigkeit noch durch physiologische Notwendigkeiten in Anspruch genommen wird" (Scheuch 1977, S. 38 ff.; siehe auch De Grazia 1962, Dumazedier 1974). So scheinbar eindeutig eine solche Definition klingt, so schwierig ist sie anzuwenden. Denn es muß darauf hingewiesen werden, daß es nicht einfach ist, die beiden hier ausgegrenzten Zeitabschnitte empirisch zu fassen (Prahl 1977, S. 51 ff.; Scheuch 1977, S. 39); die verwendeten Begrifflichkeiten sind unzureichend, denn:

° Die Tatsache, daß bei einer Erwerbsquote von ca. 41% in der Bundesrepublik (Prognos, zit. in MLS 1982, S. 10) nur der kleinere Teil der Bevölkerung eine "auf Verdienst gerichtete Tätigkeit", also eine Berufsarbeit, ausübt, schließt z.B. etliche soziale Gruppen von der Definition aus: Hausfrauen, Rentner, Schüler, Studenten, Arbeitslose etc. Offensichtlich haben diese Personen jedoch auch freie Zeit. Überdies ist der Umfang und die Lage der Berufsarbeit nicht geklärt, da zum einen zwischen tariflicher und effektiver Arbeitszeit, - dies ist die übliche Unterscheidung - aber auch zwischen effektiver und bezahlter Arbeitszeit (Watrin 1983, S. 60) unterschieden werden muß. Letztere umfaßt auch Überstunden, Nacht- und Schichtarbeit sowie bezahlten Urlaub, bezahlte Krankheitstage, Dienstbefreiungen etc. 1978 bestand z. B. zwischen der bezahlten und der effektiven Arbeitszeit von Industriearbeitern eine Differenz von 8,6 Stunden pro Woche (Watrin 1983, S. 61). Es wird also aufs Jahr bezogen weniger gearbeitet (1978: 33 Stunden) als bezahlt (1978: 41,6 Stunden) wird. Hier wird deutlich, wie schwer Arbeitszeit und freie Zeit voneinander abgegrenzt werden können.

Allerdings hat sich die tägliche Arbeitszeit, bezogen auf die Fünftagewoche, in den letzten 20 Jahren nur wenig verändert; die wesentlichen Veränderungen ergaben sich primär aus verlängerten Urlaubszeiten und der Verkürzung der Lebensarbeitszeit (MLS 1982, S. 11). Die tatsächliche wöchentliche Arbeitszeit weist gegenüber der tariflichen insofern Abweichungen auf, als nicht alle genau 40 Stunden pro Woche arbeiten: in einer Repräsentativumfrage in Nordrhein-Westfalen waren dies 1981 nur 66% der Erwerbstätigen, 12% arbeiteten weniger, 18% regelmäßig mehr als 40 Stunden. 20% der Erwerbstätigen machten gelegentlich bzw. regelmäßig Schichtarbeit (INFAS 1981). Arbeitszeitverkürzungen, wie sie z.B. in der aktuellen Diskussion sind, können Lage und Verteilung der Arbeitszeiten noch weiter verändern, so daß eine Abgrenzung der freien Zeit von der Arbeitszeit bei Erwerbstätigen genauso schwierig wird, wie z.B. bei Hausfrauen.

° Physische Notwendigkeiten variieren ebenfalls von Individuum zu Individuum, trotz der festgestellten relativen Konstanz der Schlafenszeiten (Szalai 1972, Emnid 1973) beim Menschen. Denn Schlaf fällt nicht alleine unter diese Kategorie: Essen, Hygiene, Notwendigkeiten der pflegerischen oder körperliche Betätigung, medizinische Erfordernisse u.ä. sind ebenfalls hinzuzuzählen.

In Anbetracht der gegenwärtigen Kontroversen um den Arbeitsbegriff und einer Neubestimmung von Arbeit - in der soziologischen Diskussion wird von Paradigmenwechsel gesprochen (vgl. Matthes 1983) - erscheint es sinnvoll, hier nur von Tätigkeit zu sprechen, um überhaupt die unterschiedlichen Umfänge freier Zeit bei verschiedenen sozialen Gruppen einbeziehen und vergleichbar machen zu können; Wegezeiten von und zur Arbeit - dies ist eine allgemeine Konvention - sind hierbei in der Regel eingerechnet. Bei den physischen Notwendigkeiten ist eine Eingrenzung nicht einfach, da es hier nur wenige systematische Untersuchungen gibt. Neben dem Schlaf, der in seinem zeitlichen Ausmaß - wie oben bereits angedeutet - als relativ stabile Größe angenommen werden kann, variieren die Zeiten für Hygiene, Mahlzeiten und sonstige Notwendigkeiten stark, etliche Kategorien fehlen sogar bei diesbezüglichen Erhebungen. Eine vergleichende Untersuchung der

Verwendung von Zeit für verschiedene Tätigkeiten in verschiedenen Ländern aus dem Jahre 1966 erbrachte das in Tabelle 4 aufgezeigte Bild (vgl. auch Harvey, Szalai, Elliot, Stone & Clark 1984, S. 92 f.).

Tabelle 4: Die Verwendung von Zeit für verschiedene Tätigkeiten in verschiedenen Ländern 1966 (durchschnittlicher Zeitaufwand pro Tag einer Woche für alle Erwachsenen) in Stunden

Kategorie	Belgien	Frankreich	Ungarn	Polen	BRD	UdSSR	USA	Jugoslawien
Schlaf	8,6	8,8	8,2	8,1	8,6	8,1	8,2	8,2
Persönl. Pflege	0,7	0,9	1,0	0,9	1,0	0,8	1,0	0,8
Mahlzeiten	1,6	1,7	1,1	1,1	1,6	0,8	1,1	1,1
Arbeitszeiten 1)	4,5	4,5	4,6	5,2	4,0	6,0	4,6	4,8
Arbeitsweg	0,4	0,4	0,3	0,6	0,3	0,6	0,3	0,5

1) Da hier der durchschnittliche Zeitaufwand für alle Erwachsenen aufgeführt ist, sind die angegebenen Zeiten für Arbeit und Arbeitswege irreführend.

Quelle: Scheuch 1977, S. 46

Darüber hinaus ist nicht eindeutig zu klären, inwieweit Essen, Hygiene, Schlaf u.ä. nur den physischen Notwendigkeiten zuzurechnen sind und nicht auch als Freizeit i.e.S. erlebt werden können: Schlaf kann zum Beispiel auch als Freizeitbeschäftigung im Sinne von Ausruhen oder auch als "Vorschlafen" für Feiern verstanden werden. Freie Zeit muß also konsequenterweise "als ein unbestimmt Gelassenes zwischen zwei bestimmt gemeinten Zeiträumen verstanden" werden (Scheuch 1977, S. 39). Diese sind allerdings ebenfalls nicht so genau bestimmt, wie es den Anschein hat.

Welchen quantitativen Umfang hat nun die freie Zeit? Zuverlässige empirische Daten über die Entwicklung der freien Zeit in der Bundesrepublik sind nur spärlich vorhanden. Allerdings kann aufgrund der wenigen existierenden Daten gesagt werden, daß die freie Zeit zugenommen hat, wobei dies ca. zur Hälfte aus einer Verringerung des Zeitaufwandes für Berufsarbeit, zu nicht ganz einem Drittel aus der Verkürzung der Hausarbeitszeit und aus dem Rückgang der Schlafens- und Essenszeiten geschehen ist (Presse- und Informationsamt 1982, S. 156). Tabelle 5 zeigt deutlich diese Zunahme der freien Zeit bei gleichzeitigem Rückgang der beruflichen Tätigkeit, der Hausarbeit und der Schlafens- und Essenszeiten: im Vergleich hatte die freie Zeit 1980 mit einem Anteil von 7,5 Stunden der Gesamtzeit den 1.7fachen Umfang von 1964 mit 5,7 Stunden.

Tabelle 5: Zeitbudgets für einen Durchschnittswerktag (Mo - Sa), allgemeine Tätigkeitsarten in Std. und Min. 1980

Bevölkerung ab 14 Jahre	Arbeit	davon		Freie Zeit	davon		Rest (Schlafen, Essen)
		Berufsarb. einschl. Weg zur Arbeit	Hausarb. einschl. Einkauf		im Haus	außer Haus	
Erwerbstätige und Nicht-Erwerbstätige							
1964 (Frühj.)	7:53	4:48	3:05	5:41	3:38	2:02	10:26
1970 (Herbst)	7:40	4:45	2:55	6:15	4:31	1:45	10:05
1974 (Nov.)	6:48	4:12	2:36	6:53	5:01	1:52	10:18
1980 (Nov.)	6:26	3:54	2:32	7:29	5:10	2:19	10:05
darunter:							
Vollerwerbstätige	8:16	7:08	1:08	6:22	4:17	2:05	9:22
teilweise Erwerbst. und Personen in Ausbildung	6:41	4:37	2:04	7:28	4:20	3:08	9:51
nichterwerbstätige Hausfrauen	6:08	0:48	5:20	7:25	5:43	1:42	10:27
Rentner, Pensionäre, Arbeitslose	3:07	0:25	2:42	9:40	7:09	2:31	11:13

Quelle: Infratest, aufgeführt in Presse- und Informationsamt 1982, S. 157

Die nicht-erwerbstätigen Hausfrauen sowie die teilweise Erwerbstätigen und Pesonen in der Ausbildung hatten 1980 genauso viel freie Zeit wie der Durchschnittsbürger ab 14 Jahren. Die freie Zeit der Vollerwerbstätigen lag ca. 15% darunter, die der Rentner, Pensionäre und Arbeitslosen um ca. 29% darüber.

Wir haben bei der bisherigen Betrachtung die Gesamtzeit eines Individuums in drei große Blöcke eingeteilt, nämlich (1) in die Zeit für berufliche Tätigkeiten (Arbeitszeit) bzw. vergleichbare Tätigkeiten bei anderen sozialen Gruppen (Hausfrauen, Rentner, Schüler etc.), (2) in die Zeit für physische Notwendigkeiten und (3) in die freie Zeit. Die "eigentliche Freizeit", d.h. die Zeit, die von einem Menschen als Freizeit i.e.S. erlebt wird, wird als Teil der freien Zeit verstanden. Im Prinzip können alle Verhaltensweisen eines Individuums in der freien Zeit auch als Freizeit erlebt werden. Wann dies jedoch tatsächlich der Fall ist, unterliegt der subjektiven Interpretation des betreffenden Individuums und ist in hohem Maße von den jeweiligen Motivationen, Identifikationen, Einstellungen und Erwartungen sowie aktuellen situationsspezifischen Bedingungen abhängig. Die Motivationen, Identifikationen und Einstellungen sind dabei jedoch auch keine unabhängigen Variablen, sondern werden von den herrschenden Normen und Werten sowie den existierenden Möglichkeiten des jeweiligen sozialen Systems geprägt. Damit stellt sich Freizeit als ein zunächst unstrukturierter Zeit- und Handlungsraum innerhalb der freien Zeit dar, dessen Lage, Verteilung und Strukturierung von den jeweiligen Wahl-, Entscheidungs- und Handlungsmöglichkeiten der betreffenden Persönlichkeit abhängt.

Denn selbstverständlich ist nicht alles Freizeit, was in die Spanne der freien Zeit fällt. Hier hinein fallen Verhaltensweisen der Hygiene, des Schlafs und der Mahlzeiten, soweit sie nicht physisch notwendig sind, darüber hinaus der Haushaltsführung, der notwendigen häuslichen Produktion und Reproduktion sowie Wege- und Wartezeiten, soweit sie nicht Bestandteil der beruflichen oder vergleichbarer Tätigkeiten sind, sowie Verhaltensweisen, die in der Literatur üblicherweise "eigentliches Freizeitverhalten" oder "Freizeit i.e.S." genannt werden. Jedoch gilt, daß jede der hier aufgeführten Verhaltensweisen den Charakter von Freizeitverhalten annehmen kann. Insofern läßt sich freie Zeit auch als "potentielle Freizeit" (Tokarski 1979, S. 57) bezeichnen.

Abbildung 1: Quantitative Eingrenzung der freien Zeit und der Freizeit

G e s a m t z e i t		
Zeit für berufliche oder vergleichbare Tätigkeiten inkl. Wegezeiten, Überstunden, Nacht- und Schichtarbeit:	Freie Zeit ("potentielle Freizeit")	Physische Notwendigkeiten:
* Arbeitszeit (bei Erwerbstätigen) * Ausbildungszeit (bei Schülern, Auszubildenden, Studenten) * Hausarbeitszeit (bei Hausfrauen) * Sonstige produktive Tätigkeiten (bei Rentnern, Arbeitslosen)	* Schlaf, Hygiene, Mahlzeiten, sofern nicht physisch notwendig * Haushaltsführung, häusliche Produktion und Reproduktion, Wege- und Wartezeiten * "eigentliche Freizeit" ("Freizeit i.e.S.")	* Schlafen * Essen * Hygiene * Sonstige phys. Notwendigkeiten (medizinischer, therapeutischer, pflegerischer Art)

Für die Bestimmung der Freizeit ist zweierlei bedeutsam: Zunächst hängt es von den jeweiligen individuellen Motivationen, Identifikationen und Einstellungen ab, ob eine Verhaltensweise der Freizeit zugerechnet wird oder nicht. Darüber hinaus spielen die aktuellen situationsspezifischen Bedingungen, die für ein Individuum wirksam sind, eine bedeutende Rolle: Es können lokal, temporär und funktional einschränkende Faktoren innerhalb und außerhalb der Freizeit existieren, die die individuellen Dispositionsmöglichkeiten in der Freizeit wie auch die Motivationen, Identifikationen und Einstellungen beeinflussen (vgl. z.B. Scheuch 1977; Wallner & Pohler-Funke 1978; S. 26 ff.; Tokarski 1979, S. 57 ff.; Lüdtke 1980, S. 2o7; Schöps 1980, S. 54 ff. und S. 176):

(1) tätigkeitsabhängige Faktoren (z.B. Art der Tätigkeit, lange An- und Abfahrtswege von und zur Arbeit oder zur Ausbildungsstelle etc., Überstunden, Nacht- und Schichtarbeit, starke Streuung der freien Stunden über den Tag z.B. bei Hausfrauen etc.),

(2) physisch bedingte Faktoren (z.b. schlechter Gesundheitszustand, altersbedingte Einschränkungen, hohe körperliche Beanspruchung während

der beruflichen oder berufsähnlichen Tätigkeit etc.),

(3) familienbezogene Faktoren (z.B. Pflegenotwendigkeit für Kinder, kranke oder alte Menschen, schlechte oder nicht vorhandene Arbeitsteilung im Haushalt, familiäre Verpflichtungen, Erziehungsmaßnahmen etc.),

(4) statusbedingte Faktoren (z.B. geringe Bildung, geringes Einkommen, niedriger beruflicher Status, Notwendigkeit der Sicherung des materiellen Lebensstandards durch Nebentätigkeit, Schwarzarbeit etc.),

(5) geschlechtsbezogene Faktoren (z.B. geschlechtsspezifische Rollenerwartungen etc.),

(6) zeitliche Faktoren (z.B. Ladenschlußzeiten, Arbeitszeitregelungen etc.).

Wir können sagen: Je mehr diese Faktoren die Wahl-, Entscheidungs- und Handlungsmöglichkeiten eines Menschen einschränken oder erweitern, desto weniger oder mehr Freizeit hat er in seiner freien Zeit. Abbildung 2 zeigt diese Zusammenhänge im Überblick.

Abbildung 2: Determinierung der individuellen Lage, Verteilung und Strukturierung der Freizeit

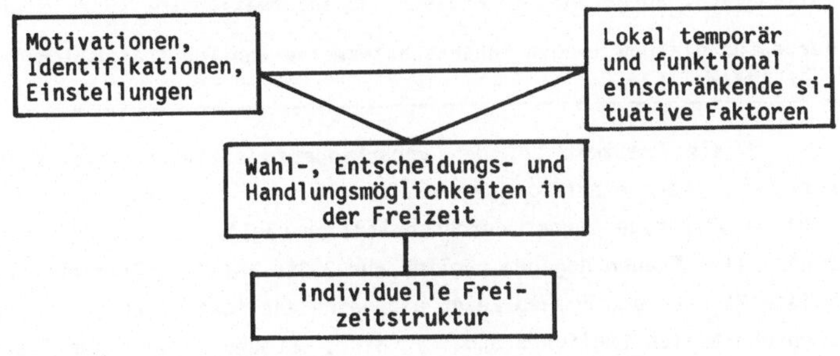

Quelle: Tokarski 1979, S. 59

Halten wir fest: Es gibt einige Zeitkategorien, die objektiv nicht zur Freizeit gezählt werden: Arbeit und arbeitsähnliche Zeiten sowie physische Notwendigkeiten. Daneben gibt es einen mehr oder weniger bestimmbaren Zeitraum der freien Zeit, der den potentiellen Rahmen der Freizeit bestimmt. Alle Verhaltensweisen in diesem Zeitraum können Freizeit-

einer bestimmten Zeitspanne als Freizeit innerhalb der freien Zeit macht Verhaltensweisen in dieser Zeitspanne tatsächlich zu Freizeitverhaltensweisen. Dieses Erleben der Freizeit kann durch viele Faktoren verhindert oder eingeschränkt werden.

Wie eine Gegenüberstellung der zeitlichen Entwicklung zeigt (Tabelle 6), nimmt auch die eigentliche Freizeit, d.h. die subjektiv als Freizeit erlebte Zeit, in der Bundesrepublik zu: Diese Zeit hat sich von 1952 bis 1981 fast verdoppelt.

Tabelle 6: Subjektive Angaben über die Höhe der durchschnittlichen täglichen Freizeit der Bevölkerung der Bundesrepublik ab 16 Jahre 1)

Erhebungszeit	Std:Min	Erhebungszeit	Std.:Min
1952 (August)	2:33	1967 (Mai)	3:16
1957 (Mai)	2:43	1972 (April)	3:27
1960 (Mai)	2:54	1973 (Juli)	3:40
1961 (Oktober)	2:56	1976 (Februar)	3:54
1963 (November)	3:10	1979 (Juli)	3:54
1964 (April)	3:18	1981 (Sept./Okt.)	4:18
1965 (September)	3:14		

Quelle: Allensbach, aufgeführt in Presse- und Informationsamt 1982, S. 157

1) Die Werte für die DDR liegen interessanterweise ähnlich (Lippold/Manz 1980, S. 143).

Allerdings ist die Freizeit bei den verschiedenen sozialen Gruppen ungleich verteilt. Nach einer Analyse von S c h e u c h (1980, S. 2 f.) haben nicht-berufstätige Männer durchschnittlich täglich 5 Std. 11 Min., nicht-berufstätige Frauen dagegen täglich nur 3 Std. 42 Min. Freizeit. Bei berufstätigen Männern und Frauen zeigt sich eine ähnliche Struktur: Männer haben durchschnittlich täglich 3 Std. 13 Min., Frauen dagegen nur 2 Std. 46 Min. Freizeit. Eine Repräsentativstudie aus dem Jahr 1981 ergab, daß 57% der Befragten die ihnen zur Verfügung stehende Freizeit als zu wenig empfanden (Gruner & Jahr 1981). Diese Beurteilung nimmt mit zunehmendem Alter ab (Opaschowski & Raddatz 1982, S. 18).

4.2.2. Feierabend, Wochenende, Urlaub

Wir haben bisher immer nur von der freien Zeit und von der Freizeit gesprochen. Beide Zeiträume müssen jedoch differenziert werden, insbesondere nach Feierabend, Wochenende und Urlaubszeiten. Auch eine weitere Differenzierung nach Wochenfreizeit, Jahresfreizeit und Lebensfreizeit (z.B. Prahl 1977, S. 60) ist denkbar. Es wird hier allerdings darauf verzichtet, da sie keine der üblichen Kategorien im Freizeitverständnis der Menschen darstellen, sondern lediglich zu vergleichenden statistischen Zwecken benutzt werden. Hierzu sind sie allerdings manchmal nützlich. So, wenn z.B. festgestellt wird, daß etwa im Jahre 1964 der Umfang der jährlichen Freizeit, verstanden als Summe der Werktags-, Wochenend- und Urlaubsfreizeit, und der Arbeitszeit gleich waren. Vorher überwog die Arbeitszeit, seit 1964 die Freizeit (Prognos 1982, S. 34). Ihre Brauchbarkeit leisten sie auch, wenn Jahres-Arbeitszeiten im internationalen Vergleich ergeben, daß im Jahre 1982 die Industriearbeiter in der Bundesrepublik Deutschland mit 1.773 Stunden Normalarbeitszeit (Urlaub und Feiertage abgezogen) die zweitgeringste Arbeitszeit z.B. gegenüber Frankreich (1.801 Std.), England (1.833 Std.), USA (1.904 Std.), Schweiz (2.044 Std.) oder Japan (2.1ol Std.) haben (BDA, zit. in: Die Zeit vom 9.12.1983), oder wenn aufgezeigt werden kann, daß die effektive Arbeitszeit weit unter der bezahlten liegt (Watrin 1983) bzw. die Lebensarbeitszeit sich drastisch verkürzt. Allerdings bedeuten diese Hinweise für das Ausmaß der täglichen Arbeit und Freizeit und für das des Alltags kaum eine Veränderung: Die festgesetzte tägliche Arbeitszeit von 8 Stunden ohne Wegezeiten bei Erwerbstätigen, die von den Notwendigkeiten des jeweiligen Haushalts und dem Beruf des Mannes vorgegebenen Arbeitszeiten für die Hausfrau, die ebenfalls vorgegebenen Ausbildungszeiten für Schüler und Studenten sowie der viele Jahre oder Jahrzehnte vorgegebene Tagesrhythmus für Arbeitslose und Rentner bestimmen den Alltag; was zählt, ist das Ausmaß der Freizeit am Feierabend, am Wochenende und die Dauer des Urlaubs.

Freizeit teilt sich quantitativ betrachtet auf in die werktägliche Freizeit (Feierabend), in das Wochenende (Samstag, Sonntag) und in den Urlaub. Allein durch die Lage der Freizeitblöcke im Zeitverlauf ergibt sich jeweils ein unterschiedlicher Charakter der drei Blöcke, die man mit unterschiedlichen Distanzen zum Alltag sowie Dispositionsspielräumen charakterisieren kann: Der tägliche Feierabend ist durch seine zeitliche und räumliche Nähe sehr eng mit der täglichen Arbeits- bzw. arbeitsähnlichen Zeit und den damit verbundenen Wegezeiten verbunden, die man bei einer wie auch immer gearteten Regenerationszeit (Ausruhen, Schlafen, Essen) sogar zu einer Einheit zusammenrechnen könnte. Für die eigentliche Freizeit bleibt hier nur relativ wenig Raum. Eine Verringerung der täglichen Arbeitszeit würde deshalb auch kaum einen Einfluß auf die Freizeit haben: S c h e u c h vermutet, daß dies eine "bloße Ausdehnung derjenigen drei Verhaltensweisen mit beiläufigem Charakter" bedeuten würde, die die höchste Elastizität aufweisen: Fernsehen, Lesen, Reden (1980, S. 4).

Das Wochenende, das seit 1960 in der Bundesrepublik für die überwiegende Mehrzahl der Bevölkerung einen Block von zwei Tagen hat, bietet mehr Möglichkeiten der Distanz zum Alltag. Faktisch wird darunter heute oft bereits die Zeit von Freitagnachmittag bis Montagmorgen verstanden, wie z.B. eine Studie von O p a s c h o w s k i (1981) über die Freizeit Alleinstehender zeigt. Während der Freitagnachmittag und -abend sowie der Samstagmorgen und -nachmittag durch eien Mischung von inner- und ausserhäuslichen Aktivitäten, durch die Mischung von Hausarbeiten, Besorgungen, nebenberuflichen Arbeiten, Ausgehen und anderen Freizeitaktivitäten charakterisiert wird, wandelt sich dieser Charakter in der Regel bereits Samstagabend: Familiennahe Freizeitverbringung, gemeinsames Fernsehen, Parties, Feiern u.ä. überwiegen. Der Sonntag dagegen ist ein Tag, der häufig Ausflügen und Familienbesuchen dient. Diese hier eher idealtypisch als differenziert dargestellte Beschreibung kann natürlich nur als grobe Kurzcharakterisierung gelten, macht aber gut die Heterogenität des Wochenendes deutlich, die sich hinter einer bloßen Angabe von bestimmten Stundenzahlen freier Zeit verbirgt.

Wir haben bereits oben gezeigt, wie die Rangfolge der täglichen freien Zeit insgesamt im Jahre 1980 aussah (vgl. Tabelle 5):

1. Rang: Rentner, Pensionäre, Arbeitslose	9:40 Std.
2. Rang: Teilweise Erwerbstätige, Personen in Ausbildung	7:28 Std.
3. Rang: Nicht-erwerbstätige Hausfrauen	7:25 Std.
4. Rang: Vollerwerbstätige	6:22 Std.

Hier muß freilich auch erheblich nach Feierabend und Wochenende sowie sozialen Merkmalen innerhalb der genannten Gruppierungen differenziert werden. Hierzu einige Anmerkungen:

Über die Höhe der freien Zeit und Freizeit von Arbeitslosen liegen keine genaueren Angaben vor. Dies könnte u.a. daran liegen, daß es sehr schwierig ist, den Tagesablauf arbeitsloser Menschen in seiner Qualität zu erfassen. Erzwungene freie Zeit (Kruppa et al. 1984) muß nicht immer auch als freie Zeit - viel weniger als Freizeit - erlebt werden, zumal Arbeit als sehr erstrebenswertes Gut in unserer Leistunggesellschaft gilt, insbesondere, wenn man sie nicht hat. Es ist wahrscheinlich, daß selbst diejenigen Verhaltensweisen, die in der Regel als Freizeitaktivitäten der reinsten Art gelten, bei Arbeitslosen diese Qualität nicht haben. Zu fragen ist in diesem Zusammenhang : Stellt Nichtarbeit ein Hemmnis für die Freizeit dar?

Über den Zeithaushalt von Rentnern und Pensionären liegen ebenfalls nur wenige verläßliche Daten, die Differenzierungen zulassen, vor. Nach einer Repräsentativuntersuchung (BZGA 1981) bestätigt sich, daß die Freizeit bei Rentnern und Pensionären im Vergleich zu anderen Gruppen am höchsten ist, sie jedoch auch am Wochenende relativ konstant bleibt und von den übrigen Sozialgruppen z.T. erheblich übertroffen wird. Auch hier gilt, daß die arbeitsfreie Zeit nicht mit Freizeit identisch ist (Tokarski & Schmitz-Scherzer 1983). Den durchschnittlichen werktäglichen Tagesablauf, d.h. die Lage und Strukturierung des Alltags älterer Menschen zeigt Abbildung 3.

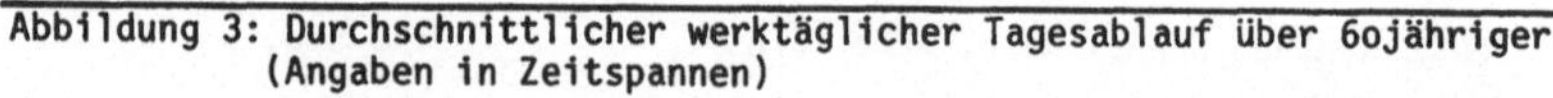

Abbildung 3: Durchschnittlicher werktäglicher Tagesablauf über 6ojähriger (Angaben in Zeitspannen)

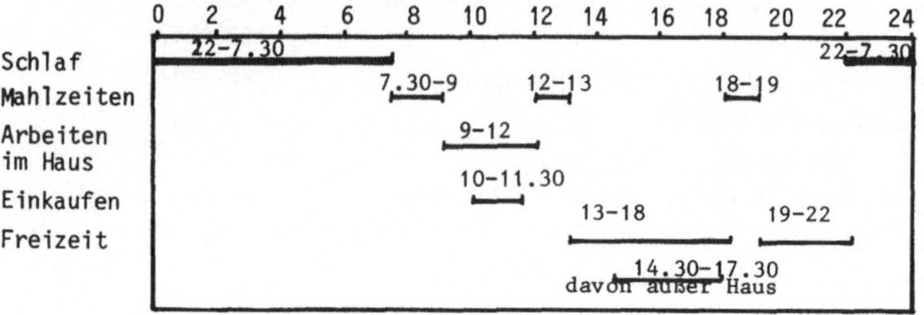

Quelle: Eigene Zusammenstellung nach Huber 1982, S. 163 ff., Teleskopie 1978/79, S. 59 f. und 1978/79 a, S. 44 ff., aufgeführt in Schmitz-Scherzer & Tokarski 1982, S. 25

Daß teilweise Erwerbstätige werktags relativ mehr freie Zeit bzw. Freizeit besitzen, ist einleuchtend, am Wochenende sind keine Unterschiede zu Vollerwerbstätigen zu erwarten.

Die freie Zeit bzw. Freizeit Auszubildender und Schüler schwankt je nach Schul- und Ausbildungstag etwas, wobei auch das Wochenende aufgrund von Hausaufgaben bzw. Vorbereitung auf Prüfungen u.ä. eingeschränkt wird. Opaschowski (1976, S. 52) geht davon aus, daß bei einer freien Zeit von 7,5 Std. die eigentliche Freizeit 3 Std. pro Schultag beträgt. Auszubildende dürften etwas mehr Freizeit haben.

Sowohl Scheuch (1972, S. 198) als auch Prahl (1977, S. 68) gehen davon aus, daß nicht-erwerbstätige Hausfrauen "die privilegierteste Gruppe der Bevölkerung" seien, da sie den größten Anteil der freien Zeit als auch der Freizeit hätten. Sie schränken jedoch ein, daß bei Hausfrauen der Umfang der freien bzw. Freizeit am Wochenende geringer ist als bei berufstätigen Männern. Darüber hinaus ist sicherlich auch noch nach Art des Haushaltes (Struktur, Größe, Stadt vs. Land, Eigentum vs. Miete) zu differenzieren, wie z.B. Abbildung 4 zeigt. U.U. findet sich diese "Privilegierung" dann nicht mehr.

Abbildung 4: Lage der durchschnittlichen werktäglichen Hausarbeit bei nicht-erwerbstätigen Hausfrauen nach Uhrzeit und Häufigkeit (N=34)

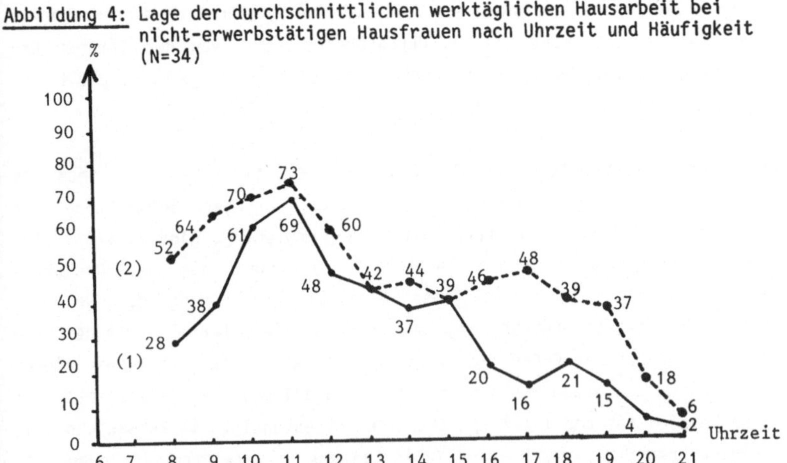

(1) Hausfrauen im Erwachsenenhaushalt
(2) Hausfrauen im Familienhaushalt

Quelle: IMW 1981, S. 59 ff.

P r a h l (1977) weist darauf hin, daß die freie Zeit der Hausfrauen sich gegenläufig zur berufstätigen Bevölkerung verteilt: werktags ist sie höher als bei Berufstätigen, am Wochenende geringer. Die fließenden Übergänge von Hausarbeit und freier bzw. Freizeit erschweren überdies eine Zuordnung der Tätigkeiten. Kommt bei Hausfrauen Berufstätigkeit hinzu, so verkürzt sich nicht nur die werktägliche, sondern auch die Wochenendfreizeit z.T. beträchtlich und weist berufstätige Hausfrauen als eine der sozialen Gruppen aus, die vergleichbar am wenigsten Freizeit haben.

Berufstätige haben generell die wenigste Freizeit. Auch hier ist zu differenzieren nach sozialer Stellung, Beruf, Art der Berufsarbeit sowie nach der Konstanz der Arbeitszeiten. Untersuchungen zeigen, daß Landwirte nach wie vor wenig freie bzw. Freizeit haben, ebenso Inhaber leitender Berufe, Wissenschaftler und Selbständige. Dies gilt sowohl für die werktägliche als auch die freie bzw. Freizeit am Wochenende. Erwerbstätige, die regelmäßig Nacht-, Schicht- oder Sonntagsarbeit leisten, sowie Überstunden und Bereitschaft haben, haben ebenfalls eine z.T. erheblich eingeschränkte freie Zeit, auch wenn sie im Durchschnitt nicht von den übrigen Erwerbstätigen abweichen. Auch hier wirkt sich die Gegenläufigkeit der Freizeitverteilung aus.

Wie sieht die zukünftige Entwicklung aus? Wir haben gesehen, daß die Freizeit in ihrem Umfang ganz wesentlich von der Entwicklung der Arbeitszeit abhängt. Für deren zukünftige Entwicklung gibt es keine eindeutigen Prognosen, jedoch Tendenzen. Besonders ist der Produktivitätsfortschritt bedeutsam, der wiederum vom Umfang der Rationalisierungsinvestitionen abhängig ist, zu denen die Unternehmen in der Lage bzw. aus Konkurrenzgründen gezwungen sind. Deren Leistungsfähigkeit wieder ist Resultut der gesamtwirtschaftlichen Entwicklung. Die Zusammenhänge in ihrer Komplexität und Interdependenz sind offenkundig. Im Rahmen von Szenarien wurden drei verschiedene Varianten zur gesamtwirtschaftlichen Entwicklung sowie deren Konsequenzen von P r o g n o s (1981, 1982, S. 32 ff.) erarbeitet.

Diese Ausgangsbedingungen lauten:

Status-quo-Prognose (N):	Sie geht von einem Wachstum des Bruttoinlandsproduktes (BIP) bis 1990 von 3% jährlich (jeweils zu konstanten Preisen von 1970) aus.
Variante mittleres Wachstum (V1):	Hier sinkt das Bruttoinlandsprodukt 1,5% p.a. ab.
Variante Nullwachstum (V2):	Das Bruttoinlandsprodukt sinkt von 2,9% p.a. während der Periode 1970-1979 auf 0% zwischen 1980 und 1990 ab

Auf der Grundlage dieser BIP-Entwicklungsmöglichkeiten sind Annahmen über den Produktivitätsfortschritt getroffen worden. Er sinkt aufgrund zurückgehender Investitionstätigkeit mit sinkendem BIP-Zuwachs, woraus sich unterschiedliche Arbeitsplatzbilanzen mit jeweils eigenen Konsequenzen für Arbeitszeit- und Freizeitveränderungen ergeben:

Bei einem Status-quo-Wirtschaftswachstum (N) würde die Arbeitszeit erst nach 1985 um 2 Std. pro Woche sinken, bei mittlerem Wachstum (V1) auf 38 Std. bereits 1985 und 37 Wochenstunden bis 1990. Bei Nullwachstum (V2) wird unterstellt, daß aber 37 Std. pro Woche bis 1985, 1990 die 35-Stunden-Woche erreicht sein wird. Bis 1990 würde das jährliche Freizeitvolumen eines über 14jährigen in der Status-quo-Variante um 70 Std. (auf 2.52o Std. jährlich) bzw. um 190 Std. (auf 2.640 Std. jährlich) in der Variante mit der 35-Stunden-Woche steigen. Ausgehend von diesen Eckwerten errechnet P r o g n o s Veränderungen der durchschnittlichen täglichen Freizeit bis zu diesem Zeitpunkt wie folgt: Sie stiege pro Werktag um 0,3 Stunden (Status-quo-Variante) bzw. um 0,9 Stunden in der Nullwachstumsvariante. An Samstagen und Sonntagen lägen die Zuwächse bei ca. 0,7 bzw. 0,5 Stunden, hier gäbe es zwischen den Varianten keine Abweichungen. Insgesamt stiege also die Freizeit bis 1990 pro Woche um 1,5 bzw. 2,1 Stunden (oder 7% bzw 10%). Für berufstätige Frauen errechnete sich der größte Freizeitanstieg zwischen 10% im Status-quo- und 15% bei Nullwachstum.

Diese Szenarien gehen davon aus, daß die Arbeitszeit weiter zurückgeht. Die Status-quo-Variante wird nicht als die wahrscheinliche angesehen. Die als "Variante mittleren Wachstums" bezeichnete Entwicklungsmöglichkeit (V1) ist wahrscheinlicher und verringert die Arbeitszeit bis 1990 auf 37 Stunden pro Woche bei 6 Wochen Ferien. Entsprechend würde das Freizeitvolumen steigen. Erste Ansätze sind mit den Tarifabschlüssen 1984 z.B. in der Metallindustrie in diese Richtung gemacht worden, was die "Variante mittleren Wachstums" stützt.

Tabelle 7 zeigt die von Prognos erarbeiteten Daten im Überblick für verschiedene soziale Gruppen.

Tabelle 7: Freizeitentwicklung an Werktagen und am Wochenende bis 1990 in Stunden

Freizeit in Stunden (und Stunden-Dezimalen)	198o			1985					1990				
	W	Sa	So	Werktage N	V_1	V_2	Sa	So	Werktage N	V_1	V_2	Sa	So
Insgesamt	4,6	7,9	8,6	4,7	5,0	5,1	8,2	8,8	4,9	5,1	5,5	8,6	9,1
Männer	4,9	9,1	9,3	4,8	5,1	5,2	9,1	9,3	4,9	5,1	5,5	9,4	9,0
-berufstätig	3,6	8,9	9,4	3,5	3,9	4,1	8,9	9,4	3,7	3,9	4,4	9,2	9,5
-nicht berufst.	9,2	9,6	9,6	9,0	9,0	9,0	9,6	9,6	9,0	9,0	9,0	9,9	9,9
Frauen	4,2	7,1	7,9	4,4	4,7	4,9	7,4	8,3	4,0	5,1	5,5	7,8	8,0
-voll berufstätig	2,2	6,5	7,6	2,3	2,7	2,9	6,7	7,8	2,8	3,0	3,5	7,1	8,1
-teilzeitlich berufstätig	2,7	6,9	8,2	2,9	3,0	3,2	7,1	8,3	3,1	3,3	3,5	7,5	8,7
-nicht berufst.	5,4	7,4	8,1	5,7	5,7	5,7	7,1	8,3	6,1	6,1	6,1	8,1	8,7

N = Status-quo-Variante
V1= Variante mittleren Wachstums
V2= Variante Null-Wachstum

Quelle: Prognos 1982, S. 36

Die größte Distanz zum Alltag scheint der Urlaub zu schaffen, sowohl zeitlich, räumlich und funktional: Urlaub wird oft als "Gegenalltag" verstanden (Schmitz-Scherzer 1983). Was am Feierabend und Wochenende nicht gelingt, soll der Urlaub bringen: das Freisein.

Urlaub ist zwar der größte Block freier Zeit, jedoch gilt zunächst auch hier, daß dieser Block freier Zeit nicht identisch mit Freizeit ist. Auch Urlaub beinhaltet in der Regel physische Notwendigkeiten, arbeitsähnliche Tätigkeiten und einen "Alltag". Allerdings birgt der Begriff des Urlaubs eine solche Faszination, daß dieser Sachverhalt allzu oft nicht bewußt ist. Urlaub hat seine eigene Qualität.

Im Alltagsverständnis werden häufig Urlaub und Tourismus gleichgesetzt. Dies ist allerdings ein Trugschluß, da selbst in den heutigen weiterentwickelten Industriegesellschaften ein hoher Prozentsatz der Menschen im

Urlaub nicht verreist: 1982 waren es lt. Studienkreis für Tourismus (1984) 45%, lt. Allensbach 44% (zit. in BAT & DGF 1982, S. 111), 1983 lt. BAT-Freizeitbrief (31/84) 28%. Der Trend scheint aber nicht darauf hinzudeuten, daß dieser Prozentsatz sich angesichts der gegenwärtigen ökonomischen Krisen vermindert. Weitere Arbeitszeitverkürzungen, etwa auf 35 Stunden pro Woche, werden ohne Einkommenseinbußen nicht ablaufen (Prognos 1982, S. 33), was wiederum Veränderungen bringen kann. Dieser relativ hohe Prozentsatz des Nicht-Verreisens im Urlaub verdeckt allerdings eine Entwicklung, die seit einigen Jahren sehr stark zugenommen hat: Verlängerte Wochenenden und die Kombination einzeln genommener Urlaubstage mit Feiertagen und Wochenenden bieten die Möglichkeit, auch außerhalb des Urlaubs zu verreisen (Scheuch 1981, S. 1090). Kurzurlaube und Großstadttourismus sind zur Konkurrenz der normalen Urlaubsreise geworden. Allerdings sind gerade diese Formen des Urlaubs bzw. Tourismus anfällig für ökonomische Krisen (Vetter 1980, S. 209 ff., siehe auch Kap. 5).

Die Arbeitnehmer in der Bundesrepublik sind heute in der Situation, daß sie in der Regel mehr Urlaubstage erhalten, als ihnen gesetzlich garantiert ist: Nach dem Bundesurlaubsgesetz steht allen Arbeitnehmern ein Mindesturlaub von 18 Werktagen zu. Tatsächlich erhielten nach abgeschlossenen Tarifverträgen (Stand zum 31.12.1980) Urlaub von

3 bis unter 4 Wochen	= 5%
4 bis unter 5 Wochen	= 22%
5 bis unter 6 Wochen	= 69%
6 Wochen	= 4%

der Arbeitnehmer, die von Tarifverträgen erfaßt sind (Presse- und Informationsamt 1982, S. 154).

Da die meisten Tarifverträge keine einheitliche Urlaubsdauer beinhalten, sondern sich der darin vereinbarte Mindestgrundurlaub je nach Lebensalter und Betriebszugehörigkeit, im öffentlichen Dienst auch je nach Dienststellung, noch um jeweils einige Tage erhöht, liegt der tatsächliche Endurlaub noch erheblich höher. Tabelle 8 zeigt die Differenzen. Im Durchschnitt betrug 1980 der Urlaub 32,3 Tage (Presse- und Informationsamt 1982, S. 154).

Tabelle 8: Tarifvertragliche Urlaubsdauer am 31.12.1980: Grund- und Endurlaub

Grundurlaub		Endurlaub	
Einen Grundurlaub von ... Werktagen	erhalten ...% der Arbeitnehmer	Einen Endurlaub von ... Werktagen	erhalten ...% der Arbeitnehmer
18	0,8	24	0,1
19	0,6	25	5,7
20	2,6	26	0,9
21	6,8	27	0,8
22	2,1	28	2,1
23	0,1	29	0,4
24	7,2	30	14,9
25	10,6	31	6,4
26	6,5	32	5,8
27	6,5	33	17,5
28	23,7	34	37,0
30	2,5	36	8,4
31	25,4		
32	0,1		
33	3,7		
34	0,8		

Quelle: Bundesministerium für Arbeit, aufgeführt in Presse- und Informationsamt 1982, S. 155

Die Entwicklungskurve der Urlaubsdauer war in den letzten Jahren sehr stark nach oben gerichtet. Allein von 1960 bis 1980 ist die tarifliche Urlaubsdauer im Durchschnitt um ca. 12 Tage angestiegen. Seit 1979 wurden in vielen Tarifbereichen Verträge abgeschlossen, nach denen ein für alle Arbeitnehmer einheitlicher 6-Wochen-Urlaub 1982, 1983 oder 1984 in Stufen eingeführt wird (Presse- und Informationsamt 1982, S. 154). In Anbetracht der gegenwärtigen ökonomischen Entwicklung ist jedoch beim Endurlaub mit einem noch stärkeren Anstieg zu rechnen, wobei der Bildungsurlaub, der in einigen Bundesländern eingeführt wurde und zwischen 5 und 10 Arbeitstage beträgt, noch nicht mitgerechnet ist. Es handelt sich dabei um gesetzliche Freistellungsregelungen zur Teilnahme an Weiterbildungsveranstaltungen (Degen 1980, S. 5 und S. 29 ff.). Auch hier ist eine Ausdehnung für die Zukunft zu erwarten. Mit der Verknüpfung von Bildung und Urlaub wird aber bereits auch deutlich, welche Offenheit das Verständnis von Freizeit damit erlangt hat: Kulturelle Bildung in der Freizeit ist für viele eine Selbstverständlichkeit, berufliche Weiterbildung über vermehrte Freizeit stellt eine relativ neue Entwicklungslinie in der Freizeitdiskussion dar.

4.2.3. Freizeitausgaben, Besitz von Freizeitgütern

Die in der Freizeitliteratur aufgeführten Daten lassen erkennen, daß dort am häufigsten Freizeitaktivitäten kumuliert werden und dort am intensivsten Freizeit verbracht wird, wo am meisten verdient wird und damit der für die Freizeit verfügbare Teil des Einkommens am höchsten ist: Je höher das verfügbare Einkommen ist, desto eher ist ein solcher Haushalt in der Lage, Freizeitmittel, -instrumente oder -ausrüstungen anzuschaffen und damit die Chancen für die Freizeitgestaltung zu maximieren (Tokarski 1979, S. 136). Die verfügbaren finanziellen Mittel sind also mitentscheidend für den Inhalt und die Ausgestaltung der Freizeit (Micksch 1972, S. 17). Die finanziellen Rahmenbedingungen für die individuellen Handlungsspielräume in der Freizeit sind in den letzten Jahrzehnten insgesamt gesehen immer günstiger geworden, wenn dies auch für einige soziale Gruppen, wie z .B. Arbeitslose, Rentner, Behinderte etc. nicht zutrifft. Die Gesamtrechnungen über frei verfügbare finanzielle Mittel, wie sie oft zum Beleg für ein immer größeres Freizeitbudget aufgeführt werden, geben nicht die Realität in allen sozialen Gruppen wieder.

Die Verwendung der verfügbaren finanziellen Mittel ist in den einzelnen Bevölkerungsgruppen weitgehend gleich geblieben, obwohl die relativen Ausgaben für Lebensmittel in der jüngsten Zeit sogar leicht gesunken sind (Scheuch 1980). Diese Konstanz drückt sich auch in den ständig wiederkehrenden Freizeitmustern und den im wesentlichen relativ konstanten Bildern des Freizeitverhaltens in den verschiedenen Freizeituntersuchungen aus. Die Bruttoverdienste in der Bundesrepublik sind zwar in den letzten 10 Jahren kontinuierlich angestiegen, jedoch konnten die deutschen Arbeitnehmer im Jahre 1983 für ihr Geld kaum mehr als 1977 und erheblich weniger als 1979 kaufen. Verantwortlich für diese Entwicklung ist nicht nur die Steuerprogression, die bewirkt, daß bei steigendem Einkommen immer mehr Arbeitnehmer immer höhere Steuern zahlen müssen, sondern ebenfalls die Inflation mit ihren Preissteigerungen. Als Fazit bleibt festzuhalten, daß die Kaufkraft der Einkommen in den letzten 10 Jahren nahezu konstant geblieben ist. Damit ist auch für die Freizeitausgaben kein dramatischer Anstieg möglich gewesen.

Tabelle 9: Monatliche Durchschnittsverdienste je Arbeitnehmer in DM

Jahr	durchschnittlicher Bruttoverdienst	Nettoverdienst	Kaufkraft zu Preisen von 1973	Veränderung der Kaufkraft in Prozent im Vergleich zum Vorjahr
1973	1.559	1.152	1.152	-
1974	1.729	1.260	1.181	+ 2,5
1975	1.839	1.344	1.187	+ 0,5
1976	1.968	1.404	1.188	+ 0,1
1977	2.102	1.483	1.213	+ 2,1
1978	2.215	1.579	1.259	+ 3,8
1979	2.340	1.675	1.286	+ 2,1
1980	2.494	1.758	1.282	- 0,3
1981	2.616	1.836	1.264	- 1,4
1982	2.724	1.889	1.237	- 2,1
1983+	2.806	1.927	1.225	- 1,0

+ Schätzung

Quelle: Die Zeit vom 11.11.1983

Der in Tabelle 9 für 1982 mit ca. DM 35.4oo,-- (bei 13 Monatsgehältern) angegebene Jahrsverdienst ist auch hier natürlich nur ein Durchschnittswert, der je nach sozialer Gruppenzugehörigkeit erheblich variiert: Der durchschnittliche Bruttojahresverdienst der in der Industrie, bei den Kreditinstituten und im Versicherungsgewerbe beschäftigten Angestellten betrug 1982 nach Berechnungen des Statistischen Bundesamtes DM 44.497,--. Dabei liegen die Gehälter (einschließlich der Sonderzahlungen) der männlichen Angestellten mit DM 51.040,-- um mehr als die Hälfte höher als die der weiblichen Angestellten, die 1982 durchschnittlich DM 32.805,-- verdienten. Der Bruttojahresverdienst männlicher Industriearbeiter betrug 1982 DM 36.601,--, weiblicher im Durchschnitt DM 25.392,--. Insgesamt betrug 1982 der Lohn der Industriearbeiter DM 34.580,--. Für männliche Angestellte stellen sich somit die Freizeitmöglichkeiten im Hinblick auf die Rahmenbedingungen wesentlich günstiger dar als für andere Berufsgruppen. Allerdings ist zu berücksichtigen, daß der Einzelverdienst recht wenig aussagekräftig ist; das verfügbare Haushaltseinkommen, d.h. das Einkommen aller Familienmitglieder, hat für die Freizeitausgaben eine höhere Bedeutung.

Wie hoch sind nun die Freizeitausgaben in der Bundesrepublik? Insgesamt gesehen steigen die Ausgaben der Haushalte für die Freizeit kontinuierlich an und werden dies auch in Zukunft tun, gleich welche Wachstumsvariante zugrunde gelegt wird (Prognos 1982, S. 34). In den Jahren von 1971 bis 1981 sind die Freizeitausgaben von Familien mit mittleren Einkommen um das zweieinhalbfache gestiegen, wenn man die unbereinigten Preise zugrundelegt. Bei dieser Entwicklung der Ausgaben ist jedoch noch die Geldentwertung im Laufe der letzten Jahre zu berücksichtigen, so daß die Kurve des Anstiegs nicht ganz so dramatisch verläuft, wie es den Anschein hat. Die größten Einzelanteile der Freizeitausgaben fielen 1981 auf den Urlaub (31%), das Auto (15%), Radio und Fernsehen (11%) und Bücher, Zeitungen u.ä. (9%); dies zusammengenommen macht bereits zwei Drittel der Freizeitausgaben aus.

Tabelle 10: Entwicklung des Freizeitbudgets in der Bundesrepublik von 1971 bis 1980 in DM

Jährliche Ausgaben für Urlaub und Freizeit von Arbeitnehmerfamilien mit mittlerem Einkommen		Aufteilung des Freizeitbudgets 1981 (Basis: 5.075 DM)	
1971	1.957	Urlaub	1.561
1973	2.514	Auto	759
1975	3.397	Radio, Fernsehen	537
1977	3.949	Bücher, Zeitungen u.ä.	456
1979	4.434	Sport, Camping	417
1981	5.075	Garten, Tiere	377
		Spiel	238
		Heimwerken	219
		Theater, Kino u.ä.	128
		Foto, Film	91
		Sonstiges	292

Quelle: BAT-Forschungsinstitut & Deutsche Gesellschaft für Freizeit 1982, S. 35

Differenziert man nach Haushaltstypen, so zeigt sich allerdings, daß der Anstieg der Freizeitausgaben unterschiedlich verlaufen ist (Tabelle 11):

Tabelle 11: Entwicklung des privaten Verbrauchs und des Anteils der Freizeitgüter nach Haushaltstypen 1)

	Haushaltstyp 1		Haushaltstyp 2 zeitliche Entwicklung		Haushaltstyp 3	
	1965	1980	1965	1980	1965	1980
Ausgaben für den privaten Verbrauch in DM	384	1171	881	2443	1572	3799
Anteil der Freizeitgüter in %	5,5	9,1	1o,7	16,6	14,9	19,4

1) Haushaltstyp 1 = 2-Personen-Haushalte von Renten- und Sozialhilfeempfängern;
Haushaltstyp 2 = 4-Personen-Arbeitnehmerhaushalte mit mittlerem Einkommen des Haushaltsvorstandes;
Haushaltstyp 3 = 4-Personen-Haushalte von Beamten und Angestellten mit höherem Einkommen

Quelle: Presse- und Informationsamt 1982, S. 158 f.

Für 1983 ergaben die Zahlen des Statistischen Bundesamtes (1983) für einen durchschnittlichen 4-Personen-Arbeitnehmerhaushalt mit mittlerem Einkommen ein Freizeitbudget von DM 5.259,--, das sind DM 117,-- mehr als im Jahr davor. Dabei waren einige z.T. gravierende Umschichtungen innerhalb dieses Budgets zu verzeichnen, wie Tabelle 12 zeigt.

Tabelle 12: Aufteilung des Freizeitbudgets 1983 für 4-Personen-Arbeitnehmerhaushalte mit mittlerem Einkommen und Veränderungen gegenüber dem Vorjahr

	DM	im Vergleich zum Vorjahr
Urlaub	1.383	- 6,5%
Auto (nur zu Freizeitzwecken)	822	+ 8,5%
Radio, Fernsehen	639	0,0%
Bücher, Zeitungen u.ä.	525	- 0,4%
Sport, Camping	467	+ 37,7%
Garten, Tiere	418	+ 12,2%
Spiele, Spielzeug	238	+ 0,9%
Heimwerken	219	- 12,1%
Kino, Theater, Konzerte u.ä.	141	+ 6,6%
Foto, Film	91	- 17,3%
Sonstiges	316	+ 9,9%

Quelle: BAT-Freizeitbrief Nr. 33 vom Mai 1984

So konnte der Bereich Sport und Camping allein einen Zuwachs von 37,7% verzeichnen, gefolgt von dem Bereich Garten und Tiere, der 12 Prozent zulegte. Daß der 4-Personen-Haushalt für den Sportbereich 1983 128 Mark mehr ausgab als im Vorjahr, kann nicht zuletzt mit der weiten Verbreitung von Aerobic, Stretching und Bodybuilding erklärt werden. Neben den Bereichen Foto und Film (-17,3%) und Heimwerken (-12,1%) mußte auch der nach wie vor stärkste Ausgabefaktor Urlaub Einbußen (-6,5%) hinnehmen. Daß jedoch für die Freizeitnutzung des Autos über 8 Prozent mehr ausgegeben wurde, läßt darauf schließen, daß Kurz- und Wochenendreisen diesen Rückgang auffangen.

Die Anteile der Freizeitausgaben am privaten Verbrauch stiegen seit 1965 bis heute an, wobei sie sich als wachstumsstärker als andere Konsumgüter erwiesen: Ihre durchschnittliche jährliche Wachstumsrate lag preisbereinigt in den 70er Jahren bei 4,3% gegenüber nur 3% beim privaten Verbrauch insgsamt (Döhrn 1982, S. 88). Diese relative Wachstumsstärke galt bislang gleichermaßen für Boom- wie auch Rezessionsphasen, was sich insbesondere in der Wirtschaftskrise 1974 zeigte (Döhrn 1982, S. 90).

Neben dem Anteil der Freizeitausgaben am privaten Verbrauch stellt der Besitz von Freizeitgütern einen weiteren wichtigen Indikator für die Beurteilung der Rahmenbedingungen der Freizeit dar. Betrachtet man den Besitz von langlebigen Konsumgütern, so ergibt sich folgendes Bild (Tabelle 13):

Tabelle 13: Ausstattung mit Freizeitgütern in %

Von je loo Arbeitnehmerhaushalten mit mittlerem Einkommen besaßen Ende 1981 ein, einen, eine

Gefriergerät	86	Schreibmaschine	69
Fotoapparat	96	elektr. Küchenmaschine	38
Staubsauger	99	Bügelmaschine	18
Kühlschrank	100	Motor-, Segelboot	2
Waschmaschine	100	Wohnwagen	4
Fahrrad	97	Geschirrspüler	28
Telefon	90	Heimwerker	42
Kaffeemaschine	86	Kassettenrekorder	73
Farbfernseher	79	elektr. Nähmaschine	78
Stereoanlage	74	Auto	84

Quelle: Die Zeit vom 24.6.1982

Es zeigt sich hier, daß viele Formen der Freizeitgestaltung im Vordergrund stehen, die direkt oder indirekt an Investitionen gebunden sind ("investive" Freizeitgestaltung). In den letzten Jahren haben sich erheb-liche Veränderungen vollzogen: Während 1967 solche Besitzgüter, wie Geschirrspüler, Telefon, Auto, Tonband oder Waschvollautomat in erheblichem Anteil häufiger nur in Haushalten mit höherem Einkommen (Typ 3) zu finden waren, haben Haushalte mit mittlerem Einkommen (Typ 2) bis 1979 bis auf den Geschirrspüler ziemlich gleichgezogen (Scheuch 1980). Der Statusverlust bei Haushalten mit höherem Einkommen, der bis dahin über den bloßen Besitz definiert war, wird heute primär über die Qualität und den Mehrfachbesitz von Gütern ausgeglichen (Scheuch 1980).

Einen besonderen Aspekt der Freizeitrahmenbedingungen stellt die Wohnsituation in Anbetracht der überwiegenden häuslichen Verbringung der Freizeit - ca. 66% - am Feierabend und auch am Wochenende dar. Trotz dieses stark privaten und häuslichen Charakters der Freizeit bieten die Wohnungen häufig nicht das dazu notwendige Angebot an Raumausstattung. Dies mindert den Freizeitwert insbesondere von Mietwohnungen, in denen mehr als die Hälfte der Bevölkerung der Bundesrepublik wohnt (Noelle-Neumann & Piel 1983), erheblich. Mehr als die Wohnungsgröße - 71% der Deutschen leben in Wohnungen mit mindestens drei Räumen (Noelle-Neumann 1983, S. 156) - spielt die Wohnungsausstattung eine Rolle für die Möglichkeiten der Freizeitgestaltung, insbesondere wenn noch verfügbare Freiräume, wie Balkon, Terrasse oder Garten, dazukommen. Zu der Hälfte aller Wohnungen gehören ein Balkon, eine Terrasse oder ein Garten (IFAK 1973, Tokarski 1979, Martin et al. 1983). Je höher das Haushaltsnettoeinkommen und die Größe des Haushalts sind, desto eher ist Gartenbesitz vorhanden (Martin et al. 1983). Die Vermutung, daß mit steigender Haushaltsgröße für das einzelne Mitglied vermehrt Rollen- und Interaktionszwänge auftreten, scheint allerdings nach Ergebnissen einer Studie von L ü d t k e (1984) eher hinter dem Motiv "gelegentlicher Individuierung des Freizeitverhaltens wie auch der Chance zu wechselnden Gesellungsformen" zurückzustehen. Damit würde die Haushaltsgröße zu einem Merkmal der Chancenverteilung in der Freizeit.

Die Daten zum Besitz von anderen Freizeitgütern, wie Auto, Fernseher etc. spiegeln im wesentlichen die gleichen Relationen wider, wie bei der Ausstattung mit Freiräumen (Tokarski 1979, Scheuch 1980, Martin et al. 1983), so daß hier nicht näher darauf eingegangen wird.

Der Einfluß des Wohnumfeldes - enges Wohnumfeld, Wohnquartier, Stadtteil - auf die Freizeit ist erst seit jüngster Zeit Gegenstand der Betrachtung. Gegenüber der Betrachtung der regionalen Einflüsse ist die Bedeutung des Wohnumfeldes lange Zeit nicht ausreichend berücksichtigt worden. Aufgrund geringer Mobilität einiger sozialer Gruppen ist aber gerade das engere Wohnumfeld von besonderer Bedeutung. Die räumliche Nähe zu Flächen und Einrichtungen der Erholung, Bildung, Kultur, Geselligkeit etc. bildet über die Identifikation mit dem Umfeld sowie über engere Kommunikations- und Nachbarschaftsstrukturen gute Bedingungen für die Mitwirkung bei der Ge-staltung dieser Flächen und Einrichtungen sowie für Selbsthilfemaßnahmen (Schmettow & Lawitzke 1984, S. 12). Ergebnisse von Studien im Ruhrgebiet zeigen gleichzeitig, daß die Zufriedenheit der Bevölkerung mit den Freizeiteinrichtungen im Wohnumfeld bei 33 bis 48% nicht allzu hoch ist (Schmettow & Lawitzke 1984, S. 26). Dies mag zum einen an den konkreten Angeboten im Wohnumfeld liegen, hat aber sicherlich auch seine Ursache darin, daß darüber hinaus "andere, weniger kategorisch faßbare Qualitäten ... für das Alltagsleben bedeutsam sind ..." (Romeiß-Stracke 1984, S. 33). Diese "lokale Identität" ist jedoch schwer zu fassen. Es gibt zwar Anhaltspunkte dafür, was dazu beitragen kann - z.B. Bildung von Stadtteilinitiativen; Initiierung von Straßenfesten, Kulturaktionen etc.; Herausbildung alternativer Infrastruktur (Bio-Läden, Teestuben etc.); Anwendung teilräumlicher Planungsprogramme -, jedoch stehen dem die z .T. wachsende Mobilität und die damit verbundene Erschließung von entfernter liegenden Freizeiträumen, die ständige Vergrößerung der Wohnungsflächen und die ständige Verbesserung ihrer Ausstattung mit ihrer Rückzugsförderung, die Zentralisierung von Einkaufsmöglichkeiten sowie die mangelnde Attraktivität der Architektur entgegen (vgl. auch Romeiß-Stracke 1984, S. 33). Wochenenden und Urlaub werden deshalb häufiger außerhalb des Wohnumfeldes verbracht, während dem Feierabend eher die Wohnung gehört.

Im Hinblick auf das vorhandene Stadt-Land-Gefälle der Freizeitmöglichkeiten muß folgendes gesagt werden: Die Frage nach der Freizeit stellt sich hier zum einen über die Größe des Wohnortes, zum anderen über die naturnahe Erholung. Auf dem Land ist die Umweltproblematik - man muß heute sagen "möglicherweise" - weniger gravierend, was die Erholungsgebiete und die Grünflächen anbetrifft, man kann jedoch die dort häufig fehlenden Angebote an kulturellen Einrichtungen, der Weiterbildung sowie der Unterhaltung nicht mit dem Vorteil größerer Naturnähe aufwiegen (Kohl 1976, S. 51). Sowohl quantitativ als auch qualitativ ist hier die Frage nach anderen Lebensstilen zu stellen. Es ist anzunehmen, daß sich die in mancher Hinsicht größeren Anregungen des städtischen - aber auch des stadtnahen Lebens auf die Freizeitgstaltung niederschlagen und zur größeren Differenzierung von Freizeitmustern beitragen (Tokarski 1979, S. 141). Darüber hinaus sind Städte immer noch verkehrsmäßig besser erschlossen und erlauben eine größere Mobilität, so daß Freizeitmöglichkeiten eher genutzt werden können. Es läßt sich sagen, daß der Stadtbewohner grundsätzlich ein breiteres Spektrum an Möglichkeiten der Freizeitgestaltung besitzt - wenn er in seine Stadt integriert ist. Dieses Spektrum nimmt schon an der Peripherie der Stadt ab, wobei hier jedoch die Wohnzufriedenheit wahrscheinlich zunimmt (Schmitz-Scherzer 1974, S. 101 f.).

Speziell in Verdichtungsräumen ist der Mangel an innerstädtischen Erholungsgebieten und Grünflächen besonders gravierend, trotz starker Bemühungen in den letzten 10 Jahren. Die Ballungsräume sind zwar mit Einrichtungen für Kultur, Unterhaltung, Bildung und auch Erholung in der Regel gut ausgestattet, es fehlen jedoch häufig Freizeiteinrichtungen "im Quartier", will man verhindern, daß die Bewohner dieser Gebiete aus der Stadt hinausgehen und durch mehr oder weniger lange, aber eben notwendige, An- und Abfahrtswege Einbußen an verfügbare Freizeit hinnehmen müssen. Darüber hinaus scheinen die Bewohner von Ballungsgebieten die Naherholungsgebiete in ihrer Nähe zunehmend als unbefriedigend wahrzunehmen (Lüdtke 1982, S. 44). Die fehlende natürliche Attraktivität der Umwelt durch künstlich geschaffene Attraktivität zu kompensieren, ist ein Weg, der sehr häufig beschritten wird. Freizeitanlagen, Freizeitparks und Freizeitzentren liegen jedoch zumeist nicht in der Stadt, sondern im weiteren Umfeld, was wiederum Mobilität verlangt: So kommen die Besucher der Revierparks im Ruhrgebiet nur zu rund einem Viertel zu Fuß, d.h. aus der unmittelbaren Umgebung, jedoch zu mehr als die Hälfte mit dem Pkw (Schmettow & Lawitzke 1984, S. 20). Die Bedeutung solcher Parks für das Wohnumfeld ist damit zwar durchaus gegeben, jedoch liegt die Attraktivität primär in der spezifischen Art des Angebots begründet: Schwimmbad, Restaurant, Sonderveranstaltungen stehen im Vordergrund; alltägliche Freizeit umfaßt jedoch etwas anderes und wird eher woanders verbracht.

4.2.4. Freizeitverhalten

Als weitere wichtige Determinante der Rahmenbedingungen der Freizeit neben den zeitlichen und materiellen Aspekten spielt der Verhaltensaspekt eine wichtige Rolle. Er beschreibt das Spektrum - oder die Palette - der Möglichkeiten, die Freizeitcharakter annehmen können. In der Freizeitliteratur wird die Analyse des Freizeitverhaltens oft mit der Analyse von Freizeit schlechthin gleichgesetzt und sogar oft als qualitative Diskussion abgehandelt. Dies soll hier nicht geschehen, da eine Liste von Einzelaktivitäten mit Angabe der Gesamtausübungsfrequenz lediglich die Möglichkeiten und die relative Bedeutung dieser Möglichkeiten für unsere Gesellschaft wiedergibt, nicht jedoch Auskunft über die gesamte Freizeit und deren Qualität liefert. Freizeitaktivitäten zeigen lediglich das zur Verfügung stehende Verhaltensrepertoire von Mitgliedern einer Gesellschaft, quasi die Ausstattung mit sozial akzeptierten Verhaltensmöglichkeiten in der Freizeit, an. Insofern ist diese Diskussion nur unter dem quantitativen Aspekt der Rahmenbedingungen der Freizeit sinnvoll zu führen (Abbildung 5). Erst wenn diese Ausübungsfrequenzen auf spezifische soziale Gruppen einer Gesellschaft bezogen werden, gewinnen Freizeitaktivitäten auch qualitativen Charakter; dann aber müssen noch einige Aspekte mehr hinzukommen, z.B. die Wechselwirkung mit Motivationen, Einstellungen und Erlebensweisen, um die Freizeit dieser sozialen Gruppen hinreichend beschreiben und anylsieren zu können.

Abbildung 5: Rahmenbedingungen der Freizeit (= quantitative Freizeit)

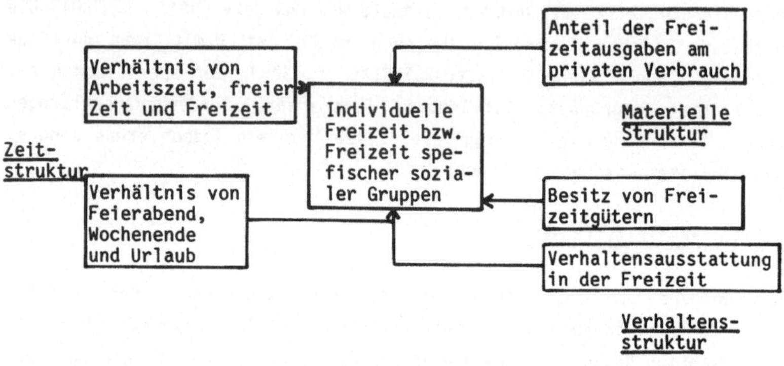

Wie sieht nun das Spektrum der Freizeitaktiväten in der Bundesrepublik aus? Nach einer zum Freizeitverhalten der Deutschen ab 16 Jahren erschienenen Studie des Stern (Der Stern/Allensbach 1984) stehen Fernsehen (69%), Zeitung und Zeitschriften lesen (68% sowie gemütlich zu Hause bleiben (67%) an der Spitze der bevorzugten Aktivitäten in der Freizeit, erst dann folgen spazierengehen (57%) sowie Freunde und Verwandte besuchen (52%). Diese Aktivitäten variieren bei Frauen und Männern nicht sehr, obwohl tendenziell Frauen häufiger gemütlich zu Hause bleiben, spazierengehen oder Freunde und Verwandte besuchen als Männer; Ältere und Angehörige höherer Berufsgruppen gehen häufiger spazieren, Jüngere dagegen besuchen häufiger Freunde. Am Ende der Beliebtheitsskala rangieren künstlerische Tätigkeiten (fotografieren, zeichnen, malen, töpfern mit 16%, musizieren mit 11%), Fort- und Weiterbildung mit 15%, etwas dazu verdienen mit 16%, politisches Engagement i.w. S. (in einem Verein, einer Bürgerinitiative oder Gewerkschaft mitarbeiten mit 15%, in einer Partei mitarbeiten mit 5%), Museums- und Ausstellungsbesuch mit 11% sowie sich mit einer Sammlung beschäftigen mit 7% (Tabelle 14).

Interessanterweise spielen massive Geschlechtsrollenunterschiede außer bei basteln und handarbeiten (Frauen 56%, Männer 13%) sowie beim Besuch von Sportveranstaltungen (Frauen 9%, Männer 31%) nicht die Rolle, wie vielleicht anzunehmen gewesen wäre. Natürlich finden sich weiterhin Unterschiede in den traditionsgemäß Männern und Frauen zugeschriebenen

Tabelle 14: Bevorzugte Freizeitaktivitäten über 16-jähriger in der Bundesrepublik (Frage: Was tun Sie in Ihrer Freizeit am liebsten?) in %

Freizeit-aktivitäten	Insgesamt	Männer	Frauen	16-29 Jahre	3o-44 Jahre	45-59 Jahre	6o Jahre u.älter	Angel.Arbeiter	Facharbeiter	Einfache Angestl./Beamte	Ltd. Angest./Beamte	Selbständige/Freie Berufe	Landwirte
Fernsehen	69	70	68	66	65	72	74	74	72	69	63	65	60
Zeitung, Zeitschriften lesen	68	69	68	64	68	68	74	64	69	69	74	66	60
Gemütlich zu Hause bleiben	67	62	71	55	69	72	73	67	67	69	63	64	64
Spazierengehen	57	52	62	45	56	61	67	53	54	59	67	54	39
Freunde, Verwandte besuchen	52	47	56	64	54	43	45	45	51	57	55	48	36
Radio hören	50	48	51	63	50	40	44	48	51	53	49	41	36
Bücher lesen	49	43	54	53	51	46	45	36	41	56	66	48	20
Aufräumen, etwas reparieren, Sachen in Ordnung bringen	46	49	44	41	50	52	44	46	53	46	40	38	52
Mich mit meiner Familie beschäftigen	46	39	52	30	57	57	42	40	45	47	51	44	54
Gäste zu Besuch haben	43	38	47	45	47	42	38	33	39	47	57	35	37
Wegfahren, verreisen	38	38	38	38	38	40	36	27	36	43	46	41	15
Im Garten arbeiten	37	36	38	18	42	44	47	37	38	32	44	38	58
Basteln,handarbeiten	36	13	56	33	37	37	38	40	29	41	35	33	35
Nichts tun,ausruhen	35	35	35	40	35	33	32	34	37	39	28	33	20
Mit Kindern beschäftigen, spielen	31	26	35	28	44	31	21	31	32	31	32	28	27
Sport treiben	25	29	21	47	27	17	7	14	28	28	30	22	14
Karten, Schach spielen	24	31	18	30	26	20	20	21	27	23	26	22	20
Ins Kino gehen,Theater, Konzerte besuchen	23	22	24	42	20	16	12	18	21	25	29	26	9
Mich um meine Nachbarn, Mitmenschen kümmern	22	17	26	13	17	26	33	20	21	22	28	19	22
Sportveranstaltungen besuchen	19	31	9	30	19	18	10	16	28	16	26	12	6
Fotografieren, zeichnen,malen,töpfern	16	20	13	22	17	15	10	8	15	19	24	16	6
Mir nebenbei etwas dazuverdienen	16	19	13	19	21	16	7	15	24	15	14	9	5
Mich weiterbilden, Kurse besuchen	15	15	15	20	18	13	9	8	12	18	22	14	10
In einem Verein, einer Bürgerinitiative oder Gewerkschaft mitarbeiten	15	2o	11	16	20	15	10	11	17	14	21	18	9
Ausstellungen, Museen besuchen	11	11	12	12	10	14	11	5	7	12	21	20	7
Musizieren	11	11	11	11	11	12	11	7	11	11	16	12	11
Mich mit meiner Sammlung beschäftigen	7	11	4	6	8	8	9	5	7	9	8	6	8
Mich politisch betätigen, in einer Partei mitarbeiten	5	5	4	5	5	4	3	3	3	5	8	6	2

Die Antworten ergeben über 100 Prozent, weil die Befragten anhand einer ihnen vorgelegten Liste mehrere Freizeitbeschäftigungen nennen konnten.

Quelle: Der Stern/Allensbach 1984

Tätigkeitsfeldern, jedoch weitaus geringfügiger als früher. Ähnliche Tendenzen finden sich, wenn man nach Berufsgruppen differenziert, sieht man von der Gruppe der Landwirte ab, die eine für unsere Gesellschaft besondere Lebenssituation besitzen: Bis auf bildungsbezogene, sportliche Aktivitäten und Aktivitäten in Vereinen, die von angelernten Arbeitern weniger ausgeübt werden, sind die Unterschiede in den bevorzugten Freizeitaktivitäten relativ gering. Hier ist die Frage nach der Qualität dieser Tätigkeiten in den einzelnen sozialen Gruppen die zentrale Fragestellung der Freizeitforschung, denn das hier sichtbar werdende Bild der Freizeitmöglichkeiten weist auf eine bereits stark fortgeschrittene Vergesellschaftung der vorhandenen Verhaltensweisen hin (Tabelle 14).

Zu welchem Schluß man letztlich über die Aussagefähigkeit der Freizeitaktivitäten kommt, hängt sehr stark von der Fragestellung der zugrundegelegten Studie ab. Über die Effekte der Fragestellung auf die Ergebnisse wird immer wieder hingewiesen (vgl. z.B. Scheuch 1977), ohne daß jedoch letztlich Konsequenzen gezogen werden. Dies hängt mit der Bedeutungsvariabilität von Freizeit ebenso zusammen, wie mit den Definitionsschwierigkeiten des Begriffes an sich. Unabhängig davon, daß offene Fragen in einem Interview andere Ergebnisse erbringen als geschlossene (Scheuch 1977), ist die Fragenformulierung von großer Bedeutung. Ein Vergleich mag dies verdeutlichen: In der in Tabelle 15 aufgeführten Studie von G r u n e r & J a h r / M a r p l a n 1 9 8 1 wird nach Tätigkeiten, die normalerweise ausgeübt werden, gefragt, ohne den Zeitraum und die Intensität der Ausübung näher einzugrenzen. Die gewonnenen Daten können somit lediglich als die von den Befragten erinnerten Freizeit-aktivitäten, die irgendwann einmal unternommen werden, angesehen werden. Sie sind praktisch wenig aussagefähig. Wesentlich aussagefähiger sind die Daten von M a r t i n et al. , die nach der Häufigkeit und Regelmäßigkeit als Ausprägungen der Intensität fragen. Allerdings ist auch hier die Aussagefähigkeit eingeschränkt, da die Regelmäßigkeit und Häufigkeit nicht näher definiert sind (z.B. regelmäßig einmal pro Woche, täglich etc.). Ein Vergleich der Ergebnisse beider Studien zeigt, daß Tätigkeiten, die "normalerweise" in der Freizeit ausgeübt werden, nicht immer auch einen hohen Stellenwert besitzen, d.h. die Angaben zur häufi-gen/regelmäßigen Ausübung liegen oft unter der "normalerweisen" Ausübung.

Tabelle 15: Der Effekt der Fragestellung - Vergleich der Ausübungsfrequenzen von ausgewählten Verhaltensweisen in der Freizeit in drei Freizeituntersuchungen (in %) 1)

Tätigkeiten	Der Stern/Allensbach 1984 Basis: Tätigkeiten, die am liebsten ausgeübt werden	Martin et al. 1983 Basis: Tätigkeiten, die häufig/regelmäßig ausgeübt werden	Gruner & Jahr/Marplan 1981 Basis: Tätigkeiten, die normalerweise ausgeübt werden
Fernsehen	69	77	72
Zeitung lesen	68 2)	76	59
Musik hören	-	18	57
Familienfeste feiern	-	64	-
Kneipenbesuche	-	31	37
Parties feiern	-	9	-
Sport treiben	25	31	21
Gartenpflege	37	32	32
Dot-it-yourself/Basteln)	36 3)	30 4)	28
Handarbeiten)		20	25 5)
Kochen als Hobby	-	12	34
Fotografieren/Filmen)	16	13	23
Malen/Zeichnen)		2	9
Musizieren	11	3	8
Sportveranstaltungen besuchen	19	9	27
Theater	-	5)	20
Klassische Konzerte	-	1)	
Pop-, Jazz-Konzerte	-	1	-
Soziales Engagement	22 6)	2)	7
Politisches Engagement i.w.S.	5	1)	

1) Es wurden Tätigkeiten ausgewählt, die in ihrer Bezeichnung eindeutig zuzuordnen waren.
2) Die Angaben beziehen sich auf Zeitung und Zeitschriften lesen.
3) Aggregierte Prozentangabe
4) Aggregierte Prozentangabe
5) Stricken, Häkeln, sonstige Handarbeiten zusammengefaßt
6) Mich um meine Mitmenschen, Nachbarn kümmern

Die Frage nach den liebsten Freizeittätigkeiten bezeugt den Wunsch der Wissenschaftler nach einer qualitativen Aussage über das Freizeitverhalten. Dabei werden jedoch zumindest zwei Ebenen vermischt, nämlich die des Verhaltens und die der Interessen bzw. der Wünsche. Eine Beliebtheitsskala von Freizeitaktivätten zeigt aber nur einmal mehr die Palette der Möglichkeiten in der Freizeit und ihre soziale Bewertung durch die jeweils Befragten auf, nicht aber ein realistisches Bild von Freizeit. Die relative Durchgängigkeit bestimmter Aktivitäten in drei sehr unterschiedlich angelegten Freizeitstudien scheint allerdings zu belegen, daß gerade einige wenige Tätigkeiten ein stabiles Gerüst der Freizeit für viele Individuen darstellen: Fernsehen, Zeitung lesen, Sport treiben, Gartenarbeit sowie Do-it-yourself/Basteln.

Bei der Frage nach dem Gerüst und der Stabilität von Freizeitverhalten ist auch die Frage nach dem Wandel von Bedeutung. Sie ist leider schwierig zu beantworten, da die vorhandenen Datensätze kaum kompatibel sind (Uttitz 1985). In einer Studie über das Leben in der Bundesrepublik "eine Generation später" haben N o e l l e - N e u m a n n & P i e l (1983) Daten von 1953 und 1979 verglichen. Dabei stellte sich heraus, daß ent-gegen allen Vermutungen die dramatischen Veränderungen, soweit sie sich auf das Freizeitverhalten beziehen und 1953 und 1979 erhebbar waren, ausgeblieben sind. Dies bestätigt B e n d e r (1984) in einer Untersuchung, in der er vier verschiedene Datensätze der Jahre 1953, 1963, 1974 und 1980 vergleicht (Tabelle 16). Anzumerken ist allerdings, daß diese Analysen nur bedingt etwas über den Wandel in der Freizeit aussagen, da sie nur die Verhaltensdimension betrachten, und dies auf einer kumulativen Ebene: Wenn sich z.B. beim Sporttreiben auch quantitativ kaum etwas geändert haben mag, die Sportarten, die betrieben werden, haben sich doch sehr verändert. Einkommensanstieg, veränderte Konsum-gewohnheiten, Verkürzung der Arbeitszeit, Ausweitung der Medienlandschaft, Verkürzung von Reisewegen etc. haben sicherlich ihren Teil am Wandel in der Freizeit beigetragen. Wenn also Freizeitwissenschaftler immer wieder beklagen, daß die Listen der Freizeitaktivitäten seit Jahren die gleichen Bilder zeigten, so liegt dies eben auch an methodischen Ursachen. Es ist also zu fragen, ob sich nicht etwas anderes verändert, das durch eine bloße Analyse von Verhaltensweisen nicht erkennbar ist, nämlich die Intensität der Ausübung

Tabelle 16: Vergleich von Freizeitaktivitäten in vier Studien: 1953 - 1963 - 1974 - 1980 [1]) in %

Tätigkeiten/Zeitpunkte	1953 N=3246	1963 N=1926	1974 N=1966	1980 N=1945
- Medienkonsum				
zu Hause Radio/Musik hören	-	54	64	62
Fernsehen	-	45	67	73
Zeitung/Zeitschriften lesen	-	87	82	74
ein Buch lesen	-	34	41	48
- Kultur und Unterhaltung				
zu Sportveranstaltungen gehen	18	16	-	29
in Konzerte/ins Theater gehen	17	22	27	20
ins Kino gehen	24	23	27	28
- Geselligkeit				
häusliche Formen der Geselligkeit				
mit Freunden und Bekannten im privaten Kreis zusammen sein	30	28	65	77
Kontakte pflegen	14	33	45	29
Kartenspielen	7	17	33	-
sich mit Kindern/der Familie beschäftigen	-	-	69	58
außerhäusliche Formen der Geselligkeit				
in ein Restaurant essen gehen	-	28	25	46
Club-/Vereinsveranstaltungen besuchen	14	10	21	24
in eine Kneipe/Diskothek gehen	-	19	25	39
- Sportliche Freizeitaktivitäten				
Sport treiben	-	11	16	-
Spaziergänge, Wanderungen machen	54	45	36	36
- politische Veranstaltungen besuchen	2	6	-	8
- Dot-it-yourself	-	46	48	61
- Weiterbilden	-	-	18	17
- Faulenzen/Nichts tun/Erholen	-	-	41	43

Quelle: Bender 1984, S. 44

1) Die Zahlen sind nur bedingt vergleichbar, da ihre methodischen Voraussetzungen sowie das Erhebungsgebiet, das Alter der befragten Personen und das Auswahlverfahren variieren (vgl. hierzu Bender 1984, S. 25 ff.).

von Aktivitäten, deren Qualität, die Motivationen und Funktionen sowie das Erleben der Freizeit. Trotzdem sind einige Entwicklungen durch die quantitative Betrachtung belegbar, z.B. daß der Fernsehkonsum, das Lesen von Büchern, Besuche von Sportveranstaltungen, die Kontakte zu Bekannten und Freunden, spielerische Aktivitäten, Essengehen, Vereinsaktivitäten, Kneipenbesuche sowie Do-it-yourself-Tätigkeiten angestiegen, Spazierengehen und Beschäftigung mit der Familie insgesamt aber zurückgegangen sind. Diese Resultate mögen auf der einen Seite überraschen, auf der anderen Seite sind sie sicherlich von vielen vermutet worden. Allerdings würden diese Daten durch weitere Differenzierungen weitaus aussagekräftiger.

Die intensiven Bemühungen der Freizeitforscher, in solche und ähnliche Strukturen - zum einen mittels übergeordneter, zum anderen mittels strukturimmanenter Kriterien - gewisse Ordnungen zu bringen, haben zu einer ganzen Reihe von Gliederungsvorschlägen für eine Einordnung von Freizeitaktivitäten geführt. Zu den ersteren gehören z.B. die Einordnung von Aktivitäten nach inner- und außerhäuslicher Ausübung, nach aktivem Charakter des Verhaltens, nach investiver bzw. nicht-investiver Freizeitgestaltung, nach Ausübung alleine oder mit Partner, nach Jahreszeiten etc.. [2] Es sind dies Versuche, die in die quantitative Beschreibung der Freizeit a posteriori eine qualitative Interpretation hineinzubringen. All diesen Versuchen haftet an, daß sie dem beobachtbaren Verhalten manchmal durchaus plausibel Motivationen, Einstellungen und Erlebensweisen unterstellen, die zutreffen können - oder auch nicht. Der Spekulationsspielraum ist bei solchen Versuchen zu groß, als daß die Ergebnisse als sicher angesehen werden könnten.

Zu den letzteren gehören alle Versuche, die über eine reine Deskription hinausgehen möchten, und Fragen nach dem inneren Zusammenhang der immensen Anzahl von Einzelaktivitäten stellen. Solche Ansätze gehen von der Annahme aus, daß dem Freizeitverhalten eine Struktur zugrundeliegt, in die bestimmte Aktivitäten hineinpassen und andere ausgeschlossen werden. Methodisch stehen für die Analyse von Freizeitstrukturen zwei

[2] Die Differenzierung nach Jahreszeiten ist eine der wichtigsten überhaupt; Freizeitaktivitäten können im Sommer-Winter-Vergleich komplett variieren. Leider wird dieser Sachverhalt bei Freizeitstudien oft vernachlässigt.

Ansätze zur Verfügung: der deskriptive und der faktorenanalytische (Schmitz-Scherzer 1974, S. 38 ff.), wobei der letztere heute die größere Rolle spielt. Zum deskriptiven Ansatz gibt G r u s h i n (1970) einige Anmerkungen. Er geht davon aus, daß die Struktur von Freizeitaktivitäten nichts über deren Qualitäten aussagt, weil sie durch die zunächst abstrakten Tätigkeiten, die sie beinhalten, wie Lesen oder Kinobesuch, keine Angaben über den Lesestoff oder die bevorzugten Filme enthält. Diese letztgenannte Betrachtungsweise ist aber mindestens genauso relevant wie die der Aktivitätenkategorien. Deshalb sieht G r u s h i n die Freizeitstruktur auch unter der Fragestellung "Wie viele Freizeittätigkeiten umfaßt die Freizeitstruktur eines Menschen?"

S t a j k o w (1972) verwendet z. B. die Anzahl der Tätigkeiten - er nennt diese dann Elemente - als Charakteristikum der Freizeitstruktur eines Menschen. So stellt S t a j k o w fest, daß die Industriearbeiter in Bulgarien weit mehr Elemente in ihrer Freizeitstruktur aufweisen als die Arbeiter der landwirtschaftlichen Produktionsgenossenschaften

Zur Beschreibung ist das Aufzählen der Freizeitaktivitäten in der jeweiligen Freizeitstruktur durchaus nützlich, doch kann dies nur ein erster Schritt sein. Es bleibt die Frage nach der Qualität der Beschäftigungen offen, ebenso die nach dem Stellenwert der einzelnen Aktivität in der jeweiligen Freizeitstruktur.

G r u s h i n (1970) zählt einige Studien bulgarischer Soziologen auf und erwähnt, daß in einigen von diesen z.B. festgestellt werden konnte, daß der Hauptanteil der täglichen Freizeitbeschäftigungen der Stadtbewohner auf drei Freizeitaktivitäten entfällt: Radiohören, Lesen von Zeitungen und von Büchern. 58,5% der täglichen Freizeit wurden mit diesen drei Tätigkeiten ausgewiesen.

Ein anderes Problem ist das der Relationen zwischen den einzelnen Freizeittätigkeiten. Dabei geht G r u s h i n schon sehr weit, wenn er versucht, die Frage zu lösen, welche Freizeitstruktur reicher "und deshalb auch sinnvoller" (Grushin 1970, S. 47) sei, wenn zwei Persönlichkeiten die gleiche Zahl von Freizeittätigkeiten aufweisen, die eine aber alle Tätigkeiten gleich entwickelt und pflegt, während die andere eine Tätigkeit besonders stark entwickelt hat, ohne die anderen zu vernächlässigen. Ob dies empirisch lösbar ist, sei dahingestellt.

Weitere Ansätze in der Erforschung der Relationen zwischen Freizeitbeschäftigungen setzen die Korrelationsrechnung ein. Eine der frühesten und sicherlich auch der interessantesten Studien zu diesem Thema ist die von A l l a r d t , J a r t t i , J y r k i l ä und L i t t u n e n (1958), die - noch unter weitgehender Verwendung von Kreuztabellen - die Annahme prüften, ob in der Freizeit aktive Personen auf vielen Gebieten innerhalb der Freizeit aktiv sind bzw. ob man von der Aktivität einer Person in einer Tätigkeit auf eine andere Aktivität derselben Person in anderen Tätigkeiten in der Freizeit schließen könne. Ihre Stichprobe umfaßte 1578 Personen im Alter von 10 bis 79 Jahren. Die - wie die Autoren sagen - "kumulative Hypothese" der Freizeitaktivitäten wird von ihnen für Vereine, für geistige Aktivitäten und für einen ganzen Katalog von anderen Aktivitäten nachgewiesen. Eine bestimmte Aktivität im Freizeitbereich scheint demnach des Auftreten anderer Freizeitaktivitäten zu begünstigen. An den Tabellen fallen aber trotz der erfolgten Signifikanzprüfung die geringen numerischen Unterschiede auf. Insofern konnte - und dies muß als Kritik deutlich angemerkt werden - zwar die Annahme verifiziert werden, doch gilt sie sicherlich nicht so ausschließlich, deutlich und im Verhalten gravierend, wie es vor allem die Autoren darstellen, die nach der Untersuchung von A l l a r d t et al. diese Resultate zitieren.

Es sei hier noch angemerkt, daß es darüber hinaus immer wieder dieselben sozialen Gruppen zu sein scheinen, die sich durch häufige und weitverstreute Aktivitäten auszeichnen, während andere in der Freizeit nur geringe Aktivitäten entwickeln (Allardt et al. 1958, Mayntz 1960, Larrue 1961, Wippler 1970, Schmitz-Scherzer 1975). Daß dies sehr verschiedene Ursachen haben kann, ist unbestritten. Die am weitesten verbreitete These führt Kumulation von Freizeitaktivitäten im wesentlichen auf soziodemographische Daten zurück, so auf berufliche Qualifikation, Bildung und ökonomische Situation (Schmitz-Scherzer 1975, S. 29 f.). Es werden daneben allerdings auch die Art der Persönlichkeit und des allgemeinen

Lebensgefühls als Determinanten für Kumulation genannt, die u.a. auch Einfluß auf die Art haben können, wie Fragen zur Freizeit beantwortet werden, und damit Kumulation als Verzerrung der Realität hervorrufen (Vagt 1976, S. 725 f.).

Der faktorenanalytische Ansatz ist heute weitaus verbreiteter als der deskriptive, was sicherlich mit dem Anwachsen der Bedeutung methodischer Verfahren in den Wissenschaften zu tun hat. S c h m i t z - S c h e r z e r (1974, S. 40) berichtet, daß "die Anzahl der in der Literatur gefundenen Faktoren zwischen 3 und 13 schwankt". Es handelt sich auch hier um den Versuch, über post-hoc-Analysen auf bereits erhobene Daten qualitative Aussagen über die Freizeit zu erhalten. Die so gewonnenen sog. "Dimensionen der Freizeit" geben jedoch nur das Spektrum gemeinsamer Komponenten wieder, das durch das Ausgangsmaterial festgelegt worden ist: Es muß hier klar festgestellt werden, daß keine einzige der in der Freizeitliteratur beschriebenen Dimensionenlisten für sich allein hinreichend die wesentlichen qualitativen Komponenten des Freizeitverhaltens abbildet (Schmitz-Scherzer, Schulze & Tokarski 1984, S. 26). Als Beispiele dazu mögen die in Tabelle 17 aufgeführten faktorenanalytisch gefundenen Freizeitdimensionen verschiedener Autoren gelten.

Faktorenanalytisch gewonnene Dimensionen des Freizeitverhaltens bilden also ebenfalls die quantitative Seite der Freizeit ab, sofern sie nicht gleichzeitig mit weiteren qualitativen Aspekten in Verbindung gebracht werden. Aus diesem Grund wird an dieser Stelle auf eine weitere Diskussion von Dimensionen des Freizeitverhaltens verzichtet und auf noch folgende Kapitel verwiesen, in denen diese Dimensionen mit Motivationen und Funktionen bzw. Erlebensweisen der Freizeit dargestellt werden.

Tabelle 17: Vergleich der faktorenanalytisch entwickelten Dimensionen einzelner Autoren

MIELENHAUSEN 1975 MARTIN, MIDDEKE & ROMEISS-STRACKE 1983	DIEM 1974	GIEGLER 1982	TOKARSKI 1979
F 1 körperliche Bewegung bzw. sportlich-spielerische Betätigung			F 6 Sport, Spiel
F 2 Selbstverwirklichung auf der Basis von Ruhe und Alleinsein	F 1 Entspannung, Ruhe, Gesundheit, Hygiene	F 7 Regeneration	
F 3 Geselligkeit und soziale Kommunikation	F 2 Geselligkeit, Kommunikation, Partnerschaft	F 1 aktiv betriebenes Amüsement im Rahmen informeller Sozialkontakte	
F 4 Freizeitbetätigung im Rahmen sozialer Selbstdarstellung			
F 5 Aktivitäten, die dem Vergnügen und der allgemeinen Zerstreuung dienen	F 3 Vergnügen, Zerstreuung, ästhetischer Genuß		F 2 Unterhaltung
F 6 intellektuelle Auseinandersetzung, Diskussion, Bildung	F 4 Kultur, Bildung, Lernen	F 5 kognitiv orientierte Freizeitverbringung	F 1 Bildung
F 7 Streben nach Mobilität und Suche nach neuen Umweltreizen			
F 8 Beteiligung an Wettkampf, Leistung, Konkurrenz			
F 9 spielerischer, nicht zweckgerichteter Zeitvertreib			
F1o sinnliche Eindrücke, Wohlbefinden		F 2 familienbezogene Freizeitverbringung - teilweise im Haus, teilweise außer Haus	F 4 Familie
		F 3 vorwiegend von Männern ausgeübte Freizeitbeschäftigungen leistungsbezogener bzw. latent stimulierender Natur	
		F 4 praktisch-nützliche bzw. von einem Arbeitsethos geprägte Freizeitverbringung	F 1o produktive Freizeittätigkeiten
		F 6 kulturell orientierte Freizeitverbringung	F 3 Medien
			F 5 Haushalt
			F 9 Beruf
			F 7 Umwelt

Quelle: Schmitz-Scherzer, Schulze & Tokarski 1984, S. 24

4.3. Freizeit qualitativ

Wir haben Freizeit bislang als einen unstrukturierten Zeit- und Handlungsraum innerhalb der freien Zeit definiert, dessen Lage, Verteilung und Strukturierung von den jeweiligen Wahl-, Entscheidungs- und Handlungsmöglichkeiten des Individuums abhängt. Damit ist lediglich gesagt, daß jede Verhaltensweise innerhalb dieser Zeitspanne den Charakter von Freizeitverhalten annehmen kann (potentielle Freizeit). Für die Bestimmung dessen, was Freizeit ist - oder sein kann -, ist aber zweierlei bedeutsam: Es hängt einmal von den jeweiligen individuellen Motivationen, Identifikationen und Einstellungen ab, ob eine Verhaltensweise der Freizeit zugerechnet wird, ob sie als Freizeit erlebt wird oder nicht. Zum anderen spielen die für ein Individuum wirksamen aktuellen situationsspezifischen Bedingungen eine bedeutende Rolle, nämlich lokal, temporär und funktional den Handlungsspielraum einschränkende Faktoren innerhalb und außerhalb der Freizeit: Je mehr solcher Faktoren für ein Individuum einschränkend wirksam werden, desto weniger Freizeit hat es in seiner freien Zeit.

Einige dieser letztgenannten Faktoren sind bei der Analyse der Freizeit unter quantitativen Gesichtspunkten (Rahmenbedingungen der Freizeit) gehandelt worden, so die Zeitbudgets verschiedener sozialer Gruppen am Feierabend und am Wochenende, das verfügbare Einkommen und der Anteil der Freizeitausgaben am privaten Verbrauch, der Besitz von Freizeitgütern, die Wohnsituation und die Einflüsse der Wohnumgebung, das Spektrum der Freizeitaktivitäten mit seinen Möglichkeiten und Grenzen. Motivationen, Einstellungen, Identifikationen und Erlebensweisen sind bislang bei der Analyse in den Hintergrund getreten und nur hier und da für die Erklärung eines Phänomens oder einer Entwicklung angesprochen worden. Wenn wir aber über Freizeit sprechen, so dürfen wir nicht nur von Rahmenbedingungen, insbesondere von Verhaltensweisen, und damit von der quantitativen Seite sprechen, sondern wir meinen mehr: Unter den qualitativen Aspekten der Freizeit sollen die das Verhalten eines Individuums verursachenden, erklärenden und subjektiv verarbeitenden Faktoren verstanden werden. Es sind dies insbesondere

- die Freizeitinteressen und -bedürfnisse,
- die Intensität einer Verhaltensweise als qualitative Beschreibungskategorie,
- Einstellungen zur Freizeit,
- Freizeitmotivationen und Funktionen der Freizeit, insbesondere das Freizeiterleben.

Damit wird die in Abbildung 5 (S. 90) aufgezeigte Struktur der Freizeit wesentlich erweitert und damit aussagekräftiger (Abbildung 6):

Abbildung 6: Die quantitative und die qualitative Seite der Freizeit

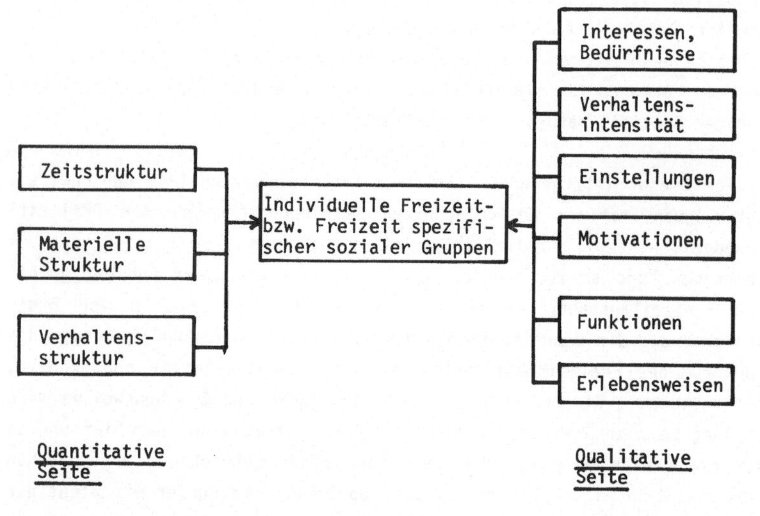

4.3.1. Freizeitinteressen und Freizeitbedürfnisse

B l ü c h e r (1956), der mit seinen frühen Studien innerhalb der deutschen Freizeitforschung wichtige Akzente setzte, weist zu Recht darauf hin, daß Freizeitaktivität von Freizeitinteresse klar zu trennen ist.

Die Frage nach der Bedeutsamkeit und der Rolle von Interessen hat zwar in der Psychologie eine gewisse Tradition, doch zeigt die Aufteilung der Themen psychologischer Publikationen erst relativ spät an, daß diese Thematik mit besonderer Bedeutsamkeit belegt wurde. S t r o n g (1955) macht z.B. darauf aufmerksam, daß zwischen 1910 und 1919 nur ein Prozent, zwischen 1920 und 1929 neun Prozent, zwischen 1930 und 1939 30 Prozent und zwischen 1940 und 1949 60 Prozent der Publikationen zum Thema Interesse erschienen (Stichjahr 1950). Trotz dieser eindeutigen Gewichtung darf man aber nicht die frühen Publikationen unterschätzen - ganz abgesehen davon, daß diese eben doch den Beginn der Interessenforschung darstellen.

R u b i n s t e i n (1965) meint zur Definition des Begriffs Interesse: "Das Wort Interesse ist sehr vieldeutig" (S. 136), was allein schon aus dem unterschiedlichen Gebrauch dieses Terminus in der Umgangssprache aber auch in der Wissenschaft hervorgehe, und sagt an der gleichen Stelle weiter: "Das Interesse im psychologischen Sinn des Wortes ist ein ganz spezifisches Gerichtetsein der Persönlichkeit, das schließlich nur durch das Bewußtsein ihrer gesellschaftlichen Interessen bedingt ist. Der spezifische Charakter des Interesses, der es von den anderen Tendenzen der Persönlichkeit unterscheidet, besteht in der Konzentration der Gedanken und Absichten der Persönlichkeit auf einen bestimmten Gegenstand. ... Das Interesse ist eine Tendenz oder Gerichtetheit der Persönlichkeit, die in der Konzentration ihrer Absichten auf einen bestimmten Gegenstand beruht . ... Das Interesse als ein Gerichtetsein der Absichten unterscheidet sich auch wesentlich vom Gerichtetsein der Wünsche, in denen sich das Bedürfnis ursprünglich äußert, das Interesse äußert sich in der Gerichtetheit der Aufmerksamkeit, der Gedanken und Absichten, das Bedürfnis in den Trieben, Wünschen und dem Willen" (Rubinstein 1965, S. 137).

Für Rubinstein ist das Interesse ein Motiv, eher gebunden an den kognitiven Bereich der Persönlichkeit, doch sieht Rubinstein (1965, S. 138) auch Beziehungen zum emotionalen Bereich: "Das Interesse ist eine Erscheinung der Gerichtetheit der Persönlichkeit, ein Motiv, das durch seine bewußt gewordene Bedeutsamkeit und durch seine emotionale Anziehungskraft wird."

Bezogen auf Freizeitinteressen ergibt sich die Integration der Rubinstein'schen Aussagen von selbst. Dabei ist sowohl der kognitive als auch der emotionale Bereich der Persönlichkeit durch die Freizeitinteressen angesprochen.

Generell wird man für Freizeitinteressen dieselben Determinanten vermuten dürfen wie für Freizeitaktivitäten. Ob aber nun die Interessen oder die Tätigkeiten mehr oder weniger als anders von diesen beeinflußt werden, konnte noch nicht geklärt werden - letztlich auch deshalb nicht, weil die Freizeitforschung bislang mehr Gewicht auf die Freizeittätigkeiten gelegt hat. Die allgemeine Erforschung der Interessen innerhalb der Motivationsforschung legt jedenfalls nahe, daß Interessen "gelernt", d.h. ein Sozialisationsprodukt sind (Sanders 1956, Strong 1957, Super 1949) und ihrerseits auch auf andere Bereiche des alltäglichen Lebensvollzuges Einfluß nehmen können. Wie stellen sich Freizeitinteressen in der Bevölkerung dar? Untersuchungen hierzu sind rar. Oft sind sie gar nur indirekt aus Fragen nach der Beliebtheit o.ä. zu schließen. Überhaupt sind die Begriffe Interesse und Aktivität in den entsprechenden Publikationen nur ungenügend definiert, und es lassen sich sogar leicht Fälle aufzeigen, wo beide Termini synonym verwandt werden. Dies ist unzulässig, doch geht es auf die simplifizierende Annahme zurück, daß Interesse und Aktivität hoch miteinander korrelieren. Dies braucht aber notwendigerweise nicht so zu sein.

Einen gewissen Aufschluß hierzu kann man Studien von A n d e r s o n (1961) und K i e s l i c h (1956) entnehmen. So berichtet A n d e r - s o n (1961, S. 115) von einer Studie, die auf die Frage, was man in der freien Zeit tun wolle, bestimmte Rangwerte von Beschäftigungen erhielten. Später wurde die Frage gestellt, was die Befragten im Berichtszeitraum wirklich taten. Es ergab sich eine von der oberen recht unterschiedliche Rangliste von Tätigkeiten:

Frage, was man in der freien Zeit <u>tun wolle</u>:	Frage, was in der freien Zeit <u>wirklich getan wurde</u>:
1. Tennis spielen	1. Zeitung oder Illustrierte lesen
2. Schwimmen gehen	2. Radio hören
3. Boot fahren	3. Ins Kino gehen
4. Golf spielen	4. Besuche machen
5. Zelten	5. Bücher (Romane) lesen
6. Im Garten arbeiten	6. Auto fahren
7. Musik machen	7. Schwimmen gehen
8. Auto fahren	8. Briefe schreiben
9. Ins Theater gehen	9. Sachbücher lesen
10. Schlittschuh laufen	10. Konversation machen

Die Unterschiede sind deutlich. Praktisch handelt es sich um zwei verschiedene Rangreihen, die auf einen großen Unterschied zwischen Freizeitwünschen und -aktivitäten hinweisen.

K i e s l i c h (1956) verglich die Antworten, die er auf verschiedene Fragen zu dieser Thematik erhielt. Dabei handelte es sich um die Fragen:

1. was man gerne am Wochenende täte,
2. was Samstag nachmittag getan wurde,
3. was den ganzen Sonntag über getan wurde.

Tabelle 18 stellt die Ergebnisse dar.

Tabelle 18: Freizeitwünsche und tatsächliche Freizeitverbringung

Freizeitbeschäftigung	Die Befragten in Prozent täten gerne	taten samstag-nachmittags	taten sonntags
Sport treiben und Sportveranstaltungen zusehen	17	1	5
Handarbeiten, Reparaturen etc.	15	10	5
Gartenarbeit	13	5	1
Spazieren, Bummeln	7	8	17
Ausruhen, Schlafen	6	11	11
Radio hören	1	10	7

Quelle: Schmitz-Scherzer 1974, S. 32

Auch in Tabelle 18 sind die Unterschiede deutlich. Kaum werden die Freizeitwünsche in dem erhofften Umfang realisiert. Viele situative, soziale und psychologische Gründe wird es dafür geben. Offensichtlich entspricht diese Diskrepanz auch einem gewissen motivationalen Anreiz zur Aktivität - doch dies ist in der Freizeitforschung noch ungeklärt.

Ein Beispiel aus der neueren Forschung auf diesem Gebiet zeigen O p a - s c h o w s k i & R a d d a t z (1982) auf. Auf die Frage, was man in der Freizeit sehr oft tut und was man gerne tun würde, ergab sich das Bild in Tabelle 19.

Tabelle 19: Freizeitwunsch und Freizeitrealität in %

	Wunsch (gerne tun)	Realität (sehr oft)	Wunsch versus Realität
fernsehen	19	29	+ 10
Zeitung, Illustrierte lesen	30	30	0
Tätigkeit in Vereinen	10	9	- 1
in Gaststätte, Kneipe gehen	17	12	- 5
Sportveranstaltungen besuchen	13	7	- 6
Gartenarbeit	20	11	- 9
heimwerken	21	12	- 9
in Ruhe Kaffee, Tee, Bier trinken	41	30	- 11
Musik hören	49	33	- 16
mit Kindern spielen	30	12	- 18
seinen Gedanken nachgehen	39	21	- 18
sich in Ruhe pflegen (baden, Kosmetik)	34	14	- 20
spazieren gehen	39	15	- 24
Besuche machen	42	18	- 24
aktiv Sport treiben	37	13	- 24
tanzen gehen	31	5	- 26
Freunden, Bekannten helfen	36	9	- 27
Bücher lesen	48	20	- 28
faulenzen	47	15	- 32
Sex, Erotik	47	14	- 33
essen gehen	50	11	- 39
mit Freunden zusammensein	70	30	- 40
Zeit für sich selber nehmen	63	19	- 44
Wochenendfahrten, Ausflüge	69	14	- 55
Reisen machen	84	12	- 72

Quelle: Opaschowski & Raddatz 1982, S. 26

Inwieweit die Diskrepanzen zwischen Wunsch und Realität "Freizeitdefizite" darstellen, ist allerdings nicht sicher erwiesen. Möglicherweise sind sie nur Indizes sozialer Wünschbarkeit.

In diesem Zusammenhang wird häufig auf sogenannte Freizeitbedürfnisse verwiesen. Diese werden meistens aus der Beobachtung von Häufigkeit, Intensität und Qualität von Freizeittätigkeiten erschlossen. Einerseits gibt es nur wenig empirische Studien, die sich mit Freizeitbedürfnissen befassen, und keine Resultate, die das Konstrukt bestimmter Bedürfnisse im Freizeitbereich stützen. Andererseits werden aus den Spieltheorien, aus der Psychophysiologie und anderen Forschungsbereichen die Konstrukte von Freizeitbedürfnissen nahegelegt. Dabei handelt es sich u.a. um:

1. Das Bedürfnis nach Entspannung, Erholung,
2. das Bedürfnis nach Kommunikation,
3. das Bedürfnis nach Information,
4. das Bedürfnis nach Bewegung.

Es bleibt abzuwarten, wie weitergehende Studien die Fragen nach Freizeitbedürfnissen, -wünschen und -interessen angehen, problematisieren und unter Umständen einer Lösung nahebringen.

Interessant ist die Frage nach dem Interesse an zusätzlichen Aktivitäten, wenn mehr Freizeit zur Verfügung stünde. Die Studie von D e r S t e r n/A l l e n s b a c h (1984) hat zur Arbeitszeitverkürzung diese Frage gestellt und sie mit einer Studie von 1978 verglichen. Dabei stellte sich heraus, daß die Befragten alle angegebenen Aktivitäten verglichen mit 1978 verstärkt unternehmen würden, wenn sie mehr Zeit hätten, was sicherlich den Wert der Aussagen einschränkt (Tabelle 20).

Eines läßt sich aber klar erkennen: Es zeigt sich, daß die Interessengebiete Verreisen, Bücher lesen, Sport treiben, Spazierengehen, Weiterbildung und Beschäftigung mit der Familie die größten Zuwachschancen bei vermehrter Freizeit besitzen, während die am "liebsten"

Tabelle 20: Interesse an zusätzlichen Aktivitäten bei vermehrter Freizeit in %

Was würden Sie in Ihrer Freizeit gern mehr oder zusätzlich tun, wenn Sie durch Arbeitszeitverkürzung mehr Zeit für sich hätten?

Freizeit-Aktivitäten	Umfrage Juli 1978 insgesamt	Insgesamt	Männer	Frauen	16-29 Jahre	30-44 Jahre	45-59 Jahre	60 Jahre u. älter	Angel. Arbeiter	Facharbeiter	Einfache Angest./Beamte	Ltd. Angest./Beamte
Wegfahren, verreisen	30	35	35	34	35	32	39	24	22	32	38	40
Bücher lesen	16	30	28	34	31	29	31	20	19	22	35	39
Sport treiben	15	26	26	24	36	20	19	5	16	28	27	26
Spazierengehen	12	24	24	24	20	21	34	20	17	23	25	28
Mich weiterbilden, Kurse besuchen	14	23	18	31	31	17	20	11	16	18	28	21
Mich mit meiner Familie beschäftigen	13	23	25	19	15	26	31	21	16	28	22	24
Freunde, Verwandte besuchen	8	19	17	23	24	17	17	11	20	16	21	18
Aufräumen, etwas reparieren, Sachen in Ordnung bringen	9	19	23	12	19	17	22	19	16	26	16	16
Im Garten arbeiten	11	18	21	11	10	16	33	20	16	20	14	27
Basteln, handarbeiten	8	17	11	27	17	15	20	23	18	15	19	13
Zeitungen, Zeitschriften lesen	6	15	16	14	19	14	13	10	15	12	17	17
Mit Kindern beschäftigen, spielen	7	15	17	12	13	20	14	11	14	15	13	24
Ins Kino gehen, Theater, Konzerte besuchen	8	15	12	20	23	10	10	15	10	14	18	15
Mir nebenbei etwas dazuverdienen	10	14	16	13	19	8	16	10	11	18	16	6
Nichts tun, ausruhen	9	14	14	15	18	11	13	11	16	15	15	9
Gemütlich zu Hause bleiben	6	14	15	13	14	13	15	4	16	15	14	10
Gäste zu Besuch haben	6	13	10	17	16	9	12	2	5	10	16	13
Sportveranstaltungen besuchen	6	12	17	6	17	10	9	-	12	14	11	14
Fotografieren, zeichnen, malen, töpfern	6	12	12	12	11	10	15	22	8	14	10	17
Radio hören	4	11	12	10	16	9	9	-	13	10	12	9
In einem Verein, einer Bürgerinitiative mitarbeiten	10	10	11	7	12	10	7	5	7	8	10	14
Karten, Schach spielen	4	9	11	5	9	8	10	2	9	9	9	9
Ausstellungen, Museen besuchen	5	9	8	10	8	7	12	4	5	5	11	13
Fernsehen	6	7	8	6	8	5	10	-	8	8	7	6
Mich um Nachbarn, Mitmenschen kümmern	4	7	6	7	5	4	13	5	7	5	7	8
Musizieren	2	4	4	5	6	2	6	-	3	3	5	7
Mich mit meiner Sammlung beschäftigen	3	4	5	2	4	5	4	2	5	2	5	5
Politisch betätigen, in einer Partei mitarbeiten	5	4	4	4	5	4	4	2	2	5	4	2
Nichts mehr tun	20	18	18	18	15	21	16	27	24	22	15	13

Quelle: Der Stern/Allensbach 1984

ausgeübten Aktivitäten, wie Fernsehen, Zeitung/Zeitschriften lesen sowie gemütlich zu Hause bleiben zurückfallen. Dies kann allerdings daran liegen, daß der "Sättigungsgrad" dieser Aktivitäten bereits sehr hoch ist. Bedeutsam bei diesen Ergebnissen wiederum ist, daß die Unterschiede zwischen Frauen und Männern relativ gering sind, bis auf basteln/handarbeiten. Insbesondere Zuwachschancen haben nach dieser Studie zweifellos Gartenarbeit und Spazierengehen bei 45- bis 59jährigen, während bei älteren Menschen ab 60 Jahren verstärkt Interesse an Reisen sowie kreativer Beschäftigung sichtbar wird. Ob die Umsetzung dieser Interessen in tatsächliches Freizeitverhalten gelingt, muß jedoch offen bleiben, da auch hier Bedürfnisse und Freizeitaktivitäten nicht sauber verknüpft sind.

4.3.2. Intensität der Freizeitnutzung

Wir haben gesagt, daß die Häufigkeit, mit der eine Freizeitbeschäftigung ausgeübt wird, natürlich nur ein begrenztes Ausmaß an Informationen enthält. Dies gilt prinzipiell auch für die Häufigkeit der Nennung von Freizeitinteressen. Es wäre aber wichtig zu untersuchen, wie intensiv sich eine Person einer Freizeittätigkeit widmet, die sie beispielsweise einmal in der Woche ausübt. Ein Indikator dieser Intensität ist die Zeitspanne, die diese Person ihrer Freizeitaktivität widmet. Ein anderer Indikator ist die Verquickung dieser Freizeittätigkeit mit anderen Aktivitäten in dem Sinne, als z.B. einmal in der Woche vier Stunden mikroskopiert werden kann und täglich Literatur zu diesem Bereich gelesen wird.

In der bisherigen Freizeitforschung wird die Intensität einer Beschäftigung selten gemessen. Nur innerhalb der Fragen nach der Mediennutzung wird nach der Zeitdauer gefragt, in der ein Medium genutzt wird - also nach diesem einen Aspekt der Intensität. Offen bleibt weiterhin die Frage nach der synoptischen Betrachtung von Häufigkeit und Intensität. Schließlich kann es sein, daß eine Aktivität täglich kürzere oder wöchentlich längere Zeit gepflegt wird. Dieses Problem ist in der empirischen Freizeitforschung kaum behandelt worden.

Die Methode des Zeitbudgets kommt eher der Forderung nach Berücksichtigung der Intensität, mit der eine Freizeitaktivität gepflegt wird, nach. Hier wird nämlich die Zeitdauer festgehalten, während der eine Aktivität z.B. an einem "durchschnittlichen Wochentag" oder aber "gestern" gepflegt wurde. Freilich gibt es auch hier eine gewisse Schwierigkeit, nämlich die der Berücksichtigung der Häufigkeit von Beschäftigungen, die nicht im Beobachtungszeitraum ausgeübt werden, aber dennoch zum Freizeitstil des Probanden gehören. Insofern ergibt die Methode des Zeitbudgets zwar eine Momentaufnahme der Freizeitszene eines Individuums, doch ist deren Repräsentativität für das gesamte Freizeitverhalten zunächst nicht gesichert, da relativ selten ausgeübte Freizeittätigkeiten nicht immer zuverlässig erfaßt werden. Dies gilt vor allem dann, wenn der Erhebungszeitraum relativ kurz ist.

Andererseits bietet gerade die Tageslaufforschung (die hier mit der Zeitbudgetmethode synonym verwendet wird) die Möglichkeit, eine Freizeittätigkeit im Kontext der anderen zu betrachten und generell zu untersuchen, welchen Stellenwert und welche Qualität die Freizeittätigkeit im alltäglichen Lebensvollzug eines Individuums besitzt.

Was den ersten Indikatortyp anbetrifft, so läßt sich sagen: Über die Zeitspanne, die die Individuen ihrer Freizeit widmen, liegen einige Ergebnisse vor, die allerdings nur erste Anhaltspunkte liefern können. So der Versuch von M a r t i n et al. (1983), den von ihnen ermittelten Freizeitdimensionen und Einzelaktivitäten den jeweiligen Anteil an der gesamten Freizeit zuzuordnen (vgl. hierzu auch Lüdtke 1984). Danach ergibt sich, daß fast zwei Drittel der gesamten Freizeit für Medienkonsum (Fernsehen, Zeitung lesen, Musik hören) verwandt werden, 16% für Geselligkeit, je 9% für Sport sowie Arbeit und Hobby in Haus und Garten. Der Rest entfällt auf die Bereiche der künstlerischen Hobbies, der Bildung, Kultur und Unterhaltung und der gesellschaftspolitischen Aktivitäten. Damit scheint der Medienkonsum den Charakter der Freizeit intensiv zu strukturieren, während die häufig doch so sehr "erwünschten" und "wertvollen" Freizeitbereiche zeitlich kaum eine Rolle spielen. L ü d t k e (1984) weist jedoch mit Recht darauf hin, daß sich aus diesen Zeitanteilen nicht auf den Stellenwert der Tätigkeiten sowie die individuelle Seite der Intensität von Freizeitaktivitäten schließen läßt.

In einer Studie des S t e r n (1982) ergab sich, daß alleine ca. zwei Fünftel der Freizeit (2 Std. und 5 Min.) des Werktags durch regelmäßigen Fernsehkonsum gebunden sind. Rund 70% des werktäglichen Feierabends werden im Durchschnitt zu Hause verbracht; ca. drei Viertel aller Erwachsenen bleiben wenigstens an vier Abenden in der Woche zu Hause (Clar et al. 1976, S. 93; Emnid 1975; Klemp & Klemp 1976, S. 35; Lenz-Romeiss & Middeke 1977, S. 25; Neubauer & Opaschowski 1980, S. 38; Lüdtke 1984, S. 6 f.).

L ü d t k e (1984, S. 16 ff.) beschreibt in einer Studie über alltägliches Freizeitverhalten und seine Gleichförmigkeiten 7 ausgewählte Tätigkeiten, die an drei aufeinanderfolgenden Werktagen (Montag bis Mittwoch) in zwei westdeutschen Großstädten erhoben worden sind, folgende Alltagsabläufe und ihre Intensitäten:

° Fernsehen richtet sich in seinem Zeitablauf nach den ARD-Nachrichten im 1. Programm und beginnt für die meisten um 20.00 Uhr. Der Höhepunkt liegt um 20.3o Uhr.
° Das Abendessen ist um 20.30 Uhr für die meisten fast beendet, Regelzeit ist jedoch ca. 19.00 Uhr.
° Geselligkeit zu Hause findet nach dem Fernsehen bzw. am späten Abend statt.
° Die Leseaktivität ist am frühen Feierabend am geringsten.
° Hausarbeit konzentriert sich auf den frühen Feierabend zwischen 17.00 und 19.45 Uhr.
° Unterhaltung außer Haus liegt primär am späten Abend, wobei der Mittwoch gegenüber Montag und Dienstag bevorzugt wird.

So banal und trivial diese Resultate erscheinen mögen, so sehr sind sie doch Indikatoren für die Intensität des Verhaltens in der Freizeit. Allerdings sind in diesem Zusammenhang weitere Forschungen erforderlich, insbesondere was das Erleben und die Funktion dieser Verhaltensweisen bei der Gestaltung des Alltags anbetrifft.

Die Verquickung einer Freizeittätigkeit mit anderen, also der zweite genannte Indikatortyp zur Erfassung von Intensität, ist methodisch schwieriger anzuwenden. Sie umfaßt zwar nur zwei, nämlich zwei inhaltliche, Kategorien, unterliegt jedoch massiven situativen und emotionalen Einflüssen, so daß letztlich nur auf individueller Ebene Aussagen für bestimmte Situationen getroffen werden können. Es sind so viele Kombinationen möglich, wie Freizeitaktivitäten miteinander kombiniert werden können: Denn ob man z.B. an einem bestimmten Tag joggen mit einem gemütlichen Abend zu Hause kombiniert oder mit anschließendem Ausgehen oder gar anstatt Jogging ausgeht (Substitution), hängt mit den jeweiligen Präferenzen für diesen Augenblick zusammen. Und diese wiederum sind abhängig von Motivationen, Einstellungen, Erwartungen und situativen Einflüssen. So kann es durchaus sein, daß an einem Tag eine der o.a. Kombinationen präferiert wird, an einem anderen Tag eine andere. Wenn solche Aktivitäten über solche Zweierkombinationen hinausgehen, wird es auch methodisch schwierig.

Eine Analyse des Survey Research Center in Ann Arbor, USA (zitiert in Scheuch 1980) über die Benutzung verschiedener Massenmedien in Kombination miteinander zeigt einen solchen Versuch der Erfassung der Kombination verschiedener Freizeittätigkeiten. Bei den Ergebnissen ist allerdings zu berücksichtigen, daß die Zusammenhänge zwischen der Nutzung verschiedener Massenmedien sowieso sehr eng sind, so daß diese Kategorie u.U. sogar als eine Verhaltenskategorie mit lediglich unterschiedlichen Ausprägungen angesehen werden kann. Nach den Ergebnissen zeigt sich (Tabelle 21),

Tabelle 21: Benutzung verschiedener Massenmedien in Kombination miteinander

Benutzer der folgenden Medien bzw. inhaltlichen Kategorien	Benutzung anderer Medien bzw. anderer inhaltlicher Kategorien +					
	Bücher lesen	Zeitschriften	Tageszeitungen	Radio hören	Fernsehen	"Anspruchsvolle Inhalte" in Medien ++
Bücher lesen	-	0,33	0,38	0,21	0,08	0,37
Zeitschriften	0,33	-	0,52	0,13	0,18	0,61
Zeitungen	0,38	0,52	-	0,06	0,41	0,76
Radiohörer	0,21	0,13	0,06	-	-0,10	0,28
Fernseher	0,08	0,18	0,41	-0,10	–	0,23
Überhaupt Medien benutzt						0,60

Quelle: Survey Research Center Ann Arbor, Mich., unveröffentlichte Zahlen für einen Bevölkerungsquerschnitt der USA, zit. in Scheuch 1980, Schaubild 19

+ Die Interkorrelationen wurden mittels der Maßzahl Y von Yule dargestellt.
++ "Anspruchsvolle Inhalte" = Nachrichtensendungen im Radio und Fernsehen, anspruchsvolle Zeitschriften, Fachzeitschriften, Lesen von Auslandsnachrichten in Zeitungen, anspruchsvolle Bücher lesen.

daß Fernsehen am stärksten mit Lesen von Tageszeitungen korreliert, während umgekehrt Zeitung lesen stark mit Zeitschriftenlesen (0,52), aber auch mit Fernsehen (0,41) und Bücherlesen (0,38) korreliert; zugleich ergibt sich hier die höchste Korrelation mit dem Konsum von "anspruchsvollen Inhalten" (0,76).

Fragt man nach der Substituierbarkeit von Freizeitaktivitäten, d.h. nach dem gleichgroßen Nutzengewinn verschiedener Verhaltensweisen in der Freizeit - eine solche Fragestellung drängt sich durch die o.a. Resultate zur Kombination von Freizeittätigkeiten auf - so läßt sich dies, abgesehen davon, daß es kaum Studien darüber gibt, nicht generell beantworten. Wir haben bereits zuvor auf die situative Abhängigkeit dieses Phänomens hingewiesen: So wie sich Butter zwar häufig durch Margarine substituieren läßt, so wenig trift dies immer zu. Gerade die Ökonomie ist voll von solchen Beispielen, die mangelnde Generalisierbarkeit der auftretenden Substitutionseffekte ist jedoch auch offenkundig. In einer Studie über die Substituierbarkeit von Freizeitaktivitäten kommen Christensen & Yoesting (1977) zu dem gleichen Schluß: Sie untersuchten Freizeittätigkeiten vom Typ "Sport und Spiel", "Jagen und Fischen", "Naturverbundenheit" und "Motorisierte Freizeit" und stellten fest, daß für 45 bis 67% der Befragten Freizeitaktivitäten innerhalb der einzelnen Freizeitgruppen substituierbar sind, d.h. daß sie ähnliche Befriedigung vermitteln können. Dies bedeutet jedoch nicht, daß jede Aktivität durch jede beliebige andere Aktivität innerhalb des gleichen Freizeittyps (z.B. Sport und Spiel) substituierbar wäre (Christensen & Yoesting 1977, S. 201). Über die Substituierbarkeit von Freizeitaktivitäten über verschiedene Freizeitaktivitäten hinweg stehen noch Studien aus, ebenso über die Beschreibung von bestimmten sozialen Gruppen, für die Substitution in Frage kommt oder nicht.

4.3.3. Einstellungen zur Freizeit

Einstellungen stellen Tendenzen dar, ein Objekt in bestimmter positiver oder negativer Weise zu bewerten, wobei sowohl kognitive als auch affektive Reaktionen möglich sind. In bezug auf die Freizeit stellt die Messung von Einstellungen eine Möglichkeit dar, die relative Bedeutung dieses Lebensbereiches zu bestimmen. Darüber hinaus sind Einstellungen - neben Interessen und Bedürfnissen - wesentliche Faktoren für Motivationen und Motivationsstrukturen.

Seit geraumer Zeit ist in der Diskussion um die Freizeit davon die Rede, daß der Freizeitbereich in unserer Gesellschaft an Bedeutung gewinne, der Arbeitsbereich dagegen verliere (Paradigmenwechsel). "Die Freizeit hat der Arbeit den Rang abgelaufen", so argumentiert z.B. Opaschowski (1983, S. 29): Danach bewerten die Bürger heute "Lebensgenuß, Spaß, Sozialkontakte und Selbstverwirklichung höher als Fleiß, Leistung, Pflichterfüllung und Besitz. ... Für 85 Prozen der Befragten sind Familie und Partnerschaft der bedeutendste Bereich im Leben. Dahinter rangiert mit 75 Prozent die Freizeit. 'Sehr wichtig' sind für 61 Prozent Bekannte und Freunde. Erst danach sind die Berufstätigen offenbar bereit, Beruf und Erwerbsarbeit als wichtig für das persönliche Leben anzuerkennen."Es werden - von anderen Autoren - eine ganze Reihe von empirischen Belegen für die Diagnose angeführt, daß der Beruf seine Zentralität zugunsten der Freizeit eingebüßt habe und weiter einbüße. Es wird ein Wandel in der Einstellung zur Arbeit festgstellt (Scheuch o.J., S. 1): während 1965 noch 59% die Arbeit als befriedigende Tätigkeit bzw. als Erfüllung einer Aufgabe empfanden, waren es 1976 nur 40%. Ähnliche Zahlen werden von nahezu allen großen deutschen Forschungsinstituten berichtet. Gleichzeitig zeigen jedoch andere Studien, daß die Arbeit von den Befragten durch technische Veränderungen verantwortungsvoller und interessanter, allerdings auch schwieriger und belastender erlebt wird (Scheuch 1983, S. 25; Schmidtchen 1984) (vgl. Tabelle 2). Darüber hinaus ist festzuhalten, daß das Engagement zur Leistung und der Leistungswille nicht zur Debatte steht. Was allerdings anders ist, sind die Möglichkeiten und Ziele dieses Engagements und Willens (Hondrich 1982; Vaassen 1984): Aufgrund des zunehmenden Mangels an Arbeitsplätzen werden die Möglichkeiten des Leistungseinsatzes insbesondere bei Jüngeren außerhalb der Arbeit gesucht, z.B. in Bürgerinitiativen, Selbsthilfegruppen, sozialem Engagement, Umweltschutz etc. Damit wird die Notwendigkeit der Revision unseres Arbeitsbegriffes wiederum deutlich.

Tabelle 22: Einstellungen der Arbeitnehmer zu Arbeit und Leistung in der Metallindustrie (N=2.000) in %, Repräsentativerhebung

Von 100 Beschäftigten in der Metallindustrie		
- sind mit ihrer Arbeit zufrieden	93	
- haben ein gutes Verhältnis zu Kollegen	91	
- haben ein gutes Verhältnis zu ihren Vorgesetzten	77	
- beurteilen das Betriebsklima als "gut" bis "zufriedenstellend"	92	
- verneinen innerbetriebliche Spannungen zwischen Arbeitnehmern und Geschäftsleitung	56	
- arbeiten in ihrem Betrieb gerne	68	→ 75-9o der Meister und Angestellten
nicht gerne	32	→ 45 der ungelernten und angelernten Arbeiter
- sind mit ihrer beruflichen Entwicklung zufrieden	65	
nicht zufrieden	6	→ 15 der ungelernten und angelernten Arbeiter
- sind der Auffassung, daß in den letzten Jahren der Leistungsdruck zugenommen hat	62	
- fühlen sich manchmal "zu stark" ausgelastet	45	
- fühlen sich "ständig überlastet"	11	

Quelle: Infratest 1980

Genausowenig, wie sich sagen läßt, daß die Bedeutung der Arbeit abnehme, genausowenig lassen sich die in dieser Diskussion vorgelegten Argumente generalisieren. Es wird bei solchen Umfragen zumeist nach "der Arbeit" gefragt, also nach einer abstrakten Kategorie, die sich im Einzelfall für die Betroffenen jeweils anders darstellen kann. Was sich in erster Linie geändert hat, ist nicht der Wert der Arbeit als solcher, sondern der Kontext, in dem Arbeit heute stattfindet. Arbeit ist nach wie vor der höchste Wert in unserer Gesellschaft, Arbeit ist nach wie vor Quelle von Selbstachtung und Statusposition, Arbeit ist nach wie vor Indikator für sozialen Erfolg und Arbeit strukturiert nach wie vor den Alltag aller Mitglieder unserer Gesellschaft, seien sie erwerbstätig oder arbeitslos, Schüler oder Rentner, Hausfrau oder Unternehmer. Die Lebensziele haben sich verändert und damit der Blickwinkel, unter dem Arbeit erscheint. Wenn z.B. nach einer Umfrage von Allensbach (zitiert in Scheuch o.J., S. 24) die Deutschen zu

85% mehr Autonomie, persönliche Unabhängigkeit und sinnvolle Lebensgestaltung wünschen,

82% besonderen Wert auf Sicherheit und Vorsorge legen,

64% besonderen Wert auf Konsum und Freizeit legen,

50% besonderen Wert auf Besitz legen und

31% besonderen Wert auf Prestige legen,

so können diese Ziele unter den gegenwärtigen Arbeitsbedingungen nur z.T. in der Arbeit erfüllt werden. Die Freizeit bleibt als Ausweg für die Realisierung dieser Ziele übrig und wird auch in dieser Hinsicht genutzt. Freizeit hat dadurch neben der Arbeit an Bedeutung gewonnen, ebenso die Familie und die Geselligkeit. Dieser Kontext läßt Arbeit vordergründig in dem o.a. geringschätzigen Licht erscheinen. Sicherlich können wir aber nicht sagen, "daß die positiven Einschätzungen der Ertragsarbeit gegen Null tendieren" (Hoffmann 1983, S. 220). Wir können wohl aber sagen, ohne hier näher darauf einzugehen: Je stärker die intrinsischen Arbeitsmotivationen gegenüber den extrinsischen sind, desto eher wird ein Individuum die Arbeit der Freizeit vorziehen (vgl. zu diesem Komplex z.B. Vroom 1964; Herzberg 1959, 1966; Rosenstiel 1974; Türk 1976).

Daß es eine solche Entwicklung gegeben hat, liegt zu einem Teil an der Verkürzung der Arbeitszeit und der damit größeren verfügbaren freien Zeitspanne. Dennoch läßt sich der Bedeutungsgewinn der Freizeit nicht alleine daher ableiten. Gleichzeitig hat es einen gesellschaftlichen Wandel gegeben, der dies bewirkt hat und dessen Gründe zu vielschichtig sind, um sie alle hier analysieren zu können. Diese Gründe liegen aber auf der Hand: Wirtschaftliche Entwicklung, Veränderungen auf dem Bildungssektor, zunehmende Politisierung, veränderte Erwerbsquoten und Arbeitsbedingungen sowie veränderte Familienstrukturen - um nur einige zu nennen - haben ihren Teil am Wandel beigetragen. Insgesamt ist die Gesellschaft heute eine andere als noch vor 30 Jahren (vgl. Noelle-Neumann & Piel 1983), es ist eine andere Generation, die andere Probleme hat, Probleme, die sich aus der heutigen Zeit erklären. Es ist nur natürlich, daß sich gleichzeitig die Einstellungen zur Freizeit und zur Arbeit ändern.

Dementsprechend haben Einstellungen zur Freizeit und zur Arbeit lediglich den Charakter von Momentaufnahmen. Studien zu den Auswirkungen von Arbeitslosigkeit, die eindeutig Verluste von Selbstwertgefühlen, Selbstachtung und Selbstbewußtsein, von sozialen Kontakten bis hin zum Suizid konstatieren (z.B. Rice 1975), belegen die immense Bedeutung der Arbeit; und sie machen noch eines deutlich: Lebensgenuß, Familienorientierung, Spaß, Selbstverwirklichung etc. sind offensichtlich in der Freizeit nur dann möglich, wenn ein Individuum Arbeit hat. Von daher sind alle Beiträge, die einen Bedeutungsverlust der Arbeit feststellen, vorerst zu relativieren. Dies bedeutet nicht, daß es nicht in Zukunft einen Wandel geben kann oder daß es soziale Gruppen gibt, für die dies tatsächlich zutrifft, so z.B. junge Mneschen. Allerdings zeigen auch ältere Freizeitstudien, daß Jüngere immer schon eher den Lebensgenuß gegenüber der Arbeit präferiert haben. Insofern sind die in Tabelle 23 aufgeführten Daten keine Überraschung. Die Zahlen in den Tabellen 11 und 19 zeigen dieselbe Tendenz.

Tabelle 23: Einstellung zur Freizeit (N=1945) in %

"Auf die freie Zeit am Wochenende und nach der Arbeit trifft zu"	Alle Befragten	Altersgruppen	
		18-24 Jahre	45-54 Jahre
nach meiner Arbeit bin ich meist zu müde, um groß etwas zu unternehmen	38	31	45
in meiner freien Zeit leide ich häufig unter Langeweile	10	11	11
mir fehlen die richtigen Leute, um meine Freizeit zu genießen	16	15	17
ich verbringe meine freie Zeit lieber in den eigenen vier Wänden, bin lieber privat mit meinem vertrauten Kreis zusammen	66	48	79

Quelle: Der Stern 1981

4.3.4. Freizeitmotivationen und Freizeitfunktionen

Hinter der Vielfalt der beobachtbaren Freizeitaktivitäten der Bevölkerung stehen immer wiederkehrende Motivationen. Kennt man die Motive eines Lebensraumes bzw. einer lebensthematisch gleichen Gruppe (Thomae 1968, S. 234 ff.), ergeben sich vielfach quasi automatisch Aktivitätspräferenzen. Ökologieorientierte Forschungsansätze zum Freizeitverhalten (Barker 1960, Bronfenbrenner 1981, Stokols 1981) machen es sich dementsprechend zur Aufgabe, die Interaktion zwischen Motiven der Bewohner eines "ökologischen Settings" und situativen Vorgaben dieses Lebensraumes zu untersuchen. Im Hinblick auf freizeitpolitische Belange sind solche Forschungsansätze vielversprechend, da aus der lokal festgestellten Diskrepanz zwischen dominanten Motiven und situativ vorgegebenen Möglichkeiten, diese zu befriedigen, freizeitpolitische Maßnahmen abgeleitet werden könnten.

Was die Abhängigkeit freizeitrelevanter Motive von sozialen Merkmalen anbetrifft, so kann in Übereinstimmung mit zahlreiche Autoren (z.B Scheuch 1977, Schmitz-Scherzer 1974, Schnell 1977, S. 187, Billion & Flückiger 1973, S. 6) die größte Determinationskraft in den Merkmalskomplexen "Stellung im Lebenszyklus" und "Zugehörigkeit zu Sozialgruppen" gesehen werden, die sich einmal wiederum auf der Basis sozialstatistischer Merkmale, zum anderen sozialgeographischer Gruppen (Möller 1977, S. 12; Maier, Paesler, Ruppert & Schaffer 1977, S. 47 ff.) bilden lassen.

Hinsichtlich der Stellung im Lebenszyklus muß - darauf weisen z.B. Ergebnisse der gerontologischen Forschung hin - beachtet werden, daß die sozialen Aspekte des Alterungsprozeses relevanter sind als die einfache Kenntnis des chronologischen Alters (vgl. Thomae 1974, S. 47).

Freizeitmotivationen müssen von Freizeitbedürfnissen abgegrenzt werden, obwohl sie eng zusammenhängen und einander bedingen. Oft werden beide Begriffe synonym verwandt oder nur unscharf voneinander getrennt. Dies gilt auch für den Begriff des Freizeitinteresses. Während Bedürfnisse im Freizeitbereich ganz allgemein über Kategorien, wie Selbstachtung, Kreativität, Erholung, Sozialkontakt etc. definiert sind, werden Freizeitmotivationen dagegen als auf bestimmte Freizeitaktivitäten sowie deren Funktionen bezogen verstanden. Freizeitmotivationen meinen also etwas Spezifischeres als Freizeitbedürfnisse: Sie bezeichnen diejenigen Vorgänge, die ein Verhalten in Gang setzen, aufrechterhalten und auf ein bestimmtes Ziel hin ausrichten. Sie sind sehr stark situationsabhängig.

Davon zu unterscheiden sind Freizeitfunktionen. während Freizeitmotivationen die "Determinantenseite" von Verhaltensweisen in der Freizeit ansprechen, beziehen sich Freizeitfunktionen auf die "Zielseite", d.h. auf die Befriedigungen, die ein Verhalten mit sich bringt: auf die Erreichung eines Ziels mittels der Ausübung eines bestimmten Freizeitverhaltens. Hier sind wiederum zu unterscheiden allgemeine gesellschaftliche und individuelle Funktionen der Freizeit; letztere werden in der Regel als Freizeiterleben bezeichnet. Dadurch, daß die

Funktionen von bestimmten Freizeitaktivitäten, z.B. körperliche Betätigung, Leistung u.ä., ihrerseits auch wiederum Motivationen darstellen können, um eine bestimmte Aktivität auszuüben, entstehen hier Zusammenhänge, die nur analytisch zu trennen sind. Abbildung 7 zeigt diese analytische Trennung der Kategorien noch einmal, zugleich mit der Abgrenzung zu Freizeiteinstellungen, -bedürfnissen und -interessen.

Abbildung 7: Zusammenhänge zwischen Freizeiteinstellungen, -bedürfnissen, -interessen, -motivationen und -funktionen

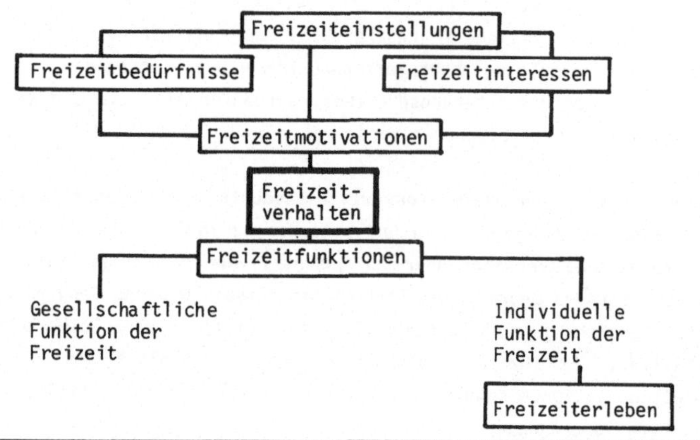

Die Erforschung rein funktionaler Aspekte des Freizeitverhaltens gehört bislang noch immer zu jenem Feld der Freizeitforschung, dem eine geringere Beachtung beigemessen wird (vgl. Schmitz-Scherzer 1974, S. 36). Daß diese Feststellung auch noch für den Stand der Forschung der 80er Jahre zutreffend ist, resultiert daraus, daß eine sinnvolle Erhellung der funktionalen Hintergründe des Freizeitverhaltens nur unter Einbeziehung der übergeordneten sozialen und persönlichen Kontexte, in denen sich die Akteure befinden, stattfinden kann. Damit ist die Freizeitforschung verstärkt darauf angewiesen, theoretische Modelle anderer Forschungsgebiete und Disziplinen für ihre Belange nutzbar zu machen.

Für den Bereich des Erlebens und der Motivationen menschlichen Handelns liegen Ergebnisse empirischer Grundlagenforschung, insbesondere der Psychologie und Sozialpsychologie, vor. Insbesondere gebührt dieser Frage nach der subjektiven Bedeutung des Freizeitverhaltens eine besondere Beachtung, da aus ihr wesentliche Determinanten eines letztlich immer zu prognostizierenden Freizeitverhaltens abgeleitet werden können. Berücksichtigt man allerdings die o.a. Zusammenhänge zwischen Freizeitmotivationen und Freizeitfunktionen und vice versa, so sieht die Datenlage etwas besser aus.

Wenn wir sagen, daß in der Freizeitforschung die Motivationen auf bestimmte Verhaltensweisen bezogen sind, so wird diesem Sachverhalt bei der folgenden Darstellung Rechnung getragen; Basis sind die in Tabelle 17 (S. 99) genannten Dimensionen des Freizeitverhaltens, geordnet nach der ihnen in der Literatur gegebenen Bedeutung. Dem besseren Verständnis zufolge werden die angesprochenen Phänomene immer im entsprechenden Kontext diskutiert.

4.3.4.1. Motivationen in der Freizeit

Sportliche und spielerische Aktivitäten

Sport und Spiel - so zeigen sämtliche empirischen Untersuchungen - sind gemäß der allgemeinen Einschätzung äußerst bedeutende Freizeitbereiche (vgl. Emnid-SVR 1971, S. 228 ff.). Tabelle 17 (S. 99) veranschaulicht, daß diese Dimension z.B. bei zwei voneinander unabhängigen Forschungsarbeiten als relevant herausgestellt wurde (Mielenhausen 1975, Tokarski 1979). Sie wurde außerdem in der Emnid-Studie (1970/71) als Dimension der "sportlich und spielerisch orientierten Aktivitäten" und in der Reanalyse der Emnid-Daten durch Schmitz-Scherzer, Rudinger & Angleitner (1974) ebenfalls herausgearbeitet. Bei der Klärung der Frage nach den Determinanten, insbesondere der Motivation für sportliche Freizeitgestaltung, vertreten zahlreiche Autoren einen korrelativen Zusammenhang zwischen Sporttreiben ud Berufssphäre. Nach Plessner (1956) werden durch Sport die Zwänge des Alltags kompensiert und H a b e r m a s (1958) vertritt die Auffassung, daß Freizeit generell durch das Diktat der Arbeit determiniert wird. Diese in der Tradition der Kompensationstheorie vertretenen Ansätze alleine werden sicherlich der Komplexität des möglichen Determinantengefüges sportlicher Aktivitäten nicht gerecht. Es ist eher davon auszugehen, daß sich der Sport als eine eigenständige Struktur darstellt, die als das Produkt eines komplexen Sozialisationsprozesses anzusehen ist. Neben einer betont spielerischen Komponente, die H u i z i n g a (1956, S. 186) dem sportlichen Wettstreit beimißt, ist auch der Einfluß eines "Leistungsmotives" zu vermuten. So definiert H e c k h a u s e n (1965, S. 604) Leistungsmotivation "... als das Bestreben, die eigene Tüchtigkeit in allen jenen Tätigkeiten zu steigern oder möglichst hoch zu halten, in denen man einen Gütemaßstab für verbindlich hält und deren Ausführung deshalb gelingen oder mißlingen kann". Sportliche Betätigung eignet sich in diesem Sinne gut, die Grenzen der eigenen körperlichen Leistungsfähigkeit festzustellen, zu erweitern und mit denen anderer zu vergleichen. Das Gesundheits- und Spaß-Motiv scheint daneben ganz allgemein im Vordergrund zu stehen (Karst 1980, S. 28; Czinky 1981, S. 19).

Die Tatsache, daß sportliche Aktivitäten eher von jüngeren als von älteren Menschen ausgeübt werden, sieht D u d e l (1965) im lebhafteren Antrieb, verbunden mit einer besseren körperlichen Konstitution und einer generell höheren Ansprechbarkeit jüngerer Menschen begründet.

Im Hinblick auf die Multifunktionalität sportlicher Freizeitaktivitäten sei darauf verwiesen, daß die Dimension "Sport und Spiel, körperliche Bewegung" mit anderen Dimensionen korrespondiert. So ist sportliche Betätigung eng mit Kommunikation und Geselligkeit verknüpft.

Spezifische Sportarten sind weiterhin der Dimension "Freizeitbetätigungen im Rahmen sozialer Selbstdarstellung" zuzuordnen. Nach Angaben von M a r t i n , M i d d e k e & R o m e i ß - S t r a c k e (1983, S. 18) konzentriert sich dieses Verhaltensmuster in den oberen sozialen Schichten (Segeln, Reiten, Golf): "Ihren Prestigewert behalten solche Aktivitäten solange, bis neue exklusive Freizeitaktivitäten entstehen."

Soziale Kommunikation

L ü d t k e (1975, S. 36) hält unterhaltende Geselligkeit für einen bedeutsamen und weit verbreiteten Typ der Freizeitgstaltung, da in ihm soziale, spielerische und kommerziell-unterhaltende Elemente am stärksten gemischt sind. Daß "Geselligkeit und soziale Kommunikation" eine wesentliche Grunddimension des Freizeitverhaltens darstellt, kann dadurch, daß verschiedene Autoren (vgl. Tabelle 17, S. 99) sie in ihren Analysen des Freizeitverhaltens herausfanden, nur bestätigt werden. Diese Dimension umfaßt Aktivitätsbereiche der In- und Outdoor-Kategorie gleichermaßen. Das Spektrum der Aktivitäten, die auf dieser Dimension anzusiedeln sind, reicht von der privaten Familienfeier bis zum Bereich großer Festveranstaltungen.

Daß die Orientierung am Mitmenschen einen steigenden Wert innerhalb der Freizeitgestaltung gewinnt und daß eine Tendenz der Hinwendung zum direkteren überschaubareren versus öffentlich anonymen "Playground" stattfindet, belegt u.a. auch die Längsschnittstudie des Instituts für Demoskopie in Allensbach (Noelle-Neumann & Piel 1983, S. 164 ff.): Häufiges Alleinsein ohne Familie und Freunde würde nach Angaben der Befragten 1953 49$ und 1979 58% unglücklich machen. Zudem scheint dem direkten Nachbarschaftskontakt im Wohnquartier eine zunehmend höhere Bedeutung zuzukommen (eine Ausnahme bildet hier nur der "gemeinsame Kirchgang").

Bei der Dimension "Geselligkeit und soziale Kommunikation" wird ein Grundbedürfnis des Menschen wirksam, das eine entscheidende Motiv-Disposition darstellt (vgl. Thomae 165, S. 440). M u r r a y (1938, S. 174) nannte dieses Grundbedürfnis "need affiliation" und umschrieb es als den Wunsch, "einem verbündeten Objekt näher zu kommen und in befriedigender Weise mit ihm zusammenzuarbeiten ... . Einem Freund loyal zu sein" (nach

Thomae 165, S. 440). Das Bedürfnis nach Geselligkeit besitzt zudem homöostatische Qualitäten in dem Sinne, daß Nicht-Befriedigung durch Deprivation (z.B. lange Einzelhaft) über einen langen Zeitraum zu erheblichen psychischen Störungen führen kann.

Als eigentliches Selektionskriterium für die Wahl einer bestimmten Aktivität dieser Dimension, die ja mit einem jeweiligen gesellschaftlichen Spielfeld verknüpft ist, dürfen Bezugsgruppenphänomene (Kognitionen über Einstellungen und Verhalten "significant others") angesehen werden. B e e r (1963) weist darauf hin, daß informelle Kontakte meist in bestimmte Situationen eingebettet sind und durch diese oft erst ihre Eigenart erhalten.

Auf die Zentralität, die informelle Kontakte insbesondere für das Jugendalter besitzen, weisen zahlreiche Autoren hin (vgl. Dunphy 1963, Mussen 1969, Broderick 1970, Schenk-Danzinger 1972, Nickel 1975, Udry 1975, Campbell 1975, Schilling 1975). Stellvertretend für alle zitierten Autoren soll hierbei auf H a v i g h u r s t (1972) eingegangen werden. H a v i g h u r s t weist darauf hin, daß sich Jugendliche auf dem Wege zum Erwachsenenalter einer Vielzahl jugendtypischer Entwicklungsaufgaben gegenübergestellt sehen, die er unter dem Konzept "developmental tasks" zusammenfaßt. Diese Entwicklungsaufgaben bestehen für den Heranwachsenden im wesentlichen in der Berufsfindung, der Integration in die peer-group und dem Aufbau heterosexueller Beziehungen. Die "Bewältigung" dieser Entwicklungsaufgaben findet im besonderen Maße im Freizeitbereich statt, in dem die "zukünftigen Rollen der Erwachsenenwelt" im Rahmen informeller Kommunikation in der Gruppe Gleichaltriger eingeübt werden.

Regenerative Tätigkeiten

Über die Existenz dieser Dimension des Freizeitverhaltens besteht offensichtlich die höchste Übereinstimmung aller Autoren. Dieses Verhaltensmuster umfaßt alle Aktivitäten, die der Ruhe, der Entspannung und dem Sammeln neuer Kräfte dienen. In dieser Dimension wird implizit die

Frage der "Bedeutung" von Freizeit aufgegriffen. Freizeit wird dabei so aufgefaßt, daß sie über die Wiederherstellung der Kräfte mit der Arbeitswelt verknüpft ist.

Steht bei dieser Beschreibung "das Diktat der Arbeit" im Vordergrund, so betont B l ü c h e r eher einen internalisierten "Arbeitsethos", der die Freizeit der Arbeit unterordnet. "Die Vorkämpfer des alten Arbeitsethos (gemeint ist das "säkularisierte protestantische Arbeitsethos", vgl. Giegler 1982, S. 125) sehen in der Freizeit vor allem und immer wieder die Chance einer gründlichen Erholung zu neuer, wenn möglich konzentrierterer und intensiverer Arbeit" (1965, S. 34). Stellt dieser regenerative Aspekt in der heutigen Zeit auch nicht mehr die Hauptfunktion der Freizeit an sich dar, sondern lediglich eine unter vielen (vgl. Kaplan 1960, S. 18 ff.; Parker 1976, S. 18 f.; Dumazedier 1967, S. 14), so sollte ihr Stellenwert nicht unterschätzt werden.

Der Anteil derer, die sich in ihrer Freizeit "öfter" bis "sehr oft" von der Arbeit erholen, ist in allen Berufsgruppen als sehr hoch anzusehen (gemessen an der Ausübungsfrequenz anderer Freizeitaktivitäten), und es zeigen sich nur geringfügige Unterschiede zwischen körperlicher Arbeit (Arbeiter) und kognitiver Belastung (Beamte, Angestellte). Die Abnahme der Häufigkeit scheint tendenziell eher im Grad der Selbstbestimmbarkeit des Arbeitsprozesses begründet zu sein (je stärker der "locus of control" in der eigenen Person gesehen werden kann, desto geringer wird das Bedürfnis, sich in der Freizeit von der Arbeit erholen zu müssen).

Neben "Ausruhen", "Nichtstun" und "Entspannen" gehören auch solche Aktivitäten dieser Dimension an, die nur ein Mindestmaß an kognitiver Präsenz erfordern, wie jener wenig bewußtseinsdominante Medienkonsum (Radio, Fernsehen), der in dieser allgemeinsten Form als Routinetätigkeit aufzufassen ist, außerdem Outdoor-Aktivitäten mit geringer Einbettung in soziale Kontexte. Eine vornehmlich männliche Variante der Erholung steht in direktem Zusammenhang mit Alkoholkonsum, wie T o - k a r s k i (1979, S. 155) nachweisen konnte.

Die starke Belastung durch die Arbeitswelt läßt den gesamten Organismus (physisch wie psychisch) ermüden. Bei diesem Zustand der Ermüdung zeigen sich gleichzeitig kognitive (Verminderung der Denk- und Reaktionsfähigkeit) und motivationale Defizite (geringere Bereitschaft, auf Außenreize zu reagieren) in Verbindung mit einer Senkung der motorischen Antriebe.

Nach B e r l y n e (1963) ist der Mensch bestrebt, ein "optimales Erregungsniveau" im Sinne der Aufrechterhaltung eines innerorganismischen Milieus zu erreichen. Wird dieses "Optimalniveau" überschritten bzw. unterschritten, entwickelt der Mensch Aktivitäten mit dem Ziel der Wiederherstellung des als optimal empfundenen Reizpegels.

Im Falle der Überstimulation folgen diesem Motiv Aktivitäten der Ruhe, der Entspannung und des Auf-Sich-Selbst-Bezógenseins. "Spannung" wird aber auch bei einer Unterstimulation wahrgenommen und involviert den Organismus, einen höheren Grad der Stimulation durch entsprechende Aktivitäten aufzubauen. Damit erklärt sich auch das Paradoxon, daß körperliche Aktivitäten subjektiv als Entspannung wahrgenommen werden können.

Auch die oben beschriebene Form der Medienrezeption kann dieser Motivation untergeordnet sein. Sie vollzieht sich quasi routinemaßig und bedarf keiner weiteren Motivation (Wahl eines spezifischen Genres aufgrund dominanter Bedürfnisse). Medienrezeption in dieser Form motiviert sich praktisch aus sich selbst heraus im Sinne einer funktionalen Autonomie der Motive nach A l l p o r t (vgl.Schmitz-Scherzer 1974, S. 125).

Bei jenen Freizeitaktivitäten dieser Dimension, die offensichtlich doch in soziale Kontexte eingebettet sind (Karten spielen, in die Wirtschaft gehen, in Ruhe ein Bier trinken), besteht das konstituierende Element nicht hauptsächlich in der interpersonellen Kommunikation, sondern in dem quasi-therapeutischen Effekt der Möglichkeit, Tagesgeschehen in der peer-group ausklingen zu lassen, wobei die sedierende Wirkung des Alkohols oft genutzt wird.

Läßt sich keine altersspezifische Determination der Ausübungsfrequenz dieser Aktivitäten erkennen, so zeichnet sich eine negative Beziehung zwischem dem Grad der Selbstbestimmbarkeit der Arbeit und der Ausübungsfrequenz dieser Aktivitäten ab. Ferner ist eine bildungsspezifische Differenzierung der Wahl einer spezifischen Aktivität dieser Dimension zu vermuten, da das Spektrum der "Entspannung" von "in Ruhe ein Bier trinken" bis zum "autogenen Training" reichen kann.

Familienbezogene Freizeitverbringung

Bei der Dimension "familienbezogene Freizeitverbringung" zeigt sich in besonderem Maße, wie abhängig eine faktorenanalytisch entwickelte Dimension von der Vorgabe in diesen Kontext gehöriger Aktivitätsvariablen sein kann. Tabelle 17 (S. 99) veranschaulicht, daß nur zwei Autoren (Tokarski 1979 und Giegler 1982) diese Dimension entwickelten, obwohl der Einfluß der Familie auf die Freizeitverbringung in den Sozialwissenschaften als unbestritten angesehen wird (Nauck 1983).

So betonen einige Autoren, daß sich Freizeit in einem Bereich der Privatisierung befindet und daß für den überwiegenden Teil der Bevölkerung Freizeit gleich Privatheit und damit auch gleich Familie ist (vgl. Goldthorpe et al. 1969 und Habermas 1958 - letzterer spricht in diesem Zusammenhang von einer "Hinwendung zum kleinbürgerlichen Gruppenegoismus"). Das bedeutet, daß für einen Großteil der Bevölkerung die Familie wichtiger Bezugspunkt für Freizeitverhalten und Freizeitpräferenzen wird. O s t e r l a n d & D e p p e (1973, S. 119) berechneten die reine Residualfreizeit von Arbeitern und konnten zeigen: "..., daß bei Erwerbstätigen an einem Werktag durchschnittlich 42% der insgesamt zur Verfügung stehenden Zeit auf Arbeit und arbeitsgebundene Tätigkeiten entfallen, 44% auf physiologische Notwendigkeiten und 14% auf die sogenannte Freizeit. Danach bleibt dem Arbeitenden ein verschwindend geringer Zeitanteil (3.4 Stunden), den er an täglicher Freizeit seiner Familie widmen kann". Darüber hinaus wird die Bedeutung der Familie für den Arbeitenden durch die Arbeit durch eine Vielzahl von Faktoren konstituiert. Nach einer Untersuchung von K o r n h a u s e r (1965) wird die Arbeitssituation von nur 2% der untersuchten unqualifizierten Arbeiter als befriedigend erlebt, wohingegen 66% der Befragten die Familie als den am meisten befriedigenden Bestandteil ihres Lebens ansehen.

Daß die Familie einen so hervorstechenden Rang für den Arbeiter besitzt, wurde immer wieder konstatiert (Wald 1966, Goldthorpe et al. 1969, Osterland & Deppe 1973, Frese 1977). Die Familie kann einen entscheidenden Gegenpol für die am Arbeitsplatz erfahrenen Stressoren darstellen. Andererseits beeinträchtigt jedes Problem innerhalb der Familie (Ehekrisen, Krankheit oder Tod des Ehepartners, Erziehungsprobleme) um so mehr, je stärker eine Privatisierung durch Rückzug in die Familie betrieben wurde. In diesem Zusammenhang ist auf eine Studie der Bundeszentrale für gesundheitliche Aufklärung über Gesundheitsverhalten und Lebenszusammenhang hinzuweisen, die einen positiven Zusammenhang zwischen einzelnen Formen der Arbeitsbelastung, Problembelastungen und selbstgefährdendem Verhalten (Rauchen, Alkoholkonsum, Medikamentenmißbrauch und Ernährung) ermittelt (BZGA 1982, S. 4 ff.).

Den Ausführungen ist zu entnehmen, daß der "familienbezogenen Freizeitverbringung" gesamtgesellschaftlich ein hoher Stellenwert zukommt. Besitzt die "familienbezogene Freizeitverbringung" für Jugendliche, deren vornehmliche Entwicklungsaufgabe in der Loslösung von dem Elternhaus zu sehen ist, nur einen untergeordneten Stellenwert für ihre Freizeitsphäre, so wird dieser Freizeitbereich mit fortschreitendem Lebensalter (insbesondere für Eltern) zunehmend dominanter.

Bei "familienbezogener Freizeitverbringung" kann nicht von einem Motiv alleine ausgegangen werden. Angesichts der Vielzahl gesellschaftlicher und privater Funktionen, die Aktivitäten dieser Dimensionen erfüllen, ist es daher angemessen, von einem "Motivationskomplex Familie" auszugehen.

Freizeitaktivitäten dieser Dimension können demnach motiviert sein durch das Ziel, einen Gegenpol zur Arbeitswelt (bzw. bei Kindern und Jugendlichen zur Schulwelt) zu schaffen. Ruhe und Abschalten können durch Medienrezeption, durch Gespräche und durch spielen mit den Kindern erfüllt werden, aber auch durch spazierengehen in der freien Natur. Andere Aktivitäten, die im Bereich der Familie ausgeübt werden, können geradezu therapeutische Ziele erfüllen, wenn Probleme vielschichtiger Natur (Probleme am Arbeitsplatz, Schul- und Erziehungsprobleme, wirtschaftliche Probleme etc.) aktualisiert werden. Sozialfürsorgerische Motivationen werden in diesem Bereich ebenfalls wahrgenommen, wenn zum Haushalt gehörige Personen aktuell gepflegt werden müssen. Über all diesen Motivationen steht eine Variante des Bedürfnisses nach sozialer Kommunikation in der Privatheit der Familie.

In Zeiten wirtschaftlicher Rezession kommt der Familie verstärkt die Aufgabe zu, Anpassungsmechanismen aufgrund der durch ökonomischen Deprivation hervogerufenen psycho-sozialen Belastung zu entwickeln. In einer längsschnittlichen Studie ermittelte E l d e r (1974) ein Modell, nach dem als Konsequenz wirtschaftlicher Depression Veränderungen in drei Bereichen des Familienlebens auftreten:

(1) Änderungen im Familienunterhalt: Diese führt zu Ausgabenkürzungen und zu einer Senkung familiärer Bedürfnisse. Viele Familien sehen sich gezwungen, zusätzliche ökonomische Ressourcen zu aktivieren (Berufstätigkeit der Mutter, Berufstätigkeit der Kinder).
(2) Änderungen im Stauts des Vaters in der Familie: Neben einer veränderten Arbeitsteilung in der Familie verändern sich die Familienbeziehungen in Richtung Dominanz der Mutter.
(3) Änderungen im sozialen Status der Familie: Daraus ergibt sich eine

Tendenz zum sozialen Rückzug und eine verstärkte Anlehnung an Peers. Statusfrustration führt zu "face saving" Strategien und vermehrtem Statusstreben. Die wahrgenommene Statusambiguität führt zu einer Hypersensibilität der Betroffenen. Für Heranwachsende verändert sich die relative Attraktivität der Eltern als Rollenmodell.

Die oben beschriebenen Konsequenzen wirtschaftlicher Depression beeinflussen direkt das Aktivitätsspektrum der "familienbezogenen Freizeitverbringung", indem wachsende Bevölkerungsgruppen über weniger Freizeit (mehr Aufwand für die Daseinsfürsorge) und geringere finanzielle Mittel verfügen, die für Freizeitgegenstände investiert werden können und wachsende psychosozialen Belastungen ausgesetzt werden. Sie beeinflussen übergreifend die anderen Dimensionsbereiche des Freizeitverhaltens, indem die Mobilität eingeschränkt und die Reaktionsbereitschaft auf die soziale Umwelt aufgrund der psychosozialen Belastungen herabgsetzt wird.

Unterhaltung, Zerstreuung, Vergnügen

Über die Existenz der Dimension "Unterhaltung, Zerstreuung, Vergnügen" besteht die zweithöchste Übereinstimmung aller Autoren (vgl. Tabelle 17, S. 99). Dieses Verhaltensmuster umfaßt Aktivitäten, die über "Regeneration, Ruhe und Wiederherstellung der Kräfte" hinausgehen, aber noch keine sonderlichen Anstrengungen physischer oder psychischer Natur beinhalten. D u m a z e d i e r (1967) beschreibt die Aktivitäten dieser Dimension wie folgt: "... Entspannung, Erholung von Müdigkeit, so Unterhaltung, Befreiung von lästiger Langeweile". Aktivitäten dieser Gruppen können im Outdoor- wie Indoor-Bereich ausgeübt werden. Von verschiedenen Seiten wird allerdings eine sinkende Bedeutung der genannten Outdoor-Aktivitäten für die Freizeit prognostiziert. Hauptgrund wird hierfür darin gesehen, daß diese Aktivitäten in Relation zu anderen Freizeitbeschäftigungen ziemlich teuer sind. Dies mag als ein Indikator für eine gewisse Korrespondenz mit der Dimension familienorientierter Freizeitverbringung gelten.

Der überwiegende Teil der Aktivitäten dieser Dimension korrespondiert aber auch mit anderen Dimensionen des Freizeitverhaltens (Geselligkeit und soziale Kommunikation, spielerischer, nicht zweckgerichteter Zeitvertreib, kulturell orientierte Freizeitverbringung). Das motivationale Geschehen dieser Aktivitätengruppe besteht dementsprechend in einer Übergangsmotivation, die am ehesten dadurch zu umschreiben ist, daß eine Unterstimulation registriert wird, die durch entsprechende Aktivitäten ausgeglichen werden soll. Zu diesem Zweck werden solche Aktivitäten gewählt, die zwar stimulierenden Charakter haben, sich aber durch einen geringen Grad an Eigeninitiative (vielfach im Sinne eines passiven Konsums) kennzeichnen. Die Übergänge zu aktiverem Motivationsgeschehen sind fließend.

Beschäftigungen zur intellektuellen Auseinandersetzung, Diskussion, Bildung

Diese Dimension der Aktivitätengruppierung wird von Mielenhausen (1975), Diem (1974), Giegler (1982) und Tokarski (1979) aufgeführt und gehört damit auch zu jenen Dimensionen des Freizeitverhaltens, über deren Existenz in der Freizeitliteratur ein hoher Konsens besteht.

Bei Martin, Middeke & Romeiß-Stracke (1983) werden dieser Dimension Freizeitaktivitäten wie "Bücher lesen, Vorträge hören, diskutieren, Besuch kultureller und politischer Veranstaltungen" zugeordnet, "die allgemein als wichtig angesehen werden, tatsächlich aber von einem sehr kleinen Teil der Bevölkerung ausgeübt werden, bei denen jüngere Menschen und Angehörige der Oberschicht deutlich überrepräsentiert sind" (S. 19); Giegler (1982, S. 268 ff.) subsumiert unter seiner Dimension "kognitiv orientierte Freizeitverbringung" Aktivitäten der Medienrezeption (Bücher, Zeitungen, Zeitschriften lesen) und Aktivitäten der Weiterbildung (sich bilden und fortbilden, sich mit beruflichen Dingen beschäftigen). Der Bereich der Rezeption elektronischer Medien gehört seiner Meinung nach am ehesten der Dimension "Unterhaltung" an und kulturell orientierte Freizeitaktivitäten (Theater, Konzert, Kunstausstellungen, anspruchsvolle Bücher) konstituierten in seiner Reanalyse der Emnid-Daten einen eigenen Faktor. Da die Rezeption elektronischer Medien nicht grundsätzlich alleine der Zerstreuung dient, sondern in Abhängigkeit von der jeweiligen bevorzugten Wahl eines bestimmten Genres beurteilt werden muß, scheint der Ausschluß der Aktivitäten elektronischer Medienrezeption aus der Dimension "kognitiv orientierte Freizeitverbringung" aufgrund der Multidimensionalität und -funktionalität dieser Aktivitäten allerdings nicht plausibel.

Hinter der Ausübung dieser Kategorie von Freizeitaktivitäten steht das Motiv, sich kompetent und autonom zu fühlen. Zahlreiche motivationspsychologischen Theorien gehen von einem Streben des Menschen nach Kompetenz, Selbstbestimmung und Selbstverursachung aus. Aktivitäten der intellektuellen Auseinandersetzung, der Bildung, Kultur und der politischen Diskussion folgen diesen Motiven. Insbesondere Aktivitäten der politischen Partizipation nehmen quer durch alle sozialen Schichten zu, während Bildung und Kultur nach wie vor Domäne höherer sozialer Schichten ist. Es ist für die Zukunft ein Ansteigen des Interesses an geistiger und politischer Auseinandersetzung anzunehmen, wobei vor allem die drängenden ökologischen Probleme und die Möglichkeit der Zerstörung der Welt im Kriegsfalle eine Rolle spielen. In der ganzen Entwicklungsgeschichte hat es vergleichbare Krisen nicht gegeben, weshalb auch keine Strategien des Coping solcher Stressoren bekannt sind. Gezielte Informationsbeschaffung und -vermittlung spielt hierfür eine bedeutsame Rolle.

Praktisch-nützliche und produktive Tätigkeiten

G i e g l e r (1982, S. 265) entwickelt auf der Basis der faktorenanalytischen Re-Analyse der Emnid-Daten (1970/71) die Dimension "praktisch-nützliche bzw. von Arbeitsethos geprägte Freizeitverbringung". Sie vereinen Aktivitäten, deren übergreifendes Strukturmerkmal ein arbeitsähnliches Element aufweist, das z.B. H a b e r m a s (1958) als "suspensives" Freizeitverhalten bezeichnet. Diese Kategorie der Freizeit wird von den Aktivitäten Gartenarbeit, Reparieren, Basteln und Handwerken, sich mit beruflichen Dingen beschäftigen, Weiterbilden und Vereinstätigkeit geladen. T o k a r s k i (1979, S. 157) findet einen Faktor "produktive Tätigkeiten", der ähnliche Aktivitäten auf sich vereint. Sie zeichnen sich insgesamt durch die gemeinsamen Strukturmerkmale "aktive, produktive und zielgerichtete Tätigkeiten" aus, die "zum einen ein hohes Maß an Leistungsorientierung beweisen, zum anderen aber auch Ausdruck materieller Orientierung oder sogar materieller Notwendigkeit sind".

Je nach ökonomischer und persönlichkeitsspezifischer Lage der Akteure können Motive, Funktionen und Bedürfnisse dieser Aktivitätsgruppe variieren. Steht für den einen das Bedürfnis nach "ganzheitlicher Arbeit" (vs. entfremdete Formen der Erwerbsarbeit) im Vordergrund, stellen diese Aktivitäten für einen anderen die "suspensive" Fortsetzung der Arbeitswelt dar und für einen dritten können solche Aktivitäten aufgrund ökonomischer Zwänge der reinen Daseinsfürsorge dienen (vgl. Abschnitt Familienbezogene Freizeitverbringung). Bezogen auf "nebenberufliche Arbeit" hat die "Zweck-Mittel-These" Bedeutung, nach der "Erwerbsarbeit nicht ihren Zweck in sich selbst hat, sondern bewußt als rein rational kalkuliertes Mittel für außerhalb ihrer selbst liegende Zwecke eingesetzt wird" (Giegler 1982, S. 266) und damit der Ausschöpfung zusätzlicher finanzieller Ressourcen dient.

Als diesen Motivationen übergeordnetes Agens ist auch hier das Streben nach Kompetenz, Selbstverursachung und Selbstbestimmung anzusehen.

Führt diese Motivation bei höheren gesellschaftlichen Schichten primär zu Partizipation an Aktivitäten des Bildungs- und Kulturraums, so involviert sie bei unteren und mittleren sozialen Schichten Aktivitäten der praktisch-nützlichen und vorwiegend handwerklichen Ebene.

Haushalt

Diese von T o k a r s k i (1979, S. 156) errechnete Dimension umfaßt jene Tätigkeiten, deren gemeinsames Strukturelement darin besteht, daß sie allesamt auf die Führung des Haushalts bezogen sind. Sie umfassen die Tätigkeiten "Kochen", "den Haushalt versorgen" und "den Einkaufsbummel", also insgesamt Tätigkeiten des Bereiches "Sekundärarbeit" (Gewos 1975, S. 9). Als Halbfreizeittätigkeiten besitzen sie eine große Verwandtschaft mit der Gruppe der "praktisch-nützlichen und produktiven Tätigkeiten" . Das konstituierende Element des Faktors "Haushalt" kann dahingehend interpretiert werden, daß es eine geschlechtsspezifische Variante des Strukturelements" praktisch-nützliche Freizeitverbringung" darstellt, da es sich hier um Tätigkeiten handelt, die vorwiegend von Frauen ausgeübt werden.

Für den Bereich Motive gilt, was im vorhergehenden Kapitel ausgeführt wurde, ebenso für die Dimension "Beruf" (Tokarski 1979, S. 157), die Tätigkeiten beinhaltet, die nebenberuflich ausgeführt werden.

Freizeitbetätigungen im Rahmen sozialer Selbstdarstellung

M i e l e n h a u s e n (1975) ermittelte diese Dimension der sozialen Selbstdarstellung. Nach seinen Ausführungen (vgl. Martin, Middeke & Romeiß-Stracke 1983, S. 18) steht bei diesen Aktivitäten die Darstellung der eigenen Persönlichkeit mit den Mitteln der Kleidung, der Freizeitausrüstung und dem Besuch spezieller Freizeiteinrichtungen, die dem Prestigegewinn dienen sollen, im Vordergrund.

Bei den Aktivitäten dieser Dimension handelt es sich um solche, denen ein Image der Exklusivität anhaftet (Segeln, Reiten, Golf) und deren Ausübung bislang den oberen Gesellschaftsschichten vorbehalten war, aber auch um solche, "die sich nicht mehr eindeutig einer sozialen Hierarchie zuordnen lassen", da sich in der Freizeit eine Vielfalt der Lebensstile ausprägt, "die Selbstbestätigung und Prestige innerhalb verschiedener Bezugsgruppen ermöglichen" (Giegler 1982).

Bei letzteren handelt es sich offensichtlich um Freizeitaktivitäten, die den Besitz prestigebehafteter Freizeitgegenstände voraussetzten, deren Erwerb jedoch aufgrund industrieller Massenproduktion nicht mehr ausschließlich gesellschaftlichen Minoritäten vorbehalten ist (Surfen, Motorsport, Aerobic etc.).

Die Aktivitäten dieser Dimension integrieren das Streben nach sozialer Zugehörigkeit (need affiliation), nach Überlegenheit (need superiority), nach Anerkennung (need recognition) und Zurschaustellen der eigenen Person (need exhibition) (Murray 1938). Nach T o k a r s k i (1979) beinhalten die meisten Freizeitaktivitäten eine dieser Funktionen (vgl. Tabelle 24, S. 144).

Spezielle Freizeitaktivitäten sind im besonderen Maße geeignet, diese Motive zu aktualisieren, so daß es legitim erscheint, sie aufgrund ihrer homogenen Struktur als eine von anderen unabhängige Dimension des Freizeitverhaltens zu postulieren. Aufgrund der Zentralität der hinter dieser Dimension liegenden Bedürfnisse ist allerdings anzunehmen, daß sie andere Dimensionen des Freizeitverhaltens übergreifend formen (indem eine spezifische Form sportlicher Betätigung oder sozialer Kommunikation gewählt wird, wird auch eine Zugehörigkeit zu einer sozialen Bezugsgruppe dokumentiert).

Streben nach Mobilität und neuen Umweltreizen

Diese Dimension M i e l e n h a u s e n s (1975) beinhaltet Aktivitäten "vom Wochenendausflug in besonders attraktive Landschaften oder Orte bis hin zum Abenteuerurlaub" und solche sportlichen Aktivitäten wie Segeln, Tauchen und Bergwandern. M a r t i n , M i d d e k e & R o m e i ß - S t r a c k e (1983, S. 19) prognostizieren für die Aktivitäten dieser Dimension eine wachsende Ausbreitung: "Die weitere Ausbreitung dieses Verhaltensmusters scheint selbst bei geringerem Wirtschaftswachstum und steigenden Mobilitätskosten sicher, weil Erfahrungen gesucht werden, die in der verstädterten und weitgehend gleichförmigen Alltagswelt nicht mehr möglich sind."

Ein potentielles Erklärungsmodell für die Präferenz solcher Freizeitaktivitäten stellt Z u c k e r m a n s Modell des "sensation seeking" (1971, S. 45 ff.) dar. Danach verfügen Menschen über einen generellen trait "sensation seeking", der ein Bedürfnis nach Sensations- und Abenteuersuche (thrill and adventure seeking), nach Erfahrungssuche (experience seeking), nach Enthemmung (desinhibition) hervorruft und bemüht ist, die Anfälligkeit für Langeweile (boredom susceptibility) zu überwinden.

Umwelt

Diese Dimension erfaßt bei T o k a r s k i (1979, S. 156) Freizeittätigkeiten, die "primär der aktiven Erschließung der Umwelt, insbesondere der Natur, dienen". Es sind Outdoor-Aktivitäten, die "bewegungsreich und zielgerichtet sind". Er hebt insbesondere die Erholungsfunktion dieser Aktivitäten hervor. Die Strukturelemente dieser Aktivitäten weisen eine gewisse Verwandtschaft mit den Dimensionen "familienbezogene Freizeitverbringung", "Streben nach Mobilität und Suche nach neuen Umweltreizen" und "Sport und Spiel, körperliche Bewegung" auf, weshalb eine ausführlichere Darstellung des motivationalen und funktionalen Hintergrundes dieser Aktivitäten den Ausführungen zu den entsprechenden Dimensionen entnommen werden kann.

4.3.4.2. Funktionen der Freizeit

Wenn wir unterstellen, daß Motivationen gleichzeitig auch Funktionen der Freizeit darstellen können und umgekehrt, so sind im letzten Kapitel bereits eine Reihe von Freizeitfunktionen diskutiert worden: Im Falle von sportlichen Aktivitäten sind es z.B. Kompensation von Mängeln in der Arbeit, Leistungserbringung, Gesundheit; im Falle von sozialer Kommunikation sind es z.B. der Wunsch nach Geselligkeit, Imitation, Einübung von Rollen; bei regenerativen Tätigkeiten sind es Entspannung, Ruhe, Erholung etc. Es ist an anderer Stelle bereits betont worden, daß die Abgrenzung von Motivationen, Funktionen und Erlebensweisen in der Freizeit nur analytisch sein kann. Insofern enthalten Funktionen immer auch Motivationen und umgekehrt. Dennoch werden in der Literatur immer wieder Funktionen der Freizeit gesondert diskutiert, insbesondere im Zusammenhang mit dem Sinn der Freizeit in unserer Gesellschaft, mit Freizeitdefinitionen und Freizeittheorien; in erster Linie also aus gesellschaftlichen, politischen oder wissenschaftlichen Gründen heraus, während die Funktionen der Freizeit für das Individuum, d.h. die subjektive Bedeutung der Freizeit bzw. das Freizeiterleben bislang weitgehend vernachlässigt worden sind.

Wenden wir uns zunächst den gesellschaftlichen - also den der Freizeit zugesprochenen - Funktionen zu.

Wir haben gesehen, daß zur Verwendung der Freizeit eine breitgefächerte Palette von Möglichkeiten zur Verfügung steht. Dabei haben wir gleichzeitig unterstellt, daß die Mehrzahl der Freizeittätigkeiten - wie im übrigen die Mehrzahl der Verhaltensweisen des Alltags - multifunktional sind, d.h. unterschiedliche Befriedigungen und Erlebensqualitäten besitzt. Welche Funktion ein bestimmtes Freizeitverhalten hat, hängt in hohem Maße von den Motivationen und damit von den Identifikationen und Erwartungen, aber auch von situationsspezifischen Faktoren sowie dem Grad der Habitualisierung eines Verhaltens ab.

K a p l a n (1960) nennt z.B. als Freizeitfunktionen Zugehörigkeit zu einer Gruppe, Nützlichkeit und schöpferische Betätigung. L e h r (1961) sieht in der Freizeit primär Verwirklichung, Selbstbestätigung, Prestigeerhöhung und den Gegenpol zur Arbeit. B i s h o p (1970) meint, Freizeit habe die Funktion, überschüssige Energien abzureagieren, Spannungen abzubauen sowie die Funktion der Erholung und der Kompensation. W i p p l e r (1970) ermittelte mittels einer Faktorenanalyse als Funktionen der Freizeit geistige Betätigung, Kontakte zu anderen, Kreativität, Vielfältigkeit, Leistung und Lernen. G o f f m a n (1971) sieht in der Freizeit insbesondere die Funktion der Aktion, d.h. des erlebten Risikos, das nicht vom Inhalt, sondern von der Erlebnisintensität abhänge. C z s i k s z e n t m i h a l y i (1974) betont die Hochstimmung (flow) als primäre Funktion der Freizeit. Insbesondere für alte Menschen soll Freizeit nach Havighurst (1955) für die Teilnahme am sozialen Leben sorgen, zur Gestaltung des Lebens beitragen, Quelle der Selbstachtung sein und Möglichkeiten für interessantes Erleben und schöpferische Betätigung sein. Scheuch (1980) sieht in der Freizeit insbesondere die Herstellung der Distanz zum Alltag.

Eine wesentliche Funktion der Freizeit ist nach Habermas (1958) die Kompensationsfunktion, eine Überlegung, die wie keine andere die bisherige deutsche Freizeitdiskussion beeinflußt hat. Diese Theorie impliziert zum einen, daß Arbeit mit Restriktion verbunden ist, zum anderen, daß Freizeit eine andere Struktur besitzt als Arbeit, und Restriktionen der Arbeit in der Freizeit tatsächlich ausgeglichen werden können. Solche Zusammenhänge lassen sich jedoch nur für kleine, allerdings klar abgrenzbare Personengruppen feststellen (Tokarski 1979).

Eine wesentliche Kritik an den von der Forschung als solche genannten Freizeitfunktionen ist die, daß nur die wenigsten empirisch belegt sind, d.h. mit anderen Worten: Es kann sein, daß Freizeit solche Funktionen hat, wie die genannten, es können aber auch völlig andere sein. Diese Situation hängt natürlich eng mit den methodischen Schwierigkeiten zusammen, die solche Erhebungen mit sich bringen (Tokarski 1982). Diese Kritik gilt m.E. auch für Freizeittherapien, die ja ebenfalls auf bestimmte Funktionen abzielen. Hier muß jedoch betont werden, daß selbst diejenigen Therapien, die auf ihren Erfolg hin empirisch untersucht worden sind, häufig mit sehr unzureichenden Methoden analysiert wurden.

Diese Freizeittherapien sind bisher kaum Gegenstand der sozialwissenschaftlichen Freizeitforschung gewesen, sondern basieren zumeist auf Erfahrungen der Psychologie, Psychotherapie und Medizin. Sie haben - und das macht sie für die hier angeschnittene Fragestellung interessant - Inhalte, die als potentielle Inhalte von Freizeit angesehen werden können, und geben somit Aufschlüsse über die Funktionen bestimmter Freizeitaktivitäten, wenn diese auch aus den o.a. Gründen nicht immer unumstritten sind (vgl. hier und im folgenden Schmitz-Scherzer 1977, S. 33 ff.).

Legt man die therapeutischen Anwendungen sowie die in der Literatur zu findenden Berichte über Erfolge bestimmter Therapien zugrunde, so ergibt sich, daß

- Spieltherapien insbesondere die Funktion haben, Angst und Insuffizienz, Bettnässen, Aggression, autistische Tendenzen zu bewältigen sowie eine positive Selbstdefinition zu erreichen;
- Musiktherapien die Funktion haben, Kommunikationsmittel zu sein, Anpassungsstörungen, Leistungsversagen, Autismus und andere emotionale und psychische Spannungen zu beseitigen;
- Tanztherapien die Funktion haben, das subjektive Körperbild zu verbessern und sozial angepaßtes Verhalten zu erlernen;
- Kunsttherapien die Funktion haben, Verhaltens- und Leistungsstörungen, Störungen der averbalen Ausdrucksfähigkeit und Kommunikation sowie des Selbstwertgefühls zu beseitigen;
- Sporttherapien Funktionen haben, deren Aufzählung sich erürbrigt, da sie nahezu für alles eingesetzt werden.

Die Palette der angenommenen und tatsächlichen Funktionen der Freizeit bzw. einzelner Freizeittätigkeiten ist so groß wie die Palette der möglichen Freizeittätigkeiten selbst. Sie reicht von allgemeinen Kompensationsfunktionen bis hin zu sehr spezifischen Funktionen bei einzelnen Aktivitäten. Es stellt sich nun die Frage, welche Funktionen der Freizeit und der Freizeitverbringung tatsächlich bei den Mitgliedern unserer Gesellschaft eine Rolle spielen und in welchen Zusammenhängen. Damit ist explizit das Freizeiterleben angesprochen.

4.3.4.3. Freizeiterleben

Die Übertragung der Erkenntnisse über den funktionalen und motivationalen Hintergrund des Verhaltens geschieht im Bereich der Freizeitforschung auf zwei voneinander unabhängigen Wegen. Der erste Ansatz versucht, Motive und Funktionen nach Selbstauskünften der Probanden zu klassifizieren. Bei den Vertretern dieses Ansatzes werden die Informationen zur subjektiven Bedeutung des Freizeitverhaltens gewonnen, indem man den Befragten Tätigkeitskataloge in Verbindung mit möglichen, subjektiv einstufbaren Bedeutungen zur Beantwortung vorlegt. Damit werden Freizeiterlebnisweisen der Beteiligten abgefragt (das tue ich und ich habe dabei das Gefühl ...). Gegen diese Vorgehensweise wird der Einwand erhoben, daß damit nur Modalitäten statt Kausalitäten des Freizeitverhaltens erfragt und quasi Stereotypen von den Befragten reproduziert werden.

Der zweite Ansatz versucht, abseits vom Erkenntnisgegenstand der Probanden, Motive und Funktionen aufgrund klassischer Freizeittheorien zu eruieren. Es wird hier weiter angenommen, daß latente Motivdispositionen eines Probanden erst über bestimmte situative Konstellationen (jemand hat sich geärgert, Selbstbestätigung erfahren usw.) die Art und Weise der Freizeitgestaltung beeinflussen.

Die empirischen Studien, die dem erstgenannten Ansatz folgen, führen übereinstimmend zu dem Ergebnis, daß Freizeittätigkeiten bezüglich ihres funktionalen Hintergrundes bedeutungsvariabel oder multifunktional sind. Erste Arbeiten zur Klärung der Bedeutung von Freizeitaktivitäten wurden von H a v i g h u r s t (1957) und D o n a l d & H a v i g h u r s t (1959) durchgeführt. D o n a l d & H a v i g h u r s t ermittelten durch Rangreihenbildung als ihre vier wichtigsten "personal meanings" für Freizeit:
(1) Freude an der Tätigkeit,
(2) Abwechslung vom Beruf,
(3) Kontaktmöglichkeiten,
(4) Gefühl, etwas zu lernen.
In einer Studie über die subjektive Bedeutung von Freizeitaktivitäten, bei der Probanden nach ihren Lieblingsbeschäftigungen befragt wurden und gleichzeitig angeben mußten, welche subjektive Bedeutung der Ausübung dieser Lieblingsbeschäftigung beigemessen wurde, fanden D o n a l d & H a v i g h u r s t (1974), daß gleiche Freizeitaktivitäten unterschiedliche Bedeutungen und unterschiedliche Aktivitäten gleiche Bedeutung haben können.

Aus diesem Befund leitet sich die Fragestellung ab, daß rein deskriptive Feststellungen des Ausmaßes an Freizeitaktivitäten, denen jemand nachgeht, die Bedeutungsvariabilität des Freizeitverhaltens unberücksichtigt lassen (vgl. Angleitner 1977, Tokarski 1979).

R e i t z l e (1982) legte Jugendlichen Aktivitätenkataloge vor, die er hinsichtlich der Ausübungsfrequenz und der subjektiv wahrgenommenen Bedeutung sechs vorgegebener Motive (Freude, Abwechslung, Kontakt, Lernen, Kompensation, Suspension) beurteilen ließ. Auch das Ergebnis dieser Arbeit ergab, daß sich hinter jeder Freizeittätigkeit ein Profil abzeichnet, welche die unterschiedlichen Gewichte dieser sechs Statements (Bedeutungsvariabilität) für die verschiedenen vorgegebenen Freizeittätigkeiten erkennen läßt.

Einige der wenigen sozialwissenschaftlichen Studien, die sich empirisch mit den von Individuen erlebten Funktionen der Freizeit beschäftigt, ist eine von T o k a r s k i (1979) durchgeführte Studie bei 25- bis 5ojährigen berufstätigen Männern, die als Pilotstudie konzipiert war. Dabei wurden 46 Freizeitaktivitäten und 24 Freizeitfunktionen erhoben. Mittels zweier Faktorenanalysen wurden 10 Dimensionen von Freizeitaktivitäten und 6 Dimensionen von Freizeitfunktionen ermittelt, die anschließend über eine Korrelationsanalyse in Beziehung zueinander gebracht wurden (Tabelle 24). Es zeigt sich hier eindeutig, daß die meisten Verhaltensweisen in der Freizeit multifunktional sind, wobei allerdings eine Rangskala der Multifunktionalität aufgestellt werden kann: Sowohl Aktivitäten der Erholung und des Ausruhens (nichts tun, sich erholen, dösen u.ä.) besitzen keine spezifischen Funktionen, d.h. sie können sehr vielfältig erlebt werden und befriedigen sehr viele Bedürfnisse. Ähnliches läßt sich m.E. auch für produktive Betätigungen (im Garten arbeiten, reparieren u.ä.) sowie familienbezogene Beschäftigungen sagen (sich mit der Familie unterhalten oder Probleme besprechen, fernsehen u.ä.), obwohl hiermit schon recht spezifisch ausgeprägte Funktionen verbunden sind. Die übrigen Freizeitaktivitäten sind dagegen schon sehr spezifisch in ihren Funktionen, sie erfüllen primär nur eine oder zwei Funktionen. Interessant ist, daß

Tabelle 24: Freizeitaktivitäten und ihre subjektiven Funktionen bei 25- bis 5ojährigen berufstätigen Männern (N=359)

Art der Freizeitaktivitäten	Angesprochene Dimensionen, subjektive Bedeutung (p mindestens $<0,05$)
Erholung und Ausruhen (z.B. nichts tun, sich erholen, dösen u.ä.)	-
aktive Erschließung der Umwelt (z.B. wandern, spazierengehen, einen Ausflug machen u.ä.)	-
produktive Betätigungen, Do-it-yourself-Tätigkeiten (z.B. im Garten arbeiten, reparieren u.ä.)	= Sinnerfüllung und Zufriedenheit = Aktivität und Leistung = Selbstbetätigung = Unterordnung und Anpassung
familienbezogene Freizeitbeschäftigungen (z.B. sich mit der Familie unterhalten oder sprechen, fernsehen u.ä.)	= Sinnerfüllung und Zufriedenheit = aktive Gestaltung unter Einsatz individueller Neigungen und Interessen = Selbstbestätigung
bildungsbezogene und kulturell, politisch und sozial orientierte Aktivitäten (z.B. Vorträge hören, Theater/Oper/Konzert besuchen, Fort- und Weiterbildung, sich politisch betätigen u.ä.)	= aktive Gestaltung unter Einsatz individueller Neigungen und Interessen = Selbstbestätigung
nebenberufliche Arbeit	= Selbstbestätigung = Zwang, Versagung, Unlust, Angst
Hausarbeit und damit verbundene Tätigkeiten (z.B. kochen, den Haushalt versorgen u.ä.)	= aktive Gestaltung unter Einsatz individueller Neigungen und Interessen = Selbstbestätigung
rezeptive, medienvermittelte Beschäftigungen (z.B. Radio hören, Musik hören u.ä.)	= aktive Gestaltung unter Einsatz individueller Neigungen und Interessen
sportlich und spielerisch orientierte Aktivitäten (z.B. Sportveranstaltungen besuchen, Sport treiben, Vereinsleben, Kegeln u.ä.)	= Aktivität und Leistung
Unterhaltung, Vergnügen, Geselligkeit	= Selbstbestätigung

Quelle: Tokarski 1980, S. 194; 1982b, S. 299

Selbstbestätigung eine Funktion der Freizeit für berufstätige Männer zwischen 25 und 50 Jahren zu sein scheint, die unabhängig von der ausgeübten Aktivität ist. Es wird hier zu prüfen sein, inwieweit diese Resultate auch auf andere soziale Gruppen übertragbar sind, so z.B. auf Frauen, Schüler, Rentner etc.

In derselben Studie von T o k a r s k i (1979) wurden das subjektive Erleben von Arbeit und Freizeit über die gleichen 24 Funktionen von Verhaltensweisen in beiden Lebensbereichen erhoben und gegenübergestellt (Tabelle 25): Die Analyse ergab zwar durchaus eine strukturelle Ähnlichkeit von Arbeits- und Freizeiterleben, es fällt dennoch sofort ins Auge, daß Freizeit weitgehend als Abwesenheit von Leistungsorientierung und Einschränkungen persönlicher Freiheit (bezogen auf Pflicht, Unterordnung, Last, Zwang) erlebt wird. Hierin drückt sich die Polarität der beiden Lebensbereiche, aber auch ihre Stereotypen, recht deutlich aus. Führen beim Arbeitserleben die Kategorien Sinn, Leistung und Pflicht die Liste des subjektiven Erlebens an, so sind es in der Freizeit Freude, Vergnügen, Sinn und Verwirklichung eigener Interessen. Was die Sinnkategorie anbetrifft, die sowohl für die Arbeit als auch für die Freizeit bedeutsam ist, muß wohl von jeweils verschiedenen Sinngehalten ausgegangen werden, die sich aus den verschiedenen Kontexten der übrigen für den jeweiligen Lebensbereich genannten Erlebenskategorien ergibt. So dürfte für den Sinngehalt der Arbeit vermutet werden, daß er sich einmal auf die Bedeutung der Arbeit als Lebenszweck und Pflichterfüllung bezieht, zum anderen aber auf die Möglichkeit, durch die Arbeit die finanzielle Existenzbasis zu schaffen. Der Sinngehalt der Freizeit dagegen bezieht sich eher auf die Befriedigung der Bedürfnisse des Individuums selbst, in Abwesenheit von Zwängen und Pflichten unabhängig wählen und entscheiden zu können. Ähnliche Resultate ergab eine Untersuchung von O p a s c h o w s k i & R a d - d a t z (1982), die herausfanden, daß Freizeit auf der Erlebensebene den idealen Lebensvorstellungen, insbesondere im Hinblick auf die Kategorien angenehm, vergnügt und gesellig, näher steht als die Arbeit.
Der oben beschriebene zweite Ansatz zur Ermittlung von motivationalen Hintergründen des Freizeitverhaltens unter Einbeziehung situativer Anlaßsituationen geht auf die Arbeiten von B i s h o p & W i t t (1970)

Tabelle 25: Subjektives Erleben von Arbeit und Freizeit bei berufstätigen Männern zwischen 25 und 50 Jahren (N=359)

Auf die eigene ARBEIT (%) trifft zu, trifft genau zu		Auf die eigene FREIZEIT (%) trifft zu, trifft genau zu	
1. Einsatzfreude	83	1. Freude und Vergnügen	91
2. Leistung	82	2. Sinn	87
3. Sinn	79	3. Zufriedenheit	86
4. Pflicht	76	4. Verwirklichung eigener Inter.	85
5. Aktivität	76	5. menschliche Kontakte	81
6. Nutzen	74	6. Aktivität	78
7. Einsatz meiner pers.Begabung	73	7. Einsatz meiner pers.Begabung	73
8. menschliche Kontakte	72	8. Einsatzfreude	72
9. Selbstsicherheit	67	9. Erfüllung	72
10. Selbstachtung	64	1o. Selbstsicherheit	65
11. Einsatz meiner geistigen Kraft	64	11. spontanes Handeln	64
12. Zufriedenheit	57	12. Einsatz meiner geistigen Kraft	62
13. spontanes Handeln	55	13. Nutzen	61
14. Anpassung	50	14. Selbstachtung	60
15. Erfüllung	49	15. schöpferische Betätigung	50
16. Durchsetzung	49	16. Anpassung	41
17. Einsatz meiner körperl. Kräfte	42	17. Einsatz meiner körperl. Kräfte	41
18. Verwirklichung eigener Inter.	41	18. Leistung	41
19. Freude und Vergnügen	41	19. Durchsetzung	38
2o. schöpferische Betätigung	39	20. Pflicht	20
21. Unterordnung	25	21. Unterordnung	11
22. Zwang	23	22. Zwang	3
23. Last	16	23. Last	3
24. Angst	4	24. Angst	2
(Basis)	(359)	(Basis)	(359)

Quelle: Tokarski 1979, Tab. 22, S. 298 und Tab. 3o, S. 305

zurück, die folgende "Theorien" der Freizeit zugrundelegen (vgl. Reitzle & Silbereisen 1982, S. 6 ff.):

1. Theorie des Energieüberschuß (überschüssige Energien werden in der Freizeit abgebaut).
2. Erholungstheorie (Freizeit, in welcher Form auch immer sie beobachtet wird, dient der Erholung).
3. Katharsis-Theorie (sie geht davon aus, daß in der Freizeit psychische Spannungen abgebaut werden).
4. Kompensationstheorie (sieh sieht vor, daß in der Freizeit die Möglichkeit gegeben ist zu kompensieren, was in der Nicht-Freizeit versagt bleibt).

5. Aufgabengeneralisierung (nach dieser Theorie werden für die Berufswelt positiv bewertete und belohnte Fähigkeiten auf den Freizeitbereich übertragen).

Da keine dieser "Theorien" für sich genommenen einen ausschließlichen Erklärungswert für das Auftreten von Freizeittätigkeiten besitzen, sondern erst in Verbindung mit einer spezifischen Auslösesituation zum Tragen kommen, konstruierten die Autoren den "Leisure Behaviour Inventory" so, daß eine simultane Repräsentation von Situation und dadurch angesprochenen möglichen Formen des Freizeitverhaltens stattfand:

Es wurden 10 Situationen vorgegeben, die mit den 5 Theorien in Verbindung stehen (z.B. Kompensationstheorie: Sie haben gerade die Ergebnisse ihrer wichtigsten Arbeit in diesem Semester erfahren und Ihnen wird bewußt, daß Sie versagt haben oder nicht so gut abgeschnitten haben, wie Sie es erwartet hätten). Gleichzeitig wurden 13 Antwortmöglichkeiten (Freizeittätigkeiten) vorgegeben und erfragt, welcher Reaktionsmodus für eine spezifische Situation wahrscheinlich ist (vgl. Bishop & Witt 1970, S. 352 ff.). Das Ergebnis der Untersuchung von B i s h o p & W i t t weist darauf hin, daß sowohl in der Persönlichkeit als auch in der Situation bedeutende Varianzquellen des Freizeitverhaltens liegen, so daß beiden eine relativ gleichrangige Bedeutung zukommt.

R e i t z l e & S i l b e r e i s e n entwickelten im Rahmen einer anderen Studie ebenfalls einen Fragebogen, der latente Motive des Freizeitverhaltens im Hinblick auf deren Auslösung durch spezifische Situationen untersucht. In Abweichung von den Motivvorgaben, die B i s h o p & W i t t (1970) verwendeten, wurden hier nur die Motive "Kompensation", "Katharsis" und "Erholung" aufgegriffen, da die Ergebnisse einer Voruntersuchung zeigten, daß sich diese drei Konzepte u.E. sowohl hinsichtlich der Anlaßsituation, der Möglichkeiten als auch der Antwortformulierungen sauberer trennen ließen. Aus Gründen einer besseren Interpretierbarkeit situativer Unterschiede wurden die Möglichkeiten für jedes der drei Motive systematisch nach den Kriterien "peers vs. allein" und "öffentlich vs. privat" variiert, da diese Kriterien für das Freizeitverhalten Jugendlicher als relevant angesehen wurden (vgl. Reitzle & Silbereisen 1982, S. 39 f.).

Über diese beiden Ansätze zur Erfassung von Listen von subjektiven Freizeitfunktionen bzw. von Freizeiterlebensweisen hinaus existieren noch eine ganze Reihe von Studien zu einzelnen Kategorien: So legte B r a t f i s c h (1970) eine Studie über das Erleben von Zeit in der Freizeit vor. Dabei stellte sich heraus, daß die von ihm untersuchten Studenten den Zeitaufwand, den sie für ihr Studium aufbrachten, überschätzten. Sie verbrachten also weniger Zeit mit ihren Studien, als sie annahmen. Tätigkeiten, die Vergnügen bereiten und die Zeiten, die für Schlaf und Rekreation verwandt wurden, wurden dagegen unterschätzt. In dieser Studie wird die Diskrepanz zwischen Tatsachen und Erleben deutlich. Diese Diskrepanz hat sicherlich auch ihre psychologischen Gründe, etwa darin, daß Vergnügen, Schlaf und Erholung positiver erlebt werden als die Arbeit im Studium und deshalb auch die Zeit, die auf sie verwandt wird - quasi als subjektive "Rechtfertigung" - unterschätzt und die auf das eher negativ erlebte Studium überschätzt wird. Hier zeigt sich zugleich die Determinationskraft von Erwartungen für das Erleben. "Zeitnot" wurde von M ü l l e r - W i c h m a n n (1984) untersucht. Sie fand heraus, daß trotz vermehrter Freizeit immer mehr Menschen immer weniger Zeit haben.

Eine weitere wichtige Erlebenskategorie ist die Zufriedenheit, sie ist jedoch eher ein globaler Aspekt des Erlebens. S c h m i t z - S c h e r- z e r (1969) weist in einer Studie darauf hin, daß Zufriedenheit in der Freizeit auch eine solche mit der allgemeinen Lebenssituation mit sich bringt, und die Unzufriedenheit in einem Bereich nicht selten eine Zufriedenheit in einem anderen unmöglich zu machen scheint. Es wäre sicher nicht richtig, die Zufriedenheit als - sozusagen unabhängigen - Indikator zu betrachten, da sie interindividuell höchst unterschiedlich definiert sein kann, aber auch in unterschiedlichen Lebensabschnitten eine unterschiedliche Bestimmung durch den einzelnen erfahren kann (Lehr 1969). Nach der gleichen Studie ist sie mit einer gewissen Aktivität -

in einem bestimmten Ausmaß - und spezifischen sozialen, situativen und psychologischen Momenten gekoppelt. L e h r (1961, 1969) hat dies aufgegriffen und festgestellt, daß Menschen, die mit ihrem Beruf zufrieden sind, eher rezeptive (das sind nicht unbedingt passive) Freizeitbeschäftigungen pflegen, Unzufriedene dagegen im Freizeitbereich zum Teil recht extensive Hobbys pflegen. Dies bedeutet, daß neben den korrelativen Beziehungen, die S c h m i t z - S c h e r z e r (1969) zwischen der Zufriedenheit im Freizeitbereich und der in anderen Bereichen belegt hat, auch qualitative Einwirkungen dieser Erlebnisdimension von einem zum anderen Bereich denkbar sind. H a n - h a r t (1964) und T o k a r s k i (1979) arbeiteten für die Zufriedenheit ähnliche Zusammenhänge zwischen der beruflichen, der privaten und der Freizeitsituation heraus, ebenso wie H e c k e r & G r u n w a l d (1980, S. 353 ff.). Letztere haben in einer Studie gezeigt, daß Arbeitszufriedenheit mehr zur allgemeinen Lebenszufriedenheit beiträgt als Freizeitzufriedenheit. Hiermit wird die Bedeutung der Arbeit in unserer Gesellschaft untermauert.

In diesem Zusammenhang muß auch die Hochstimmung (flow), die C z i k - s z e n t m i h a l y i (1974) als primäre Funktion der Freizeit versteht, angeführt werden. Sein Modell des "flow-experience" kann als eine Erlebensweise der Selbstübereinstimmung, als Kongruenz verschiedener Persönlichkeitsvariablen unter besonderer Berücksichtigung somatischer Anteile verstanden werden; damit finden auch physiologische Aspekte der Freizeit Eingang in die Freizeitproblematik (vgl. Rittner 1982): "Micro-flows" bezeichneten danach Vorgänge im alltäglichen Handeln, die als tentative Ausbalancierungsversuche der Indivduen zur Entlastung irgendwelcher Belastungen (Krankheiten, Streß, Unwohlsein etc.) ver-standen werden können, wobei durchaus Hilfsmittel eingesetzt werden können: Rauchen, Alkohol, Gesten, Wippen, Sporttreiben etc. Zusammen-hänge von Arbeit und Freizeit hätten unter diesem Blickwinkel eine völlig andere Funktion: Wenn man beide Bereiche als strukturell variierende Inszenierungen von flow-experience begreift, werden z.B.

Freizeitaktivitäten zu Ausbalancierungsversuchen, Freizeit wäre als das Aufsuchen und die Konstitution einer (auch physiologisch) geeigneten Umwelt zu sehen (Rittner 1982, S. 3).

Eine weitere Kategorie von möglichen Erlebensweisen der Freizeit ergibt sich aus Problemlagen, die Individuen am Feierabend und Wochenende als solche erleben: Eine Untersuchung von O p a s c h o w s k i (1980) bei Verheirateten mit mindestens einem Kind ergab, daß Familienprobleme bei 39% der Befragten eine Rolle spielten, gefolgt von Zeitproblemen mit 22%, Geldproblemen mit 20%, persönlichen Problemen mit 17% und aufgrund von Verpflichtungen in der Freizeit mit 15%. Insbesondere sind es Haushalt sowie unerledigte Arbeiten, Müdigkeit sowie Abgespanntheit, Langeweile, Unlust sowie Passivität und Alleinsein, die Probleme bei ihnen in der Freizeit verursachen und sich in ihrem Erleben niederschlagen. Der Feierabend scheint dabei problemträchtiger zu sein als das Wochenende, dies ist auch das Ergebnis einer anderen Studie von O p a - s c h o w s k i (1981) über Alleinlebende.

Tabelle 26: Freizeitprobleme am Feierabend und Wochenende bei Verheirateten mit mind. 1 Kind (N=200)*in %

Freizeittyp	Am Feierabend	Am Wochenende
Haushaltsarbeit/unerledigte Arbeiten	54,5	56,0
Müdigkeit/Abgespanntheit	43,5	16,0
Langeweile/Passivität/Unlust/ Monotonie/Trott	42,5	31,5
Alleinsein/Einsamkeit	39,5	22,5
Druck/Zwang/Nervosität/ Gereiztheit	31,0	20,0
Angst/Depression/Verzweif- lung/Apathie	17,0	9,5

* Mehrfachnennungen möglich

Quelle: Opaschowski 1980, S. 42 und 46

Langeweile ist ein Merkmal von Problemlagen, das, wenn es in der Freizeit auftritt, als ein Alarmzeichen und als Indiaktor für fehlende sinnvolle Freizeitgestaltung angesehen wird. Freizeitforscher konstatieren ein starkes Ansteigen der Langeweile in der Bundesrepublik: Individuen, für die Langeweile ein großes Problem darstellt, machten

1952	26%	1964	29%
1960	28%	1978	38%

aus (Opaschowski 1980, S. 13 und 18). Eine Repräsentativbefragung im Jahre 1981 von 2.000 Personen ab 14 Jahren ergab, daß 34% Gefühle der Langeweile kennen, wobei spezielle Problemgruppen Arbeitslose (59%), Verwitwete (56%), Ledige (42%) und Schüler (41%) darstellen (BAT/DGF 1982, S. 121). Es ist allerdings - und dies muß hier betont werden - nicht klar, ob diese Gefühle von Langeweile zeitweise auftreten, oder von Dauer sind, was von den Befragten darunter verstanden wird und inwieweit die verwendete Fragestellung nach "Langeweile als Problem" nicht eine Verengung des Phänomens darstellt.

Ein noch nicht sehr intensiv erforschter Aspekt in diesem Zusammenhang ist der der Stimmungslage in Verbindung mit spezifischen Freizeitaktivitäten. 1975 gaben zwei Drittel der untersuchten Personen an, daß sie Zeiten kennen, in denen sie häufig/manchmal niedergeschlagener Stimmung seien (BAT/DGF 1982, S. 124). Dies sagt analog den o.a. Anmerkungen zur Langenweile zunächst wenig aus. Einige weitergehende Anhaltspunkte liefert eine Studie zum Medienverhalten, in der neben der Stimmungslage und ihrer Veränderung im Tagesverlauf diese auch nach sozialen Merkmalen analysiert wurden (IMW 1981): Es zeigt sich, daß z.B. bei der Gruppe der Frauen überdurchschnittlich häufiger problembehaftete Stimmungslagen auftreten, wenn sie alleinstehende Hausfrauen (41%), Hausfrauen mit Jugendlichen im Familienhaushalt (43%) und berufstätige Frauen im Familienhaushalt (50%) sind. Umgekehrt sinkt der Anteil problembehafteter Stimmungslagen bei Frauen, die Kinder bis 10 Jahre im Haushalt haben. Diese negativen Stimmungslagen waren bei den untersuchten Hausfrauen nicht auf bestimmte Tageszeiten festgelegt, sondern erstreckten sich über den gesamten täglichen 14-stündigen Beobachtungszeitraum von 8 bis 22 Uhr, allerdings mit einigen Höhepunkten bei Hausfrauen im Erwachsenenhaushalt, nämlich vormittags zwischen 10 und 11 Uhr, mittags zwischen 14 und 15 Uhr und abends um ca. 18 Uhr. In jedem Fall nimmt die Stimmungslage gegen und am Abend positiveren Charakter an; dies gilt auch für Schüler und berufstätige Erwachsene, allerdings nicht (!) bei berufstätigen Jugendlichen, wo sie mit fortschreitendem Abend immer negativer wird. Hier wären für die Zukunft einige weitere Forschungen wünschenswert.

4.4. Freizeit spezifischer sozialer Gruppen

Wir haben gesagt, daß es Freizeit an sich nicht gibt. Wenn wir sinnvoll über Freizeit sprechen wollen, Freizeit definieren wollen und in der Realität wiederfindbare Phänomene meinen, dann können wir nur über die Freizeit bestimmter sozialer Gruppen mit ähnlichen Beziehungsnetzen, Zeitstrukturen, finanziellen Bedingungen, Alltagsstrukturen etc. sprechen. Auch die häufig übliche Differenzierung der Freizeit über Kategorien, wie Arbeiter versus Angestellte, Männer versus Frauen, Jüngere versus Ältere etc., wie sie häufig durch Korrelation von Fragen zur Freizeit mit sozio-demographischen Merkmalen ermittelt werden, können nur erste Anhaltspunkte sein. Es ist vielmehr notwendig, sensiblere Differenzierungen zu finden, wie sie etwa in biographischen Entwicklungen, an Lebensereignissen oder der jeweiligen sozialen Situationen (Heirat, Krankheit, Geburt, Tod etc.) festgemacht werden können.

Einen unter vielen möglichen Versuchen in diese Richtung stellen Arbeiten dar, die in der Freizeit benachteiligte Bevölkerungsgruppen aufzufinden suchen.

K o h l (1976) hat einen solchen Versuch vorgelegt. Dabei beobachtete er den Umfang und die Verteilung freier Zeit, die Dauer des Urlaubs, die Freizeitinfrastruktur und Freizeitangebote (Bildungs-, Gesundheitsvorsorge-, Informations- und Kommunikationsangebote sowie solche zur politischen Beteiligung) einzelner Bevölkerungsgruppen und kam zu dem Schluß, daß vor allem folgende Bevölkerungsgruppen in der Freizeit benachteiligt sind:

- Arbeiter,
- Rentner,
- Auszubildende,
- Hausfrauen,
- Frauen mit Kleinkindern,
- Schichtarbeiter (Rudat 1978).
- ausländische Arbeitnehmer (Schildmeier 1978).

Freilich ist ein solches Verfahren in seinen Ergebnissen abhängig von den benutzten Indikatoren für Freizeit und denen zur Beschreibung sozialer Gruppen. Benutzt man als Indikatoren für Freizeit z.B.

- die Art der Erwerbstätigkeit,
- berufliche Belastungen,
- Arbeitszeitregelungen,
- Gesundheitszustand,
- Alter,
- Geschlecht,
- familiäre Situation,
- Wohnung und Wohnquartier,
- Freizeitinfrastruktur im Wohnquartier,
- Informationsstand über Freizeitmöglichkeiten und
- Umweltbeeinträchtigungen,

dann stellen sich als Defizitgruppen im Freizeitbereich

- Arbeitnehmer mit besonderen Belastungen (z.B. Schicht- und Nachtarbeiter, Schwerstarbeiter) (Rudat 1978),
- eine große Anzahl von alten Menschen,
- eine große Anzahl erwerbstätiger Mütter,
- eine große Anzahl von Kindern und Jugendlichen,
- kinderreiche Familien,
- Behinderte,
- ausländische Arbeitnehmer (Schildmeier 1978),
- Teile der Bevölkerung im ländlichen Raum (Fleischhauer 1978),

- bestimmte soziale Randgruppen (z.B. Obdachlose)

dar.

Trotz der Unterschiede (bei vorhandenen Ähnlichkeiten) scheint hier eine Möglichkeit in ihren Ansätzen vorzuliegen, die soziale Ungleichgewichte im Freizeitbereich aufweisen kann und - bei entsprechender Operationalisierung - zweifelsfrei auch als Planungsmethode dienen können. Freilich müßte dann die Beschreibung der Indikatoren detailliert erarbeitet werden.

4.5. Freizeit im Lebenslauf

Leider ist keine Längsschnittstudie bekannt, die über eine bestimmte Spanne von Jahren die Entwicklung des Freizeitverhaltens und -erlebens beschrieben und analysiert hat. Auszunehmen sind hier vielleicht die Studien von T o m a n (1925-47) und S c h m i t z - S c h e r z e r (1983), die bei begabten bzw. alten Menschen über längere Zeiträume eine große Konstanz des Freizeitverhaltens feststellten. Die Freizeitwissenschaften bieten zur Entwicklung von Freizeitverhalten im menschlichen Lebenslauf wenig. Sie beschreiben lediglich Freizeit in bestimmten Gruppen (z.B. in der Jugend, im Alter etc.). Doch selbst diese verschiedenen querschnittlichen Gruppenansätze wurden bislang kaum miteinander integriert, ja sie umfassen noch nicht einmal alle wesentlichen Gruppen, die bei der Betrachtung des Lebenslaufes wichtig sind. So fehlen diesbezügliche Analysen z.B. bei Vorschulkindern, Grundschulkindern, Schulkindern bis ca. 14 Jahre.

Freizeitforschung war bislang aber auch nicht in der Lage, die Ergebnisse der soziologischen und psychologischen Forschung zur Entwicklung des Menschen im Laufe seines Lebens in ihre - meist querschnittlichen - Beschreibungen und Analysen einzubeziehen. So wird noch immer die Gruppe der Jugendlichen oder die der alten Menschen nur durch ihr chronologisches Alter generiert, obwohl inzwischen bekannt ist, daß das kalendarische Alter diese Gruppen nur wenig angemessen beschreibt. Die Soziologie und die Psychologie sehen heute vielmehr den Lauf des menschlichen Lebens als einen Entwicklungsverlauf im zeitlichen Kontinuum an. Dabei wird Entwicklung als Veränderung im weitesten Sinne verstanden. Diese Veränderungen ergeben sich aus der interaktiven Auseinandersetzung zwischen dem Individuum und der Umwelt in seiner je eigenen sozialen, ökonomischen und ökologischen Situation. In diese grobe Skizze des Grundansatzes der betreffenden Wissenschaften müßten die Freizeitwissenschaften ihre Befunde einbringen. Davon sind sie bislang weit entfernt. Einem Vorwurf von O p a s c h o w s k i (1973) folgend, kann man in diesem Zusammenhang bei den Freizeitwissenschaften neben einer mangelnden Reflexion der Erkenntnisse der jeweiligen Grundwissenschaften in der Tat einen gewissen Mangel an sozialer Phantasie feststellen. Allerdings liefert O p a s c h o w s k i auch in seinen letzten Publikationen keinen eigenen Beitrag zur Behebung dieses Mißstandes.

In einer solchen Situation im Rahmen eines Kapitels zu versuchen, die Entwicklung von Freizeitverhalten und -erleben im Lebenslauf zu beschreiben, kann nur fragmentarisch geschehen und damit nur zu vorläufigen Resultaten führen. Dies allerdings scheint hier angebrachter als die Reproduktion hinreichend bekannter isolierter, in keinem Zusammenhang miteinander stehender Resultate aus verschiedenen Querschnittstudien.

4.5.1. Freizeitverhalten und -erleben in der Kindheit und im Jugendalter

Die zentrale Verhaltensäußerung des Vorschulkindes ist das Spiel. Im Spiel erfährt das Kind sich und seine Umwelt (sowohl die soziale als auch die dingliche). Im Spiel erlernt es, gemachte Erfahrungen zu nutzen, zu intensivieren und zu modifizieren. Im Spiel entwickelt es sich. Diese besondere Bedeutung des Spiels hat in der Soziologie, der Anthropologie und insbesondere in der Psychologie zu zahlreichen Arbeiten geführt (allerdings fällt auf, daß heute nur wenig noch Spielforschung betrieben wird). Es kann hier weder der Ort sein, theoretische und terminologische Fragen zu behandeln (etwa ist Spiel im

Vorschulalter Freizeit oder nicht?) noch die Ergebnisse der Spielforschung dar-zustellen. Lediglich die Beziehung des Spiels zur Entwicklung von Freizeitverhalten und -erleben soll angesprochen werden. Diese liegt letztlich im Spiel selbst. Die Erfahrungen, die das Kind im Spiel macht, und die Anregungen, die es bekommt, sowie die Forderungen, denen es sich im Spiel ausgesetzt sieht, sind Momente, die seine Entwicklung maß-geblich bestimmen. Die interaktive Auseinandersetzung des Kindes mit der Umwelt im und außerhalb des Spiels stimuliert seine gesamte Entwicklung und damit auch seine Freizeitentwicklung.

Die Entwicklung von Motiven, Fähigkeiten, Fertigkeiten und Einstellungen wird heute weniger als eine Folge von Reifungsvorgängen, sondern durch Umwelterfahrungen bedingt gesehen. Gestützt werden Aussagen dieser Art durch Untersuchungen, die nachgewiesen haben, daß Defizite etwa im geistigen oder sozialen Bereich überwiegend umweltbedingt sind. Es konnte gezeigt werden, daß schlechte ökonomische Verhältnisse und unangemessenes Erziehungsverhalten häufig mit Schulschwierigkeiten oder Verhaltensproblemen korrelieren. Ebenso konnte in anderen Untersuchungen herausgearbeitet werden, daß verständnisvolles Erziehungsverhalten die Entwicklung eines Kindes sehr positiv beeinflußt.

Man weiß heute z.B. auch, daß eine Erziehung, die die kindgemäße Selbständigkeit fordert, als optimal für die Entwicklung der meisten Kinder anzusehen ist. Auf der anderen Seite deuten viele Befunde darauf hin, daß mangelnde Anregungen und zu geringe soziale Kontakte zu Störungen der Entwicklung im Kindes- und Jugendalter führen können.

So sicher man heute in bezug auf verhaltens- und einstellungsrelevante Umwelteinflüsse im Kindes-, Jugend- und Erwachsenenalter ist, so schwer fällt es, einzelne Charakteristika der Umwelt für einzelne Verhaltensweisen oder Einstellungen verantwortlich zu machen. Es ist sogar unmöglich, eine besondere Verhaltensweise oder eine spezifische Einstellung z.B. nur auf den elterlichen Erziehungsnstil oder nur auf schlechte ökonomische Verhältnisse zurückzuführen. Zumeist wirken verschiedene Umwelteinflüsse in jeweils unterschiedlicher Gewichtung bei der Ausformung bestimmter Charakteristika eines Menschen neben dessen Fähigkeiten und Fertigkeiten zusammen. Monokausale Erklärungen sind also nicht möglich, schon deshalb nicht, weil der durch seine Umwelt mitgeprägte Mensch seinerseits wieder verändernd in diese seine Umwelt eingreift. Insofern kann hier von einer Rückkoppelung mit den Gliedern der Umwelt - Mensch - Umwelt gesprochen werden (Oerter 1971).

Was aber ist Umwelt? Für den Säugling ist Umwelt zunächst auf seine unmittelbare Umgebung und seine in dieser Umgebung stattfindenden sozialen Erfahrungen beschränkt. Erst mit dem Erwerb der Fähigkeit zu sitzen, zu kriechen und zu laufen erweitert sich diese seine Umwelt. Die Familie bleibt aber für die ersten Lebensjahre der entscheidende soziale umweltliche Beeinflussungsbereich. Die Formung des Kindes in der Familie geschieht einmal durch die Übermittlung von Motiven, Wissen, Fähigkeiten und Einstellungen im Erziehungsprozeß und zum anderen durch die Auseinandersetzung mit den Anregungsgehalten der Umgebung (Ausubel 1968).

Bezogen auf das Freizeitverhalten darf man annehmen, daß in dieser Zeit wesentliche Grundlagen entwickelt werden. Dabei wird - wie zuvor schon angesprochen - eine anregende Umwelt, die viele Beschäftigungs- und Spielmöglichkeiten bereitstellt und den Erwerb notwendiger Fähigkeiten stützt und fördert, von besonderer Wichtigkeit sein. Der Stellenwert des Spiels wird in diesem Beziehungsgefüge sehr deutlich - nicht nur in bezug auf die dingliche Umwelt, sondern auch unter dem Gesichtspunkt der sozialen Umgebung, demgemäß nicht nur für die Ausbildung von Fähigkeiten und Fertigkeiten, sondern auch für die Ausbildung sozialer Verhaltensweisen. Zudem formen sich im Spiel auch die Erlebnismöglichkeiten in ersten Ansätzen.

Schon vor der Schulzeit, vor allem aber mit der Einschulung, werden nämlich auch die Kontakte mit gleichaltrigen Spielgefährten (peers) für die Entwicklung von Fähigkeiten und Interessen wesentlich. Vor allem in der Jugendzeit gewinnen dann diese Kontakte u.U. mehr Gewicht als die familiäre Umwelt.

Die Literatur über das Kindes- und Jugendalter weist eine Fülle von Forschungsergebnissen gerade zu dieser Thematik auf. So ist z.B. die Bildung von mehr oder weniger "festen" Gruppen von Jugendlichen - von Freundeskreisen bis hin zu "gangs" oder Banden - vielfach Gegenstand von Untersuchungen gewesen. Es kann diesen Befunden zufolge gesagt werden, daß vielen Jugendlichen die Kontakte zu Gleichaltrigen und "Gleichgesinnten" die ihnen in ihrem Alter fehlende soziale Sicherheit und Anerkennung geben. Diese Unsicherheiten der Jugendlichen in bezug auf ihren sozialen Status sind nach übereinstimmender Meinung auch wesentliche Motive zur Bildung sog. "jugendlicher Subkulturen", die sich oftmals z.B. durch die uniforme Kleidung nach außen dokumentieren (Ausubel 1968), die aber auch über eigene Wertesysteme verfügen. Überhaupt sind diese Sozialkontakte wichtig für das Selbstkonzept der Jugendlichen (Müller-Ebert 1981) und ihren Werten. So konnte S c h u l z e (1981) nachweisen, daß die persönlichen Werte ihre verhaltensorientierende Funktion auch in signifikanten Beziehungen zu Freizeitaktivitäten und der Häufigkeit ihrer Ausübung zeigen.

In diesen sozialen Gruppierungen entwickeln sich demnach auch Freizeitinteressen und -aktivitäten. Oft werden die zunächst in der Familie erhaltenen Anregungen hier modifiziert oder gar konträr zu diesen ein spezifischer Verhaltensstil in der Freizeit aufgebaut. Dies läßt sich vor allem in bezug auf Interessen und Verhalten im politischen, sozialen und generell weltanschaulichen Bereich beobachten und belegen.

Neben der Familie und den durch gleichaltrige Freunde und Bekannte erfahrenen Anregungen darf die Schule als ein weiterer gewichtiger Faktor in der Umwelt der Kinder und Jugendlichen nicht übersehen werden, obschon wir über die Schule als Sozialisationsinstrument relativ wenig wissen (Oerter 1971). Sicherlich vermag die Schule mehr durch die Vermittlung von Wissen und leider weniger - lehrplanmäßig bedingt - durch Vermittlung von Fähigkeiten und Fertigkeiten auf den Freizeitbereich Einfluß zu nehmen. Zudem dürften durch die Schule mögliche Soialkontakte und soziale Erfahrungen von gewissem Einfluß bei der Entwicklung und Ausgestaltung von Freizeitinteressen und -tätigkeiten sein. Allerdings fehlen hierzu Forschungsergebnisse.

Dennoch kann man davon ausgehen, daß die Familie, die Kontakte mit Freunden und Bekannten sowie die Schule und die Ausbildungsstelle in den ersten 20 Lebensjahren gemeinsam die Freizeitstile auf dem jeweiligen individuellen Hintergrund entwickeln helfen, die sich dann relativ konstant über den gesamten Lebenslauf hinweg beobachten lassen. Daß diese Entwicklung eng mit sozioökonomischen Momenten verwoben ist, klang zuvor schon an. Sowohl die familiäre Umwelt als auch die Art und Dauer der schulischen und beruflichen Ausbildung stehen in engem Zusammenhang mit der jeweils gegebenen sozioökonomischen Situation (siehe auch Thomae 1959). Andererseits wirkt die Familie aber auch durch ihren Erziehungsstil auf das Freizeitverhalten der Kinder. M a r g e r (1982) berichtet z.B., daß Jugendliche, die in ihrer Freizeit von den Eltern unterstützt werden, mehr Freizeittätigkeiten ausüben und überhaupt aktiver im Freizeitbereich sind als die Jugendlichen, die weniger unterstützt werden.

Daneben ist davon auszugehen, daß der sozioökonomische Kontext einer Familie sowohl Umfang und Art der (materiellen) Anregungen als auch den Erziehungsstil selbst beeinflussen. So unterliegt z.B. der Spracherwerb besonders deutlich diesen Bestimmungsgrößen. Die in niederen sozialen Schichten erworbene Sprache kann als "Sprachbarriere" Schulbesuch und -erfolg erheblich beeinflussen, weil sie sich von der in den Schulen gesprochenen Sprache z.B. erheblich unterscheidet. Auch die "Bildungswilligkeit"sowie die Einstellung zur Schule unterliegen diesen Bestimmungsgrößen (Oerter 1971).

Wird das Verhältnis zwischen Schule und Familie schon durch sozioökonomische Merkmale im berichteten Sinn mitbestimmt, so unterliegt auch die Erfüllung schulischer Ansprüche durch den Schüler selbst den gleichen Determinanten. Das Fehlen eines eigenen Zimmers und der Mangel an materiellen Lernhilfen können sich z.B. negativ auf die Schulleistung auswirken.

Die Funktion der Schule in unserem Gesellschaftssystem beschränkt sich im wesentlichen auf die Übermittlung von Lernstoff und die Qualifikation des einzelnen in bezug auf gesellschaftlich "wünschenswertes" Wissen. In diesem Zusammenhang kommt dem Erwerbs freizeitrelevanten Wissens und entsprechender Fähigkeiten wenn überhaupt, dann nur ein sehr geringer Stellenwert, meist nur punktuell im sozialkundlichen, sportlichen und musischen Bereich, zu. Auch dort, wo Ansätze einer "Freizeitkonzeption" beobachtbar sind, bleiben diese (noch) relativ einseitig diesen Bereichen verschrieben. Im übrigen bleibt es meist dem Zufall überlassen, ob sich beim einzelnen Schüler zwischen dem schulischen Lernstoff und dem Freizeitbereich Beziehungen, Anregungen und Ergänzungen herstellen oder nicht. Schule kann nicht nur Freizeittätigkeiten stimulieren, sondern auch behindern. Die Diskontinuität zwischen Schule und Familie im Hinblick auf den Erwerb und die Pflege freizeitbezogener Interessen und Aktivitäten ist sehr deutlich. Die Schule wird sozusagen mit der "Arbeit" gleichgesetzt und die "Gegenwelt" "Freizeit" erst dadurch geschaffen. Spiel, Vergnügen, Genuß und Anregung haben z.B. als Freizeitinhalte in der Schule ebenso wenig Raum wie im (späteren) Beruf. So kann man zumindest in einem bestimmten Alter beobachten, daß die Übernahme von Verhaltensstilen der Eltern in der Freizeit durch Imitationslernen zu Hause relativ "nahtlos" geschieht. Elterliches Freizeitleben braucht aber nicht dem Grad an notwendiger Reflexivität sowie den Bedürfnissen der Jugendlichen zu entsprechen. Ist dies der Fall, üben Jugendliche häufig Freizeitverhalten aus, welches nicht ihren Bedürfnissen entspricht. Oft bilden sie dann erst Erlebnis- und Verhaltensweisen ihrer eigenen individuellen Natur entsprechend aus.

Aus dem Gesagten geht hervor, daß Schule weniger durch ihre Lehrinhalte, sondern vielmehr als soziales System für das Freizeitverhalten der Schüler relevant ist. Die Interaktion der Schüler untereinander und weniger die der Schüler mit den Lehrern scheinen im Sinne der zuvor schon angesprochenen Beziehungen zu gleichaltrigen Kontaktpartnern ein Reservoir möglicher freizeitrelevanter Anregungen und Erfahrungen zu sein. Diese Situation spiegelt sich auch in der meist zu findenden räumlichen Ausstattung der Schulen wider. Weder die Gebäude selbst, noch die Höfe und Nebenanlagen sind für freizeitbezogene Aktivitäten besonders ausgestattet. Wenn die Schule eine möglichst umfassende Bildung und Qualifikation der Schüler anstreben will, so kann sie dies eigentlich nur unter Einbeziehung des Freizeitbereichs tun. Gerade weil Freizeitprobleme zumeist mit Defiziten im Hinblick auf freizeitrelevante Informationen und Fähigkeiten gekoppelt auftreten, fiele der Schule eine wesentliche Aufgabe zu. Viele Schwierigkeiten um die manchmal beklagte Langeweile, genauso wie jene, die sich in der durch Frustration bedingten Zerstörung von Freizeitangeboten kundtun, würden möglicherweise durch gezielte Information über freizeitspezifisches Wissen und Freizeitmöglichkeiten sowie Lernen von freizeitrelevanten Fähigkeiten und Fertigkeiten reduziert werden können. Jedenfalls kann die Möglichkeit zur Befriedigung der meisten Freizeitbedürfnisse eher mit Hilfe der Schule und -optimal - unter Einbezug der Eltern in die schulische Freizeitarbeit erlernt werden. Die Berufsausbildung wird oft schon als "Arbeit" empfunden und dadurch Freizeit als "Gegenwelt" polarisiert. Was sich in der Schule andeutet, vollzieht sich hier endgültig: die Trennung von Arbeit und Freizeit.

Eine besondere Schwierigkeit für die Freizeitforschung ergibt sich allerdings, wenn der Freizeit von Jugendlichen bestimmte Bedürfnisse zugrunde gelegt werden. Sie sind für die empirischen Freizeitwissenschaften als Konstrukte nur schwer zugänglich und stehen meist für inhaltlich nur grob bestimmbare Antriebsmomente. Eigentlich sind sie nur aus der Beobachtung einzelner Freizeittätigkeiten oder auch einzelner Gruppen von Freizeitaktivitäten erschließbar. Im allgemeinen werden folgende Bedürfnisse als Freizeitbedürfnisse angesprochen:

° das Bedürfnis nach Bewegung, Sport usw.,
° das Bedürfnis nach Rekreation, Erholung,
° das Bedürfnis nach Sozialkontakten,
° das Bedürfnis nach Information und Kommunikation und/oder

° das Bedürfnis nach expansiver und/oder schöpferischer Erlebnisentfaltung.

R e i t z l e (1981) legt in seiner Studie Beziehungen zwischen "Motiven" und Freizeittätigkeiten vor. Seinem Befinden zufolge sind es insbesondere sechs Motive, die Freizeittätigkeiten bei Jugendlichen eine "innere Bedeutung" verleihen:

° Motiv "Sozialkontakte",
° Motiv "Abschalten von Schule und Arbeit",
° Motiv "Entspannen",
° Motiv "Spaß, Vergnügen",
° Motiv "Sinnvolles Tun",
° Motiv "neue Erfahrungen machen".

R e i t z l e (1981) zeigte zudem, daß stets mehrere Motive in unterschiedlicher Gewichtung Freizeittätigkeiten zugeordnet werden.

Aus dieser Aufzählung ist schon ersichtlich, daß die genannten Bedürfnisse nicht klar voneinander abgrenzbar sind und sich möglicherweise überschneiden können. Weiter kann ein Bedürfnis hinter viele Freizeitaktivitäten sowie viele Bedürfnisse hinter einer Freizeittätigkeit stehen (Schmitz-Scherzer 1974, Tokarski 1979).

Wesentlich konkreter sind Freizeitwünsche und Freizeitinteressen hinsichtlich ihres Inhaltes zu bestimmen. Sie sind auch besser erforscht und müssen als multikausal bestimmte Sozialisationsprodukte angesehen werden. In der Regel beziehen sie sich auf konkrete Tätigkeiten oder inhaltlich verwandte Gruppen von Tätigkeiten im Freizeitbereich. Auch aus diesem Grund sind Freizeitinteressen und -wünsche so zahlreich wie die Freizeittätigkeiten selbst (Schmitz-Scherzer 1974). T o d t (1978) zeigte, daß sich auch Interessen analog den Verhaltensweisen entwickeln.

Man ersieht aus diesen Erörterungen, daß Freizeitarbeit an Schulen mehr als nur Aktivierung musischer und sportlicher Angebote bedeutet. Neben diesen muß Gelegenheit zum Erwerb und zur Pflege einer Vielzahl anderer Freizeittätigkeiten und -interessen gegeben werden. Diese Tätigkeiten und Angebote wären in den Stundenplan zu integrieren, ohne den verpflichtenden Charakter zu sehr zu betonen. Räumliche und personelle Konsequenzen sind zu beachten. Dies geschieht z.T. schon im Rahmen der Erwachsenenbildung, auch wenn hier vor allem Beschäftigungsmöglichkeiten und Informationen für (schon) interessierte Gruppen angeboten werden und weniger Bemühungen zur Vermittlung neuer Interessen, Fähigkeiten und Fertigkeiten feststellbar sind.

Eine Beibehaltung der heute zu beobachtenden Trennung von Schule und Freizeit, wie sie M ü l l e r - E b e r t (1981) belegt, ist jedenfalls nicht wünschenswert, weil sie als Vorstufe einer fortlaufenden Partialisierung des Alltags in Arbeit und Freizeit angesehen werden muß. Gerade wenn sich unsere Gesellschaft sozial auch weiterentwickeln soll, gerade wenn auf eine zunehmende Beteiligung des Bürgers am politische Geschehen - und dies wäre nur in der Freizeit möglich - hingearbeitet werden soll, gerade wenn jedem Bürger ein optimales und in freier Wahlentscheidung zugängliches Freizeitangebot gemacht werden soll, muß die Schule die Bürger in den Stand setzen, diese Angebote und Aufgaben im Sinne ihrer Selbstverwirklichung wahrzunehmen und mitzugestalten.

Eine Analyse des Freizeitverhaltens im Kindes- und Jugendalter unter Lebenslaufaspekten hat von den Ergebnissen der Soziologie und Psychologie des Kindes- und Jugendalters auszugehen. Dazu soll im folgenden ein kurzer Abriß gegeben werden.

Kindheit wird zumeist bis zum 10. oder 12. Lebensjahr gesetzt. Verschiedene Unterteilungen haben sich durchgesetzt: Kleinkind, Vorschulkind, Grundschulkind. Soziologie und Psychologie der Kindheit haben den Freizeitbereich nahezu vollständig ausgeschlossen (weil Freizeit nur als Gegenpol zu Arbeit gedacht wird?). Literatur über das Spiel wurde dagegen bis in die 60er Jahre zahlreich vorgelegt. Stellvertretend für viele Autoren seien genannt: B ü h l e r , H e t z e r , G s e l l , K r o h , M e t z g e r u.a.. Eine Zusammenfassung lieferte u.a. R ü s s e l (1959). B i e r h o f f (1974) legte eine Studie über Spielplatznutzungen vor, R ü p p e l l (1977) eine Untersuchung zur

Bewertung des Freizeitnutzens von Spielen. Bei allen Studien bleiben die Begriffe Spiel und Freizeit unzureichend reflektiert, Verhaltensbeschreibungen und -analysen fehlen für die letzten 20 Jahre weitgehend. Letztlich bleibt nur zu sagen, daß Spiel als eine umfassende Lebensäußerung alle Umweltmomente, dingliche wie soziale, miteinbezieht, daß Spiel einen wesentlichen Sozialisationsraum bereitstellt, daß seine Formen und Inhalte weitgehend selbst Resultate von Sozialisation sind.

Die zeitliche Festsetzung der Jugendzeit - nach den meisten Studien von 12/14 bis 18/21 Jahren - zeigt in der Literatur ein unterschiedliches Bild: Es werden verschiedene Phasen (z.B. Flegelalter, Phase des Schwärmens) und unterschiedliche Zeitangaben genannt. Neuere Untersuchungen haben eine sehr große Streuung der Altersgruppen und -angaben erbracht und somit gezeigt, daß eine Fixierung bestimmter Entwicklungsstände an ein bestimmtes Alter genauso unhaltbar ist wie eine Einteilung der sogenannten Jugendzeit in Phasen oder Stufen. Deshalb ist es momentan wohl angemessener, vom Menschen im zweiten Lebensjahrzehnt zu sprechen und den Terminus Jugendalter entsprechend zu verstehen. Im übrigen sind die Jugendlichen keine homogene Gruppe, genauso wenig wie die Erwachsenen oder Kinder. Dies erschwert naturgemäß deren Beschreibung sehr.

Nach vielen Autoren ist eine "Krise" - die Pubertät - das hauptsächlich kennzeichnende Moment des Jugendalters - wie auch immer sie entstanden, wie auch immer sie in Erscheinung treten mag. Die "Pubertät", die eben an einer gewissen "Beunruhigung", "Labilität", "Zerrissenheit" usw. erkennbar ist, wird von vielen Autoren gesehen, und auch die Soziologie des Jugendalters sieht sie als eine Übergangskrise zwischen Kindheit und Erwachsenenalter. Dabei ist besonders wesentlich, daß sowohl in der Kindheit als auch im Erwachsenenalter eine große Anzahl sozialer Rollen zur Verfügung stehen, nach denen der einzelne seine Handlungen, sein Verhalten und seine Haltungen ausrichten kann, das Jugendalter aber einen solchen Rollensatz nicht aufweist. D.h.: Die Stellung des Jugendlichen in unserer Gesellschaft ist nicht definiert, er ist kein Kind mehr, aber auch noch kein Erwachsener, er befindet sich in einer

"Übergangskrise", die primär gesellschaftlich determiniert ist. Diese "Übergangskrise" ist auch für das Verhalten des Jugendlichen mehr verantwortlich als etwa körperliche Reifungsvorgänge. Das Bild pubertären Verhaltens ist demnach eher als Symptom einer bestimmten ungenügend definierten Stellung des Jugendlichen in unserer Gesellschaft zu verstehen denn als biologische Notwendigkeit.

Wenn auch die individuellen Unterschiede im Jugendalter als Ergebnis unterschiedlicher Sozialisationsbedingungen und -erfahrungen (wie überhaupt im menschlichen Leben) sehr groß sind, so lassen sich doch aus der Analyse der Beschreibungen des Jugendalters Aspekte ableiten, die das jugendliche Verhalten weithin kennzeichnen. Dazu zählen u.a. eine emotionale Beunruhigung, die vor allem K r o h (1944) gesehen hat und die oft auch mit einem Verhalten gepaart ist, welches besonders mit Ablehnung, Wegstreben, Andersmachen beschrieben werden kann. Danach ist oft eine Suche und auch das Anstreben neuer Ziele zu beobachten, welches auch K r o h, aber auch B ü h l e r u.a. beschrieben haben. Diese ist ihrerseits häufig mit einer gewissen Festigung des Verhaltens und mit dem Akzeptieren von Normen verbunden, die sehr stark durch die Gruppe gleichaltriger Freunde und Bekannten (peers) geprägt werden (Oerter 1971).

So klar und plausibel diese Charakterisierung auch ist, so ist sie doch sehr grob und vermag auch nicht die ungezählten Varianten jugendlichen Verhaltens zu erfassen. Trotz dieser schwerwiegenden Kritik aber scheint ein Prozeß abzulaufen, der unter Rückgriff auf S p r a n g e r mit

° der Entdeckung des Ich,
° der Entstehung eines Lebensplanes und
° dem Hineinwachsen in die Lebensgebiete der Erwachsenen

umschrieben werden kann. Dafür sprechen auch die Ähnlichkeiten, die man trotz aller Unterschiede in den Ansätzen von S p r a n g e r (1925), K r o h (1944), D e b e s s e (1960), B ü h l e r (1928) und E r i k s o n (1950) beobachten kann und die alle mehr oder weniger deutlich von der einsetzenden Selbstreflexion, von der Schaffung neuer (eigener) Werte und Normen, von dem Bedürfnis nach Selbständigkeit und von der An-

und Einpassung an die Gesellschaft der Erwachsenen und an deren Normen und Wertvorstellungen sprechen. Dabei spielt natürlich gerade die diffuse Rollendefinition des Jugendalters in unseren Gesellschaftsformen eine erhebliche Rolle.

Auch im Hinblick auf die Kontakte mit Gleichaltrigen läßt sich diese Sichtweise stützen: O e r t e r (1971) führt aus, daß sich in diesem Kontaktfeld die Trennung von der Kindheit vollzieht, ein gewisses Ausmaß von eigener Verantwortung übernommen, Teile der Autoritätsproblematik und der Sexualproblematik durchlebt und eine große Anzahl von Haltungen, Meinungen und Urteilen u.a. beeinflußt werden.

Wenn Selbstbild und Realität im Jugendalter oft eine Divergenz zeigen, wenn das Selbstbild im Leistungsbereich am unsichersten ist, wenn ein z.T. hohes Ausmaß an Unsicherheit zu finden ist, dann erhebt sich schon hier die Frage nach der Rolle der Erwachsenen in diesem Prozeß. Soll z.B. der Lehrer bei der Selbstfindung helfen - und wenn ja, wie -, richten sich die Aktivitäten der Jugendarbeit auf diese Situation ausreichend ein oder gehen diese gar nicht auf die hier erkennbaren Bedürfnisse der Jugendlichen ein (etwa in der noch hier und dort anzutreffenden Art forscher "Berufsjugendlicher")? Die Wertvorstellungen bezieht der Jugendliche aus seiner Umwelt, von Eltern, Freunden, Lehrern und anderen Bezugspersonen. Diese Wertvorstellungen, die im Laufe des Sozialisationsprozesses vermittelt werden, verändern sich, sie werden auch durch Erfahrung, Beobachtung und Intellekt relativiert und begrenzt. Dabei spielt die Erweiterung des sozialen Horizontes des Jugendlichen eine sehr große Rolle. Die zunehmende Unabhängigkeit der Jugendlichen vom Elternhaus verändert die Art und die Qualität, wie auch die Bewertung der hier relevanten Werte, es werden persönliche Begründungen versucht, es steht eine reifere soziale Grundlage zur Verfügung und der "moralische Absolutismus" der Kindheit weicht zunehmender Relativierung. Trotzdem ist auch in dieser Hinsicht die Unabhängigkeit des Jugendlichen von der Umwelt sehr begrenzt. Sie hat nach wie vor einen sehr starken Einfluß auf seine Entwicklung und damit sein Denken und sein Handeln. Insofern muß dieses sein Verhältnis zur Umwelt in jede Analyse seiner Situation mit einbezogen werden.

Der Jugendliche - so haben wir ausgeführt - durchlebt eine Zeit, die mit Konflikten angereichert sein kann. Diese Konflikte beziehen ihr Material aus den verschiedensten Lebensbereichen. Sie alle scheinen im Prozeß der Selbstfindung eine gewisse Rolle zu spielen. Erschwerend kommt in dieser hinzu, daß die Sozialisationsmechanismen der Gesellschaft primär einseitig auf den Jugendlichen wirken. Möglicherweise versucht dieser auch aus diesem Grund durch die Entwicklung nonkonformistischer Verhaltensweisen diesen Sozialisationsdruck zu kompensieren.

Freizeitumfang

E m n i d errechnet auf der Basis einer Erhebung von 1980 für 14 bis 25 Jahre alte junge Menschen in der Bundesrepublik 8,1 Stunden Freizeit pro Werktag, am Sonnabend 11,8 und am Sonntag 12,2 Stunden (DGF 1980). Dabei nimmt der Umfang der Freizeit mit steigendem Alter ab. Bei weiblichen Jugendlichen ist vergleichsweise der Freizeitumfang etwas geringer als bei den männlichen Jugendlichen. Der Freizeitumfang variiert zudem stark in Abhängigkeit von der schulischen bzw. beruflichen Situation: Schüler und Studenten haben vergleichsweise mehr Freizeit als Jugendliche in der Ausbildung oder im Beruf. Andere Studien kommen zu anderen Ergebnissen aufgrund strikterer Freizeitdefinitionen. So stellt die Spiegel-Untersuchung von 1982 für 14 bis 24 Jahre alte Menschen pro Werktag 5,9, pro Samstag 8,0 und pro Sonntag 10,3 Stunden Freizeit fest. Dies dürfte auch der realistischere Wert sein.

Freizeitinteressen

Das Freizeitverhalten Jugendlicher ist - wie ihr sonstiges Verhalten auch - von den in der Gesellschaft empfangenen Sozialisationseinwirkungen abhängig. Es ist wahrscheinlich durch vielfältige Bedürfnisse, Wünsche und Interessen - die sich auch ihrerseits unter Sozialisationseinwirkungen entwickelten - motiviert.

Die empirische Forschung hat relativ wenig Augenmerk auf die unterschiedlichen Formen der Motivation des Freizeitverhaltens gelegt. Lediglich über Freizeitinteressen stehen einige Informationen zur Verfügung. So haben nach B l ü c h e r (o.J.) nur 8% der von ihm untersuchten Jugendlichen (14-21 Jahre alt) keinerlei musisches Interesse, 37% haben ein musisches Interesse, der Rest besitzt nach eigenen Aussagen mehrere musische Interessen. Weibliche Jugendliche haben nach B l ü c h e r s Befunden etwas mehr musische Interessen als männliche Jugendliche, ältere haben mehr und differenziertere musische Interessen als jüngere. Generell fällt auf, daß ein entsprechender Bildungsstand der Eltern die Entwicklung musischer Interessen begünstigt. Musische Interessen wurden von starken Interessen für aktiven Sport und auch solchen für Technik zurückgedrängt. Selten finden sich nebeneinander Interessen musischer und sportlicher bzw. technischer Art.

Das politische Interesse ist relativ gut entwickelt: 31% der 12- bis 15jährigen Jugendlichen interessieren sich für Politik, Besucher weiterführender Schulen bedeutend öfter als Volksschüler, Jungen häufiger als Mädchen (Blücher, o.J).

Die zuvor referierten Interessenkategorien sind freilich sehr grob. Vielfältige und höchst unterschiedliche (nach Qualität und Quantität) Einzelinteressen können sich hinter diesem groben Raster verbergen. So zeigen solche Ergebnisse auch mehr die vorhandenen Kenntnislücken der Forschung in Anwendung und Theorie als Aspekte differenzierter Motivationen zum Freizeitverhalten auf. Eine besondere Schwäche besteht allerdings in dem völligen Mangel an einer Reflexion des Interessenbegriffs. Nach R u b i n s t e i n (1958) ist der Betriff Interesse sehr vieldeutig. Er ist an den kognitiven Bereich der Persönlichkeit gebunden, allerdings mit Beziehungen zum emotionalen Bereich. Gleiches legt A u s u b e l (1968) zugrunde. Für ihn sind Interessen selektive Verhaltensdeterminanten, die die Richtung und Stärke der Wertigkeit von Objekten und Tätigkeiten im Individuum widerspiegeln.

So definiert besteht nicht notwendigerweise eine hohe positive Korrelation zwischen Freizeitinteresse und Freizeittätigkeiten. Externale und internale Faktoren können die Beziehung zwischen Interesse und Tätigkeiten sehr unterschiedlich modifizieren. Von hieraus wird eine sog. bedürfnisgerechte Freizeitplanung sehr fraglich, wenn sie das zuvor genannte Faktum nicht reflektiert.

Freizeittätigkeiten

Infrage kommende Studien (siehe Tabelle 27) arbeiten z.T. mit sehr verschiedenen Fragen, Stichproben und Auswertungen und sind deshalb nur sehr bedingt miteinander vergleichbar. Deshalb werden sie hier nach einem besonderen Verfahren (1 = höchster Rangplatz = größte Häufigkeit) verglichen (Kranzhoff & Schmitz-Scherzer 1978, S. 18 f.):

Tabelle 27: Studien zu Freizeittätigkeiten Jugendlicher

Nr.	Befragten-zahl	Altersgrenzen Jahre	Erhebungs-jahr
1 INFAS (1974a)	unbestimmbar	18-24 (34)	1973
2 Projektgruppe Jugendplanung - Sozialplanung - Jugend/ Jugendfreizeitstätten (Braunschweig 1975)	1443	12 bis <20	1972/73
3 INFAS (1974b)	je nach Untersuchung	18-34	ab 1972
4 Spiegel-Umfrage (1972)	500	18-29	1972
5 Deckert (1973)	387	12-18	1971
6 Schilling (1974)	30	15-19	1971
7 Werner und Blumers (1970)	662	14-21	1970
8 INFAS WSI (1973)	383	18-24 (34)	ab 1970
9 Domke (1970)	308	ca. 17	1967/68
10 Lüdtke (1972)	2344	14-21	1966
11 Shell-Studie (1966)	2000	14-21	1966
12 EMNID SVR (1971)	1472	14-24	1970

Quelle: Kranzhoff & Schmitz-Scherzer 1978

1. In einem ersten Schritt werden aus den verwertbaren Untersuchungen 4, 5, 7, 11, 12 (Tabelle 27; Kriterien: Vorliegen eines Katalogs von Freizeitaktivitäten und angemessen große Stichprobe) die jeweils im Höchstfalle 10 häufigsten Aktivitäten herausgenommen. Die Begrenzung auf 10 Aktivitäten ist natürlich willkürlich, jedoch aus Gründen der Übersichtlichkeit sicher vertretbar, da es primär um Feststellung der häufigsten Freizeitaktivitäten geht.

2. Sodann werden diese Aktivitäten für jede Studie (aufgrund der prozentualen Häufigkeitsangaben) in eine Rangreihe gebracht.

3. Aus der erarbeiteten Übersicht läßt sich nun die für jede genannte Aktivität charakteristische Häufigkeit in bezug auf alle einbezogenen Untersuchungen berechnen. Da es sich bei der Tabelle um Daten auf Ordinalskalenniveau handelt, wird für jede Aktivität als Maß der zentralen Tendenz der Median berechnet.

4. Die Medianwerte können schließlich dazu benutzt werden, die in der Liste aufgeführten Freizeitaktivitäten in eine Reihenfolge zu bringen, die einen groben Eindruck davon vermittelt, welche Aktivitäten häufiger, welche weniger häufig ausgeübt werden (immer unter Zugrundelegung der jeweils 10 am häufigsten angeführten Freizeitaktivitäten).

Das geschilderte Vorgehen resultiert in der folgenden Liste von Aktivitäten, geordnet nach dem Grad der Häufigkeit, mit dem sie von den Befragten insgesamt ausgeübt werden:

1. Mit Freunden zusammen sein
2. Fernsehen/Freizeit mit der Familie verbringen/Bücher, Illustrierte, Zeitungen lesen
3. Musik (Schallplatten, Recorder) hören und/oder ausüben
4. Radio hören
5. Erholung (unspezifisch(/Bildung, Fortbildung
6. Spazierengehen, wandern
7. Sport (aktiv)/Gesellschaftsspiele
8. Diskotheken besuchen, Tanz/Hobbies ausüben
9. Politischen Interessen nachgehen
lo.Radfahrten machen
11.Sport (passiv)/Ausflüge machen.

Sozialkontakte, Medien und Erholung, sowie Bildung und Fortbildung rangieren an der Spitze. B e n s c h (1980) bestätigt dieses Bild im wesentlichen in ihrer Untersuchung bei Hauptschülern (die dieser Studie zufolge ein viel differenzierteres Freizeitverhalten zeigen, als repräsentative Studien vermuten lassen).

Wie unterschiedlich die einzelnen Studien angelegt sind und zu wie unterschiedlichen Resultaten sie kommen, zeigt die folgende Tabelle.

Tabelle 28: Die zehn häufigsten Freizeitaktivitäten Jugendlicher in Rangreihen pro Untersuchung

Freizeit-aktivitäten	SVR			Hildesheim			Ulm	Spiegel	Shell
	14-17 Jahre	18-24 Jahre	Schül./ Stud./ Lehrl.	Ges.	12-15 Jahre	16-18 Jahre		18-29 Jahre	14-21 Jahre
Radio	-	-	-	-	-	-	7	1	-
Disko, Tanz	-	-	-	9	9	7	-	-	6
Musik	1	1	2	7	8	6	-	5	2
Freunde	2	2	1	3	3	1	5	-	1
TV	3	3	3	-	-	-	3	3	-
Familie	4	4	7	-	-	-	-	-	-
Bücher, Illustrierte	5	6	8	2	2	2	-	2	4
Sport,Spiel	6	8	6	1	1	3	1	10	8
Fortbildung	7	-	4	-	-	-	4	-	5
Hobby	8	-	5	5	6	4	-	-	7
Sport kons.	9	7	9	-	-	-	-	9	10
Spazieren, Wandern	10	5	10	4	4	8	2	6	9
Ausflug	-	9	-	-	-	-	-	-	-
Erholung	-	9	-	-	-	-	-	4	3
Politik	-	9	-	-	-	-	-	7	-
Radfahren	-	-	-	-	-	-	-	8	-
Spielen	-	-	-	8	5	9	6	-	-

Quelle: Kranzhoff & Schmitz-Scherzer 1978

Die wenigen vorliegenden Hinweise zu möglichen geschlechtsspezifischen Differenzierungen in bezug auf ausgeübte Aktivitäten scheinen darauf hinzuweisen, daß unter den am häufigsten angegebenen Aktivitäten bei den männlichen Jugendlichen dem gängigen Rollenstereotyp entsprechend eher sportliche Aktivitäten, bei den weiblichen Jugendlichen eher Lesen im Vordergrund steht. Im übrigen läßt sich generell eine recht gute Übereinstimmung der Aktivitätenrangreihen von männlichen und weiblichen Jugendlichen feststellen. Eine Differenz von mehr als 2 Rangplätzen findet sich lediglich im Ausmaß des angegebenen Besuchs von Diskotheken und sonstigen Tanzveranstaltungen; hier geben die weiblichen Jugendlichen den männlichen gegenüber eine deutlich höhere Besuchshäufigkeit an.

Zusammensein mit Freunden wird darüber hinaus besonders häufig angegeben von älteren Jugendlichen (16-18 Jahre), die weiterführende Schulen besuchen, ganz deutlich seltener dagegen von 12- bis 15jährigen Volksschülern (Hauptschülern). Eine ähnliche Diskrepanz findet sich in bezug auf Leseaktivitäten zwischen den 12- bis 15jährigen, die weiterführende Schulen besuchen, und den 16- bis 18jährigen mit Volksschulabschluß, die einer sehr viel geringere Häufigkeit von Lesen als Freizeitaktivität angeben. Allerdings dürfte dieser Befund wohl eher eine Trivialität bedeuten, bedenkt man, daß die Gruppe der 16- bis 18jährigen mit Volksschulabschluß in der Berufsausbildung steht und somit kaum mit Schülergruppen vergleichbar sein dürfte. Ähnlich auffällig und vermutlich aus ähnlichen, zeitökonomisch bedingten Gründen verhält sich diese Gruppe der 16- bis 18jährigen Volksschulabsolventen in bezug auf den Besuch von Diskotheken. Während diese Aktivität bei allen Schülergruppen (gleich welchen Alters und gleichgültig, ob die Befragten die Volksschule oder weiterführende Schulen besuchen) auf Rang 9 bzw. 8 liegt und somit von diesen Jugendlichen als sehr selten ausgeübt angegeben wird, nimmt der Besuch von Diskotheken bei der Gruppe der 16- bis 18jährigen mit Volksschulabschluß den Rang 1 ein. Ein deutliches vom Schulbesuch als etwa vom Alter oder Geschlecht abhängiges Ergebnis scheint schließlich im Hinblick auf Ausübung oder Konsum von Musik vorzuliegen. Bei den Volksschülern beider Altersgruppen findet sich diese Freizeitbetätigung jeweils auf Rang 8, bei den Befragten, die weiterführende Schulen besuchen, jeweils auf Rang 5 (von 10 möglichen Rangplätzen).

Die folgende Auflistung gibt die Freizeitpräferenzen pro Tätigkeit an und (in Klammern) den Rangplatz für die tatsächliche Ausübung der jeweiligen Aktivität (Schema wie zuvor bei den Rangreihen der Aktivitäten, vgl.Tabelle 28).

1. Sport (10)
2. mit Freunden zusammen sein (1)
3. Musik hören (5)
4. Hobbies ausüben (12)
5. Spielen (10)/Diskothek besuchen, Tanzen (12)
7. sich über Politik informieren, diskutieren (14)/lesen (2)
8. sich erholen, nichts tun (7)
9. Spazierengehen (9)
10. Weiterbildung (7)
11. Lernen (-)
12. Fernsehen (2).

Die großen Differenzen zwischen hohen Präferenzrängen und niedrigen tatsächlichen Verhaltensrängen erklären sich vielen Studien zufolge durch Zeitmangel (an erster Stelle!), Geldmangel und fehlenden Einrichtungen.

Freizeitorte

Werner und Blumers (o.J.) machen Angaben zum Ort der Freizeitverbringung Jugendlicher (Tabelle 29).

Tabelle 29: Ort der Freizeitverbringung bei Jugendlichen in %

Es verbringen ihre Freizeit	am Wochentag	am Wochenende
zu Hause	38	16
außerhalb	28	51
zu Hause und außerhalb	35	33

Quelle; Werner & Blumers, o.J.

Ein relativ großer Anteil von Jugendlichen verbringt die Freizeit demnach zu Hause. Außerhalb der Wohnung wird vor allem die größere Menge an freier Zeit am Wochenende verbracht.

Nach der oben zitierten Studie verbringen Schüler ihre Freizeit häufiger zu Hause als Angestellte im Jugendalter bzw. Lehrlinge. Ältere Jugendliche verbringen ihre Freizeit häufiger außerhalb als jüngere.

In jedem Falle aber, so geht aus den Resultaten der Studie von W e r n e r und B l u m e r s (o.J.) hervor, scheint in den Wohnungen nach Ansicht der Befragten genügend Platz für die dort gepflegten Freizeitaktivitäten zu sein.

Die Jugendstudie Hildesheim (1973) kommt zu etwas anderen Befunden. Nach deren Aussagen verbringen 52% der befragten 12- bis 18jährigen Jugendlichen werktags den größten Teil ihrer freien Zeit zu Hause, 25% bei Freunden, 19% "draußen", im Freien, 10% auf dem Sportplatz und der Rest an anderen Orten außerhalb der Wohnung. Ein Vergleich zwischen 12- bis 15jährigen und 16- bis 18jährigen zeigt, daß die Älteren werktags häufiger ihre freie Zeit zu Hause und weniger im Freien verbringen. Sie besuchen auch häufiger Diskotheken. Innerhalb der Altersgruppen differenziert die Schulbildung kaum noch, doch zeigt sich auch in dieser Studie, daß Mädchen werktags und sonntags mehr zu Hause bleiben, weniger im Freien und auf dem Sportplatz ihre freie Zeit verbringen, aber genauso häufig wie Jungen Freunde und Bekannte aufsuchen. Im übrigen sind hier die Unterschiede zwischen Werktagen und Wochenende geringer als in der Studie von B l u m e r s und W e r n e r (o.J.): Etwas weniger wird nach den Befunden dieser Autoren die freie Zeit am Wochenende im Freien verbracht, etwas mehr auf dem Sportplatz sowie in Lokalen und Diskotheken (vor allem die älteren Jugendlichen).

Freizeit und sozialer Raum

Es wurde bereits weiter oben darauf hingewiesen, daß schon die Rangreihen von "Wunsch" und "Wirklichkeit" im Bereich der Freizeitaktivitäten Vermutungen nahelegen über hauptsächliche Freizeitorte; Aktivitäten wie Fernsehen, Lesen u.ä. wiesen dabei auf die Bedeutung des "Freizeitortes Familie" hin. Daran anschließend hätte es nahegelegen, der Frage nachzugehen, ob sich generelle Gesetzmäßigkeiten der Art finden lassen, daß bestimmte Freizeitaktivitäten vorzugsweise an bestimmte Freizeitorte gebunden sind. Stattdessen konnte aufgrund fehlender Daten lediglich festgestellt werden, welche Freizeitorte überhaupt von Jugendlichen bevorzugt aufgesucht werden. Ähnlich unbefriedigend muß nun die Analyse der Sozialbeziehungen Jugendlicher in ihrer Freizeit ausfallen. Anstatt Beziehungen herzustellen zwischen den Analyseeinheiten "Freizeitaktivitäten", "Freizeitorte" und "Sozialbeziehungen in der Freizeit" dergstalt, daß sich feststellen ließe, ob oder ob nicht bestimmte Freizeitaktivitäten besonders (d.h. überzufällig) häufig mit bestimmten Partnern evtl. an bestimmten Freizeitorten nachgegangen wird (einen ersten Versuch in diese Richtung unternimmt lediglich Domke 1970), kann im folgenden wiederum lediglich Material zu der Frage zusammengetragen werden, welcher Art Sozialbeziehungen von den Jugendlichen in der Freizeit mit welcher Häufigkeit gepflegt werden.

Schon die vorhergehenden Tabellen geben wichtige Hinweise. So betrifft das Zusammensein mit Freunden, gleichermaßen herausragend in "Wunsch" und in "Wirklichkeit", primär eher den Bereich der Sozialbeziehungen dem der Aktivitäten; gleiches gilt für die Freizeitaktivitätenkategorie "Freizeit mit der Familie verbringen". Auch der bei den Berufsschülern so deutlich in Konflikt mit der Wirklichkeit stehende Wunsch "mit der Freundin zusammen sein" gehört primär in den Zusammenhang der Sozialbeziehungen bzw. Gesellungsformen der Freizeit und ist nicht mit Notwendigkeit als spezifische Freizeittätigkeiten zu fassen. In allen hier angeführten Fällen können inhaltlich unterschiedlichste Freizeitaktivitäten impliziert sein (womit das oben dargestellte Dilemma noch einmal dargestellt ist).

Tabelle 30: Gesellungsformen in der Freizeit in %

	Ulm 14-21 Jahre		Bundesdurchschnitt 13-24 Jahre	
	männlich	weiblich	männlich	weiblich
Gleichgeschlechtlich Freund/Freundin	-	-	72	65
Bekannte, Kumpel, Kamerad	90	86	90	84
Gegengeschlechtlich Freund/Freundin	54	48	45	47

Quelle: Kranzhoff & Schmitz-Scherzer 1978

Das zur Zeit umfangreichste und verläßlichste Datenmaterial zu Sozialkontakten Jugendlicher allgemein dürfte in der Shell-Untersuchung "Jugend zwischen 13 und 24" (1975 und 1983) vorliegen. Danach haben über 70% der männlichen und 65% der weiblichen Befragten einen wirklichen Freund respektive eine wirkliche Freundin. Kumpel, Bekannte und Kameraden/Kameradinnen haben 90% (männliche) bzw. 85% der Jugendlichen "Gegengeschlechtliche" feste Freundschaften geben 45% der männlichen und 47% der weiblichen Befragten an. Verglichen mit diesen Daten zeigen die Ergebnisse von W e r n e r und B l u m e r s (1970) eine große Übereinstimmung.

Nach den Shell-Studien geben 68% der 13- bis 24jährigen an, einem Kreis junger Leute anzugehören, der sich regelmäßig oder öfter trifft. Hierbei überwiegen die männlichen Jugendlichen (76%) gegenüber den weiblichen (61%). Die Zugehörigkeit zu derartigen Gruppen findet sich desto häufiger, je höher die Schulbildung der Befragten ist und je älter sie sind; letzteres allerdings nur bis zum Alter von 21 Jahren (vermutlich läßt die dann häufig erfolgte Familiengründung das Interesse an informellen Gruppen etwas zurücktreten). Die Teilnahmehäufigkeit an Treffen dieses Kreises steigt ebenfalls mit steigender Schulbildung der Befragten, jedoch ist die Beziehung zum Alter gegenläufig. Die höchste Teilnahmehäufigkeit zeigt sich bei den 16- bis 17jährigen (50% geben an, innerhalb der letzten Woche an einem Treffen teilgenommen zu haben) und sinkt dann mit zunehmendem Alter kontinuierlich ab.

Die Cliquenbildung mit Schulkameraden oder Arbeitskollegen tritt bei weitem nicht in der von S c h i l l i n g (1973) vermuteten Häufigkeit auf. Insgesamt berichten nur 15% der Befragten von derartigen Cliquenbildungen (wobei natürlich wiederum das ungelöste Problem der eindeutigen Operationalisierung im Auge behalten werden muß). Allerdings finden sich hier interessante gruppenspezifische Unterschiede. Cliquenbildung wird desto häufiger angegeben, je jünger die Befragten und je höher ihre Schulbildung ist. Unter den Berufsgruppen finden wir die geringste Neigung zur Cliquenbildung bei den Arbeitern (3%), den Facharbeitern und Handwerkern (2%) und den Hausfrauen (3%). Vielleicht vermutete geschlechtsspezifische Differenzen finden sich nicht.

Tabelle 31: Zusammenhang von Schulbildung und heterosexueller Paarbeziehung in %

	feste Freundin (Männer)	fester Freund (Frauen)
geringe Bildung	15	30
Hochschulbildung	39	18

Quelle: Kranzhoff & Schmitz-Scherzer 1978

Feste Bindungen an einen Partner des anderen Geschlechts stehen in deutlichem Zusammenhang mit dem Bildungsstand der Befragten, wobei die Tendenzen bei männlichen und weiblichen Jugendlichen gegenläufig sind, wie Tabelle 31 erkennen läßt.

Die Differenzierung nach Altersgruppen zeigt zusätzlich, daß bei den männlichen Jugendlichen das Ausmaß der Bindung in Paarbeziehungen von 16 bis 22 Jahren und älter fast konstant bleibt (bei 26%), bei den weiblichen Jugendlichen dagegen bis zum Alter von 21 Jahren deutlich zunimmt und für die älteste erfaßte Altersgruppe merklich wieder abfällt (13-15 Jahre: 11%, 16-17 Jahre: 27%; 18-21 Jahre: 33%; 22 Jahre und älter: 22%).

Zur Abklärung der Bereitschaft der Jugendlichen, sich formellen Gruppen, Vereinen, politischen Parteien anzuschließen, sei zunächst wieder das Material der Shell-Untersuchung (1975 und z.T. 1982) herangezogen. Die nachfolgende Tabelle 32 zeigt über 10 Jahre hinweg (1954-1964) eine gleichbleibende Bereitschaft, sich in den aufgeführten Vereinen zu engagieren. Dieser Trend setzt sich bis heute fort.

Tabelle 32: Formale Gruppen im Freizeitbereich Jugendlicher in %

	1954	1964	1975
Sportverein	15	23	37
Musik/Hobby	7	5	13
Konfessionelle Jugendgruppen	10	7	6
Gewerkschaftsjugend	2	1	3
Pfadfinder,bündische Jugend	2	1	1
Total	36	37	60

Quellen: Kranzhoff & Schmitz-Scherzer 1978, Shell 1982

Darüber hinaus läßt sich feststellen, daß das Interesse für Politik offensichtlich in den letzten Jahren abgenommen hat (BAT/DGF 1982).

Freizeit bei ausländischen Kindern und Jugendlichen

Zu dieser Thematik legte L ü k e (1985) Material vor. Die Rangreihen der 10 häufigsten Freizeittätigkeiten von deutschen und ausländischen Jugendlichen zeigen schon deutlich Unterschiede in den Gemeinsamkeiten und deuten die Wirkung kultureller und sozialer Unterschiede an.

Tabelle 33: Die zehn häufigsten Freizeittätigkeiten bei deutschen und ausländischen Jugendlichen (Rangreihe)

Deutsche	Ausländer
1. Freunde treffen	Freunde treffen
2. Freundin treffen	Diskothek besuchen
3. Diskothek besuchen	Sport treiben
4. Zeitung lesen	Freundin treffen
5. Illustrierte lesen	Billard, Kicker spielen
6. Sport treiben	spazieren gehen
7. nichts tun, schlafen	feiern
8. Fahrrad, Motorrad, Auto fahren	Videospiele
9. Billard, Kicker spielen	Fernsehen
10. Fernsehen	Sportveranstaltungen besuchen

Quelle: Lüke 1985

Ein besonders interessantes Ergebnis erhielt L ü k e (1985) mit dem Befund, daß sich mit zunehmender Aufenthaltsdauer die Unterschiede zwischen deutschen und ausländischen Jugendlichen in bezug auf die Häufigkeit der Ausübung von Freizeittätigkeiten mehr und mehr verwischen.

Allerdings muß generell angemerkt werden, daß der Sozialisationsraum Freizeit in der Ausländerforschung bislang nur höchst unzureichend betrachtet wurde.

4.5.2. Freizeitverhalten und -erleben im Erwachsenenalter

Psychologie und Soziologie sehen den Beginn des Erwachsenenalters mit der Zeitspanne an, in der der Jugendliche nach Abschluß der körperlichen Entwicklung und Erlangung der Volljährigkeit beginnt, Rechte und Pflichten der Erwachsenen zu übernehmen, seine Berufsausbildung abgeschlossen hat, finanzielle Unabhängigkeit erlangt und eine eigene Familie gründet. Freilich führen verschiedene Lebensläufe und sehr lange Ausbildungszeiten (Studium) dazu, daß niemals alle Kriterien zusammen den Beginn des Erwachsenenalters markieren, aber einige der in der (nicht vollständigen) Aufzählung zuvor genannten werden meistens den Übergang vom Jugendalter zum Erwachsenenalter kennzeichnen (zwischen 18 und 24 Jahren zumeist).

Schon aus dem zuvor Ausgeführten ergibt sich, wie radikal sich die soziale Situation zu Beginn des Erwachsenenalters ändert. Hinzu kommt freilich noch das psychologische Moment. Höhe des eigenen Einkommens, geringerer Einfluß der Elternfamilie, Partnerschaften, Ehe, eigene Familie, Wohnsituation, berufliche Situation, eigene Werte und Motivationen, die vorhandene Freizeitinfrastruktur u.v.a.m. greifen jetzt oder in veränderter Art und Weise in den gesamten Prozeß der Lebensgestaltung ein und formen damit auch den Freizeitbereich sehr vielfältig. Allerdings geschieht dies sehr wahrscheinlich auf der Basis des Vorhandenen. S c h m i t z - S c h e r z e r (1974, 1975) machte auf die große Stabilität der am Abschluß der Jugendzeit etablierten Verhaltens- und Erlebensweisen aufmerksam.

So sind also Ergebnisse sog. repräsentativer Studien für das Erwachsenenalter immer so zu lesen, daß die Altersgruppen von ca. 20 bis 60 Jahren sich von den Jüngeren und den Älteren nicht nur durch ihr chronologisches Alter unterscheiden, sondern vor allem durch ihre sehr unterschiedlichen sozialen Situationen. Leider fehlen Studien, die komplexe soziale Situationen abbilden und von dort aus erst Freizeitverhalten verstehbar machen. Die üblichen Sortierungen nach einzelnen Merkmalen bringen den Freizeitwissenschaftlern nichts wesentlich Neues. Sie versäumen damit allerdings den Anschluß an die sie tragenden Grundlagenwissenschaften und degradieren damit häufig zu einer "Abzählwissenschaft" mit einer Ideologie der Repräsentativität; häufiger als bislang ausgeführt wäre die Anlage von Untersuchugnen auf der Basis kontrollierter Selektivität zur Untersuchung der Freizeit in komplexen sozialen Situationen.

Familie und Freizeit

Die meisten Freizeituntersuchungen differenzieren in bezug auf Familie: ledig, verheiratet, geschieden, verwitwet oder alleinstehend. Manchmal wird die Anzahl der Kinder noch differenzierend hinzugenommen. Anders das Konzept des Lebenszyklus. Es unterscheidet im Lebenszyklus verschiedene Formen von Familie:

1. Verheiratete ohne Kinder
2. Verheiratete mit Kindern unter 6 Jahren
3. Verheiratete mit Kindern im Grundschulalter
4. Verheiratete mit Kindern im Jugendalter im eigenen Haushalt
5. Verheiratete mit Kindern, die in eigener Wohnung leben.

Daneben wären dann noch Ledige, Verwitwete, Geschiedene mit und ohne Kinder analog den Stufen 2 bis 5 des vorhergegebenen Schemas zu unterscheiden. Das Lebensalter käme als weitere differenzierende Variable hinzu.

Es ist zu vermuten, daß Freizeitverhalten und Freizeiterleben sehr unterschiedliche Beziehungen zu den Stufen des Lebenszyklus eingehen. Eigene Berechnugnen aus post-ex-facto erhobenen Materialien deuten an, daß Freizeittätigkeiten mit Bezug zu Hobbies und aktivem Sport desto weniger ausgeübt werden, desto höher die Entwicklung im Lebenszyklus vorangeschritten ist, während Regeneration, Vereinsaktivitäten und Kulturgenuß keine Korrelation zeigten. Es gab allerdings deutliche Hinweise auf qualitative Umstrukturierungen in der Freizeit in Abhängigkeit zu den Stufen im Lebenszyklus. Generell kann aus diesen Hinweisen die These entwickelt werden, daß Präferenzzuschreibungen im Freizeitbereich deutlicher mit den Stadien im Lebenszyklus kovariieren als die Häufigkeit, mit der die Aktivitäten ausgeübt werden. Allerdings sind dies nur erste Resultate mit starkem Hypothesencharakter.

N a v e - H e r z und N a u c k (1978) stellten fest, daß sich die Beziehung der Eltern zu den Kindern selten über Spiele generiert, ja überhaupt wenig auf die Kinder bezogenes Elternverhalten (kinderspezifisches Verhalten) in der Familie beobachtbar ist, obwohl das gesamte Freizeitverhalten spezifisch auf die Kernfamilie abgestellt erscheint.

O p a s c h o w s k i (1981) legte eine Studie zum Thema "Allein in der Freizeit" vor, also über Menschen ohne Familienanschluß, und ihr Freizeitverhalten und -erleben. Diesen Befunden zufolge streben die Alleinlebenden wie auch die in der Familie Lebenden das in der Freizeit am liebsten an, was sie im Berufsalltag zu wenig haben: Die Alleinlebenden Kontakte, die in der Familie Lebenden Zeit für sich selbst. Zum konkreteren Vergleich beider Gruppen stehen allerdings in dieser Studie zu wenig nachvollziehbare Daten zur Verfügung. Andere Studien berichten von der größeren Passivität verheirateter Personen im Vergleich zu Ledigen bzw. Alleinlebenden (Schmitz-Scherzer 1974) - möglicherweise ein Artefakt, erzeugt durch die fehlende Berücksichtigung des chronologischen Alters. Dennoch ein Thema, welches erforderlich ist, dringend zu bearbeiten - allerdings auf der Basis vorhandener sozialwissenschaftlicher Erkenntnisse in Inhalten und Methoden.

Im übrigen zeigt aber gerade die Beobachtung des Freizeitverhaltens und -erlebens im Erwachsenenalter, daß sich die allergrößten und wesentlichsten Anteile der Freizeitforschung schon immer auf das Erwachsenenalter bezogen - sei es direkt oder indirekt durch sog. repräsentative Studien (z.B. von 16 bis 65 Jahren). Insofern bezieht sich auch das vorliegende Buch oft auf diesbezügliche Studien, die deshalb an dieser Stelle nicht weiter diskutiert werden sollen.

4.5.3. Freizeitverhalten und -erleben im Alter

Spätestens nach der Pensionierung des Mannes und der Reduktion älterer Ehepaare auf die Gattenfamilie durch den Auszug der erwachsenen und ausgebildeten Kinder aus der Wohnung ergibt sich für ältere Menschen eine für sie völlig neue Aufgabe: die Gestaltung der berufsfreien Zeit vor dem Hintergrund der abnehmenden familiären Verpflichtungen den Kindern gegenüber. Häufig stehen die in diesem Zusammenhang versuchten

Lösungen dieser Aufgabe im Kontext einer wie auch immer gearteten Auseinandersetzung mit dem Altern. Es liegt auf der Hand, daß die Gestaltung der Freizeit vor diesem Hintergrund äußerst wichtig ist und in Zukunft noch an Bedeutung gewinnen wird.

Denn generell muß für die Zukunft ein Anstieg des Anteils der älteren Bevölkerung an der Gesamtbevölkerung angenommen werden. Eine Umverteilung bzw. Verkürzung der Arbeitszeit wird u.U. bereits einen früheren Eintritt in den Ruhestand ermöglichen. Beides wird Folgen für das Leben im Alter und damit für das Freizeitleben der älteren Generation haben, jedoch auch für die öffentlichen Angebote. Diese Notwendigkeiten sind sozialpolitisch bislang nicht durchdacht worden. Umso wichtiger wird problemorientierte, anwendungsbezogene, interdisziplinäre Forschung in diesem Bereich.

Die beobachtbaren ersten Ansätze für Interessenvertretungen der älteren Menschen durch ältere Menschen müssen - nicht nur von daher - positiv bewertet werden, da hierdurch möglicherweise erst die Situation älterer Menschen der breiten Öffentlichkeit bewußt gemacht wird.

Wie sieht nun die Lage älterer Menschen in der berufsfreien Zeit und ihrer Freizeit aus? Welche Funktionen hat Freizeit für sie und wie gestaltet sich diese Zeit? Im folgenden wird ein Überblick über diesen Fragenkomplex gegeben. Es soll allerdings auch hier nicht versucht werden, ein vollständiges Bild der Freizeit älterer Menschen zu zeichnen, sondern vielmehr auf die Punkte aufmerksam zu machen, die allzu häufig bei der Beurteilung der Lage älterer Menschen - oft verwechselt mit totaler Freizeit - und im Umgang mit ihnen unberücksichtigt bleiben. Von daher stehen weniger statistische Zahlen als vielmehr kritische Beurteilungen im Vordergrund, wobei versucht wird - trotz des oft fehlenden empirischen Materials - relativ prägnante Aussagen zu treffen.

Es seien in diesem Zusammenhang drei Hinweise gegeben:

(1) Die Frage, wer als "älterer Mensch" gilt, stellt eine besondere Problematik dar. In der Bundesrepublik werden in der Regel mit dem altersbedingten Ausscheiden aus dem Erwerbsleben, d.h. zwischen 60 und 65 Jahren, die Menschen zur Gruppe der "Älteren" oder "alten" gerechnet, was im Einklang mit dem größten Teil von Maßnahmen und gesetzlichen Schutzbestimmungen steht, die jeweils für Personen ab diesem Alter gelten. Auf die Fragwürdigkeit bzw. Willkür einer solchen Festlegung braucht hier nicht weiter eingegangen zu werden, insbesondere, wenn man die "58er Regelung" (Vorruhestand) hinzunimmt.

(2) Es ist schwieriger, als es auf den ersten Blick aussieht, aktuelle Daten über die Lage, insbesondere die Freizeit, älterer Menschen in der Bundesrepublik zu erhalten. Selbst die von der Bundesregierung gebildete Kommission zur Untersuchung der Einkommenssituation älterer Menschen konnte in ihrem Bericht 1979 nur auf Zahlen aus dem Jahre 1973 zurückgreifen (Transfer-Enquête 1979; Wagner 1982, S. 97 f.). Ob dies als Indikator für das geringe Interesse an Altersfragen und -problemen in einer stark leistungsorientierten Gesellschaft wie der Bundesrepublik angesehen werden kann, sei dahingestellt.

(3) Die Frage des Begriffs "Freizeit" im Zusammenhang mit der Betrachtung der Gruppe älterer Menschen, die ja überwiegend nicht erwerbstätig sind, stellt eine besondere Problematik dar. Freizeit ist letztlich immer nur im Zusammenhang mit Arbeit definiert worden, was die Verwendung des Begriffs Freizeit bei Abwesenheit von Arbeit schwierig macht. Gerade bei der Frage nach der Freizeit älterer Menschen zeigt sich die Revisionsbedürftigkeit des allgemein verwendeten Freizeitbegriffs und die Notwendigkeit einer Neuorientierung sehr deutlich (vgl.Schmitz-Scherzer 1975, S. 24; Tokarski 1979, 1982). Wir haben bei der Diskussion der quantitativen Aspekte der Freizeit bereits darauf hingewiesen.

Zur Lebenslage älterer Menschen

Zur Charakterisierung der Lebenslage älterer Menschen in der Bundesrepublik müssen zumindest 7 Aspekte hervorgehoben werden, die alle direkte Konsequenzen für die Freizeit und die Freizeitgestaltung haben (vgl. auch Schmitz-Scherzer 1975, S. 14 f.). Es sind dies

(1) das relativ frühe Ausscheiden der Menschen aus dem Erwerbsleben;

Die Erwerbstätigenquote der über 60jährigen in der Bundesrepublik sinkt seit Jahren drastisch. Während im Jahre 1961 noch 74% der 60- bis 65jährigen Männer erwerbstätig waren, waren es 1980 nur noch 40% (Institut der Deutschen Wirtschaft 1980, S. 6). Von den im Dezember 1981 von der Bundesanstalt für Angestellte bewilligten Renten waren 80% für Versicherte, die jünger als 63 Jahre waren (AOK-Magazin 2/1982, S. 6). Gegenwärtig sind bereits ca. 50% der Neu-Ruheständler unter 58 Jahre alt, liegen also unterhalb der Vorruhestandsgrenze.

(2) den starken Anstieg des Anteils älterer und alter Menschen der Gesamtbevölkerung aufgrund des Bevölkerungsrückganges und höherer Lebenserwartung;

Die Prognosen über die Bevölkerungsentwicklung bis zum Jahre 2000 bewegen sich zwischen einem Rückgang auf 60 Mio. und 56 Mio., d.h. einem Rückgang bis zu 10%. Gleichzeitig erwarten Modellrechnungen schon für 1990 einen Anteil der über 6ojährigen von 23,9% (12,5 Mio.) bzw. der über 65jährigen von 16,6% (8,7 Mio.) bei konstanter Geburtenhäufigkeit (Stat. Jahrbuch 1981, S. 67). Es ist zu erwarten, daß nicht nur der Anteil der über 60jährigen steigt, sondern in erheblichem Maße der Anteil der sehr alten Menschen; Die Gruppe der 75- bis 8ojährigen soll bis 1990 um 17%, die der 80- bis 85jährigen um 51% und die der 9ojährigen um 42% steigen (Lehr 1981, S. 1). Gegenwärtig beträgt der Anteil der über 6ojährigen in der Bundesrepublik 19,2% (11,8 Mio.), der der über 65jährigen 15,6% (9,6 Mio.) (Stat. Jahrbuch 1981, S. 59).

Die gegenwärtige durchschnittliche Lebenserwartung in der Bundesrepublik beträgt für einen männlichen Neugeborenen ca. 70 Jahre, für einen weiblichen Neugeborenen 76 Jahre (Stat. Jahrbuch 1981, S. 638).

(3) den stark überproportionalen Anstieg des Anteils der Frauen in der Gruppe älterer Menschen, die überdies weitgehend alleinstehend sind;

Nur 37% der über 60jährigen sind Männer (Stat. Jahrbuch 1981, S. 59). Während 80% der Männer über 60 Jahren verheiratet sind (BZGA 1981, S. 261), ist der weitaus größte teil der über 60jährigen Frauen alleinstehend (Stat. Jahrbuch 1981, S. 62). Mit dieser Situation einher geht eine Zunahme der Ein-Personen-Haushalte (BZGA 1981, S. 501).

(4) das relativ lange Bewahren von Mobilität und Gesundheit;

Rund zwei Drittel der Bevölkerung ab 60 Jahre sind mit ihrem Gesundheitszustand zufrieden. Erst mit 75 Jahren tritt ein deutlicher Bruch im gesundheitlichen Befinden ein, der sich bei Frauen stärker bemerkbar macht als bei Männern. Berufstätige - Männer wie Frauen - sind zufriedener mit ihrer Gesundheit als Nicht-Berufstätige (Stern 1977, S. 268 ff.).

(5) die auf den ersten Blick insgesamt relativ zufriedenstellende Einkommenssituation, die allerdings innerhalb der Gruppe älterer Menschen ein starkes Gefälle aufweist, wobei zusätzlich die erhebliche Schlechterstellung der Frauen ins Auge fällt (vgl. Stern 1977, S. 304; Stat. Jahrbuch 1981, S. 395; BZGA 1981, S. 498), die neue Vorruhestandsregelung bringt ebenfalls Schlechterstellungen für bestimmte Berufsgruppen mit sich.

(6) den geringeren Anteil älterer Menschen, die in Heimen leben und damit den hohen Anteil in eigener Wohnung lebender älterer Menschen;

3% aller über 65jährigen, 9% aller über 75jährigen, 13% aller über 80jährigen und 40% aller über 85jährigen in der Bundesrepublik leben in Heimen (Lehr 1981, S. 3). Dabei fällt auf, daß über 40% der Altenheimbewohner in Städten mit mehr als 500.000 Einwohnern leben (Stern 1977, S. 119). Offensichtlich gewinnt das Altenheim erst ab dem 75. Lebensjahr Bedeutung. Die überwiegende Mehrzahl der älteren Menschen aber wohnt entweder zur Miete (50%) oder im Eigentum (Stern 1977, S. 1217; BZGA 1981, S. 250).

Dreiviertel aller Personen über 60 Jahre lebten 1980 in einem Ein-Generationen-Haushalt (BZGA 1981, S. 269), d.h. nur ein Viertel dieser Personen lebte in einem Haushalt mit jüngeren Generationen zusammen.

(7) der relativ geringe Bildungsstand der älteren Menschen im Vergleich zur Gesamtbevölkerung;

Unter den über 60jährigen sind überdurchschnittlich viele Personen mit Volksschulbildung zu finden; dieses Verhältnis wird sich in Zukunft verändern.

Zur Rolle der Freizeit im Leben der älteren Generation

Der ältere und alte Mann lebt ohne Berufstätigkeit, hat er deshalb absolute Freizeit? Die ältere und alte Hausfrau erlebt eine Verkleinerung ihres Haushalts, ist sie deshalb auf dem Wege zu einer absoluten Freizeit?

Beide Fragen haben nur dann einen Sinn, wenn man Freizeit in Abhebung vom Beruf nach der schon erwähnten Formel Freizeit ist gleich Gesamtzeit minus Arbeit definiert. Das Leben im Alter ist aber ein Leben ohne Beruf, jedoch keinesfalls eines absoluter Freizeit. Es bleiben zahlreiche Pflichten und Verpflichtungen, es bleiben viele Aktivitäten, die nicht dem Bereich Freizeit zuzuordnen sind - Schlafen, Körperhygiene, Essen, Wartezeiten, Besorgungen etc. - oder subjektiv zugeordnet werden.

Eine zweite Antwort auf die gestellten Fragen läßt sich aus der Betrachtung der Funktionen der Freizeit ableiten. Danach nimmt, wie schon ausgeführt, Freizeit u.a. folgende Funktionen wahr:

1. Erholung und Rekreation,
2. Kompensation einseitiger Belastungen,
3. Information und Orientierung.

Sämtliche Funktionen der Freizeit sind für Berufstätige wie auch für Pensionierte wichtig. Sie alle bedürfen der Erholung und Rekreation,sie alle pflegen Bedürfnisse nach Orientierung und Information, und alle müssen ebenfalls einseitige Belastungen kompensieren. Darüber hinaus muß Freizeit noch manche Funktionen des ehemaligen Berufs übernehmen. So muß Freizeit u.a. eine Quelle der Selbstachtung und der Achtung anderer sowie eine Quelle der regelmäßigen Gestaltungsmöglichkeiten des Alltags sein. Insofern ist Freizeit stets auch als ein Lebensbereich zu sehen, der eng mit dem Individuum und seiner Situation verknüpft ist. Das Leben nach der Pensionierung bietet sicherlich - zeitlich gesehen - mehr Freizeit, aber es wird keinesfalls nur als Freizeit erlebt. Diese Freizeit ist so "frei" wie das Individuum und so "absolut", wie es seine Situation zuläßt.

Freizeitaktivitäten älterer im Vergleich zu jüngeren Menschen

Grundsätzlich muß man sagen - und dies belegen schon die o.a. demographischen Daten -, daß ältere Menschen allein aufgrund ihrer sozialen Situation im Vergleich zu jüngeren benachteiligt sind. Die schlechtere ökonomische Situation, die schlechtere Ausstattung der Wohnungen und die Reduktion auf die Gattenfamilie nach dem Weggang der erwachsenen Kinder aus dem Haus haben ebenso direkte Folgen für das Freizeitverhalten wie das Schicksal von Witwenschaft und Krankheit. Geringere ökonomische Möglichkeiten - für die meisten älteren Menschen - bringen, verglichen mit der Gesamtbevölkerung, ein geringeres Freizeitbudget mit sich; eine wenig freizeitrelevante Ausstattung der Wohnungen führt zu einem Mangel an Anregung gerade dort, wo am meisten Freizeit verbracht wird. Daß mehr Frauen als Männer in der Gruppe der Älteren zu finden sind, zudem noch überwiegend alleinstehend und gesundheitlich in schlechterer Situation, bringt besondere Probleme mit sich. Alleine leben und geringerer Bildungsgrad verhindern oft, daß Barrieren überwunden werden können.

Für die angemessene Diskussion dieser Befunde ist allerdings zu berücksichtigen, daß diese zwar für die Gesamtgruppe der über 60 Jahre alten Personen zutreffen, innerhalb dieser Gesamtgruppe aber Untergruppierungen bestehen, die bedeutend positiver zu beschreiben sind. Dort beispielsweise, wo der Gesundheitszustand relativ zufriedenstellend ist und die ökonomischen Verhältnisse eine angemessene Lebensführung ermöglichen, finden sich die zuvor angezeigten Restriktionen im Freizeitbereich bedeutend seltener oder gar nicht. Eine differenzierte Betrachtungsweise in bezug auf unterschiedlich strukturierte Gruppen innerhalb der älteren Bevölkerung ist demnach unbedingt angezeigt, wenn sie auch nicht immer durchgeführt wird.

Verschiedene Untersuchungen bei Menschen der älteren Generation zeigen eine überraschend reichhaltige Palette von Freizeitbeschäftigungen (vgl. Stern 1978). So ergibt eine Untersuchung von E m n i d /S V R (1971), daß von 23 Freizeitaktivitäten nur 6 von 60 und mehr Prozent der Bevölkerung dieser Altersgruppe nie ausgeübt wurden. Weiter zeigte sich, daß Sozialkontakte, wie z.B. das Zusammensein mit Freunden, Familienkontakte und Verwandtenkontakte von 24 bis 60% öfter bzw. sehr oft gepflegt werden. Die Relevanz der Sozialkontakte kann dabei nicht nur den Merkmalen, die direkt Kontakte ansprechen, entnommen werden, sondern auch jenen, die Bereiche ansprechen, die oft mit Kontakten verbunden sind, wie z.B. Besuch von Konzerten, Theater, Kino, Fernsehen und Spazierengehen.

Man ersieht aus diesen Angaben aber auch, daß viele städtische Freizeiteinrichtungen mehr oder weniger regelmäßig von älteren und alten Menschen genutzt werden. Dieser Nutzungsgrad ist überraschend und entspricht in keiner Weise dem Vorurteil von der stark reduzierten Aktivität im Alter. Eher scheinen Umstrukturierungen und Verlagerungen von Aktivitäten sich zu entwickeln. Daraus ergibt sich die Folgerung, daß die Planung neben der Schaffung spezifischer Angebote (z.B. Seniorenzentren) auch die übrigen Freizeiteinrichtungen und -möglichkeiten einer Stadt im Blickwinkel haben muß - sie werden auch von großen Gruppen älterer Menschen genutzt. Denn: So wünschenswert die Vielfalt der Angebote speziell für Ältere ist, so bleibt doch die Problematik der Separation der Generationen eben durch die Spezialisierung der Angebote.

Ein besonderes Problemfeld stellt der Sport dar. So sehr er im Alter als gesundheitsfördernde Maßnahme wünschenswert ist, so wenig ältere Menschen nehmen an den hier und dort schon vielfachen Angeboten teil: Es sind nur 2 bis 5%, je nach zugrundegelegter Studie und Fragestellung.

In bezug auf besonders zentrale oder häufig gepflegte Freizeitbeschäftigungen in der älteren Generation ergibt sich, daß Medienkonsum (vor allem Zeitunglesen und Fernsehen), Spazierengehen und Kontakte bei älteren und alten Menschen die beliebtesten Verhaltensweisen sind.

Eine vergleichende Analyse zeigt darüber hinaus nur geringe Unterschiede zwischen 55 bis 64 Jahre alten und über 65 Jahre alten Personen im Hinblick auf die ausgeübten Freizeitaktivitäten. Keineswegs kann von einem allgemeinen Absinken der Häufigkeiten des Ausübens gesprochen werden. So ist ihren Angaben zufolge die jüngere Gruppe aktiver bei Reparaturtätigkeiten, sie geht häufiger ins Theater und übt öfter Kontakte mit

Freunden aus, geht u.a. auch häufiger ins Konzert als die ältere Gruppe. Diese lesen dagegen häufiger spannende Bücher, basteln öfter und informieren sich u.a. häufiger über Kultur und Politik.

Vergleiche mit anderen Studien zeigen in vielen Fällen geringere Häufigkeiten von Freizeitaktivitäten bei älteren Personen. Diese "Reduktionen" lassen sich jedoch eher als Folge sozialer, ökonomischer und gesundheitlicher Veränderungen und weniger als eine solche des chronologischen Alters erklären.

Zusammenfassend läßt sich im Vergleich dieser Befunde mit denen Jüngerer konstatieren, daß mit zunehmendem Alter nichts prinzipiell Neues im Freizeitleben geschieht. Offensichtlich werden nach der Pensionierung eher vorhandene Interessen gepflegt und vorhandene Beschäftigungen quantitativ und qualitativ ausgebaut, nicht aber völlig neue Freizeitinteressen oder -tätigkeiten entwickelt, was jedoch nicht gegen die generelle Möglichkeit der Entwicklung neuer Interessen im Alter spricht.

Freizeitorte

Die Rolle der Wohnung als Freizeitort läßt sich schon indirekt durch das zuvor Dargelegte klären: Lesen, Radiohören und Fernsehen werden meist in der Wohnung gepflegt, die Gartenarbeit dürfte öfter im am Haus angrenzenden Garten stattfinden und weniger im Schrebergarten, der Spaziergang dürfte im Wohnquartier erfolgen. Besuche, Nähen, Basteln und ähnliche Tätigkeiten sind ebenfalls stark wohnungsbezogen oder an die Wohnungen der Besuchten gebunden. D.h.: Die Vielzahl der Freizeittätigkeiten und damit auch die meiste Zeit, die hier als Freizeit bezeichnet worden ist, verbringen bzw. unternehmen die älteren Menschen in - und in der Nähe - ihrer Wohnung. Insofern ist es sehr wichtig, und vielleicht für die älteren Menschen besonders, daß ihre Wohnungen auf Freizeitgerechtigkeit geprüft, gebaut und geplant werden, als daß alle planerischen Aktivitäten in der Bereitstellung der Möglichkeiten außer Haus oder innerhalb von sog. "Seniorenzentren" münden.

Trotz dieses eindeutigen Übergewichts der Wohnung als d e r Freizeitstätte für die ältere Generation darf man die Relevanz der anderen Plätze, an denen noch Freizeit verbracht wird, aber sicherlich nicht unterschätzen, da sie eine Abwechslung bieten: Garten, Clubs, Vereine, das Freie (Schmitz-Scherzer 1975).

Freizeit und sozialer Raum

Die meisten Freizeittätigkeiten sind mit Sozialkontakten verbunden oder sind selbst Sozialkontakte. Auch der ältere Mensch pflegt zahlreiche solcher Sozialkontakte. Allerdings ist bei ihm eine stärkere Hinwendung zu familiären Kontakten zu beobachten. Dies kann sicherlich nicht allein mit dem zunehmenden Alter erklärt werden, vielmehr ist es eine Folge der Veränderung der Situation der älteren Menschen: Manche Kontaktpartner sterben, der Beruf steht nicht mehr als Quelle von Kontakten zur Verfügung (Schmitz-Scherzer 1975). Umso wichtiger wird die Freizeit im Hinblick auf Sozialkontakte mit der Familie.

Freizeitmöglichkeiten für ältere Menschen

Die Freizeitmöglichkeiten der älteren Generation zu beschreiben, heißt zunächst einmal, über alle Freizeitmöglichkeiten an einem gegebenen Ort schlechthin zu berichten, da die älteren und alten Menschen prinzipiell nahezu alle Freizeitstätten aufsuchen können und dies auch mehr oder weniger zahlreich tun. Daneben gibt es jedoch noch ein umfangreiches Angebot, das sich nur an ältere Menschen richtet. Auf die Problematik der Separierung ist bereits hingewiesen worden.

Die Angebote an die ältere Generation verfolgen verschiedene Ziele:
(1) Information, Orientierung, Beratung,
(2) Ermöglichung, Sicherstellung und Erweiterung von Sozialkontakten,
(3) Ermöglichung, Sicherstellung und Erweiterung der Teilnahme am kulturellen Leben,
(4) Bereitstellung von Beschäftigungsmöglichkeiten schlechthin,
(5) Gesundheitsvorsorge und Gesundheitshilfe einschließlich Bewegungs-, Gymnastik- und Sportangebote.

Es lassen sich daneben noch folgende Kategorien von Angeboten unterscheiden:

(1) Angebote zur Pflege von Geselligkeit,

(2) Bildungs-, Freizeit- und Hobbyangebote spezieller Art,

(3) Altenwerkstätten mit Hobbyangeboten,

(4) Altenerholung, Altenurlaub und Altenreisen.

Angebote zur Pflege von Geselligkeit sind letztlich und im strengen Sinne alle o.a. Angebote, auch wenn sie zunächst anderes zu verkörpern scheinen. Viele dieser Angebote werden in Altenclubs, in Altentagesstätten, in Altenkreisen etc. an den Älteren herangetragen oder stellen in sich auch die Möglichkeiten zu Kontakten dar, wenn sie sie nicht gar erfordern.

Bildungs-, Freizeit- und Hobbyangebote spezieller Art bilden zweifellos die größte Gruppe von Aktivitäten verschiedener Organisationen in der Bundesrepublik. In Schweden ist diese Angebotsform allerdings noch weiter ausgebaut, da dort die Volkshochschulen in die Altenarbeit voll integriert sind und zudem über entsprechend qualifiziertes Personal verfügen. In der Bundesrepublik steht diese Integration von Altenarbeit in Volkshochschulen erst am (wünschenswerten) Anfang.

Altenwerkstätten mit Hobbyangeboten haben natürlich eher "Freizeit" und weniger "Betriebs- oder Ernstcharakter". Sie sind in ihrer Bedeutung den Bildungs-, Freizeit- und Hobbyangeboten gleichzusetzen, abgesehen von der hier vorherrschenden handwerklich-bastlerischen Komponente, im Gegensatz zu leider oft etwas rezeptiveren Komponenten bei ersteren. Sie sind oft Altenclubs angeschlossen.

Es gibt in der Bundesrepublik einen großen Erfahrungsschatz über Möglichkeiten der Planung und Durchführung von Altenerholung. Sie dient meist neben der Erholung der Stiftung und Pflege von Sozialkontakten, der Aktivierung und der Stützung des Selbstwertgefühls und ist daher in ihrer Bedeutung nicht zu unterschätzen.

Es ist zu berücksichtigen, daß diese Angebote bislang nur 6 bis 15% aller älteren und alten Menschen erreichen. Diese geringe Quote ist sicherlich begründet durch die Organisation, aber auch durch die Art der Angebote und andere Einflüsse. Daher scheint die Notwendigkeit einer weiten Angebotsstreuung bei optimaler Erreichbarkeit in Abstimmung mit den zukünftigen Benutzern zwingend. Eine solche breite Angebotsskala könnte auch kompakte Zielbündel in der Altenarbeit abdecken.

In diesem Zusammenhang darf natürlich nicht vergessen werden, daß sehr viele ältere Menschen relativ unabhängig von den dargstellten Angeboten ihre Freizeit gestalten. Die hier erwähnten organisierten Angebote können den Freizeitraum des älteren Menschen erweitern, sollen aber niemals Eigeninitiative verunmöglichen und private Initiativen verdrängen. Es geht hier vielmehr um angemessene Angebote zu einer Erweiterung der Möglichkeiten des älteren Menschen zur Gestaltung seiner Freizeit.

Gesundheit und Freizeitverhalten

Der Gesundheitszustand stellt eine der wesentlichen Determinanten des Alternsprozesses dar, doch muß aus psychologischer Sicht hier differenziert werden. Es hat sich nämlich gezeigt, daß sich der objektive, d.h. der ärztlicherseits diagnostizierte Gesundheitszustand auf den Alternsprozeß zum Teil anders auswirkt als der subjektive Gesundheitszustand, d.h. das Gefühl, wie gesund oder krank man sei. So kommt es, daß in entsprechenden Untersuchungen (Schmitz-Scherzer & Lehr 1971) nur ca. 25% der Befragten ihren Gesundheitszustand so wie der untersuchende Arzt einschätzten, ca. 50% überschätzten und ca. 25% unterschätzten ihren gesundheitlichen Zustand, gemessen am ärztlichen Gesamturteil. Wie nun wirkten sich diese beiden Merkmale individueller Gesundheit aus?

Der objektiv von einem Arzt diagnostizierte Gesundheitszustand zeigt vor allem dann Auswirkugnen auf den psychischen Bereich, wenn deutliche Behinderungen und Einschränkungen auftreten. Dann nämlich kam es zu einem Punktverlust im Intelligenztest. Weiter war eine eher gedrückte

Stimmung und eine wenig positive Sichtweise der gegenwärtigen Situation zu konstatieren. In solchen Fällen war freilich auch die subjektive Einschätzung der gesundheitlichen Situation eher negativ.

Die subjektive Sichtweise der eigenen Gesundheit ist wiederum von der biographischen Gesamtsituation des Indivduums abhängig: Die bisherigen lebenslangen Erfahrungen, die Persönlichkeitsstruktur, die inneren und äußeren Gegebenheiten der gegenwärtigen Lebenssituation mit ihren sozialen Bezügen sowie die Art und das Ausmaß der individuellen Zukunftsorientierung beeinflussen den Grad des subjektiven gesundheitlichen Wohlbefindens. Es ist auffallend, wie bedeutsam diese Einstellung der eigenen Gesundheit gegenüber ist. In der Bonner Gerontologischen Längsschnittstudie (Thomae 1968) zeigten sich vor allem dort Beziehungen zwischen dem subjektiven gesundheitlichen Wohlbefinden und Merkmalen der individuellen Situation, wo es sich um die Sichtweise der eigenen Persönlichkeit handelte. Diese wurde zukunftsorientierter, in gesellschaftliche Bezüge zu ihrer Zufriedenheit integriert und aktiver in ihrem Freizeitverhalten geschildert, wenn sich eine eher positive Sichtweise des eigenen gesundheitlichen Wohlbefindens fand. Wenn von gesundheitlichen Belastungen berichtet wird, wird im allgemeinen auch weniger gereist, werden weniger Kontakte mit Bekannten gepflegt, wird generell ein weniger aktives Freizeitleben geführt (Schmitz-Scherzer 1968).

Der ärztlicherseits eingeschätzte Gesundheitszustand geht natürlich auch Beziehungen zu psychischen Merkmalen ein, wie oben bereits geschildert. Hinzu kommt, daß mit zunehmendem Alter die Menschen kränker werden - was sich auch in der Anzahl der ärztlichen Diagnosen pro Person manifestiert. Ohne diese Fakten unterschätzen zu wollen, soll jedoch darauf hingewiesen werden, daß neben dem Gesundheitszustand die sozialen und ökonomischen Aspekte einer individuellen Situation das Altern mitbestimmen. Vorurteile seitens der Gesellschaft und die individuelle Sichtweise der eigenen Person und ihrer Situation beeinflussen das Verhalten des Menschen neben seinem objektiven Gesundheitszustand. Somit vermag die Einstellung dem eigenen gesundheitlichen Zustand gegenüber oft über die Art und Weise entscheiden, wie eine Persönlichkeit ihre Krankheit aufnimmt, lebt und verarbeitet.

Dennoch sehen wir bei älteren Menschen relativ wenig Zusammenhänge zwischen ärztlich festgestellter Diagnose und Freizeitverhalten. Erst bei starken und deutlichen gesundheitliche Belastungen werden diese Beziehungen sichtbar, und zwar im Sinne einer Verringerung der Freizeittätigkeiten und geringerer allgemeiner Freizeitaktivität.

5. Reisen und Tourismus

Reisen stellt im Kontext der Freizeit ein eigenes Kapitel dar. Freizeit gewinnt durch Reisen eine besondere Qualität. Was verbirgt sich hinter der scheinbaren Eindeutigkeit dieses Phänomens?

Urlaub, Urlaubsreisen, Tourismus, Ferien - nur vereinzelt sind diese Begriffe in der Literatur reflektiert, geschweige denn definiert. Scheuch (1977) unternimmt diesen Versuch, indem er das Phänomen Tourismus zwischen das des Reisens und das der Freizeit stellt, beide überlappend. "Freizeitreise" ist dann der Begriff, den Scheuch weiter verwendet (1977, S. 116). Die Freizeitreise umfaßt - das Wort sagt es - einen Teil des Bereiches Freizeit wie auch einen solchen des Bereiches Reisen, grenzt aber Reisen an sich und Freizeit im engeren Sinne aus.

Dies hat seine historischen Gründe. Frühformen des heutigen Reisens sind aus vorindustriellen Gesellschaften bekannt, der heutige Tourismus in Form von Erholungs- und Vergnügungsreisen großen Ausmaßes ist eine Entwicklung, die erst in den letzten 100 bis 150 Jahren einsetzte.

Casson (1979) berichtet, daß sich seit ca. 1500 v. Chr. in Ägypten eine Form von Tourismus unter hohen Staatsfunktionären entwickelte. Zuvor schon waren Fernreisen üblich, doch nur unter Kaufleuten, Soldaten, Kurieren etc. Des Vergnügens, der Erholung oder der Bildung wegen reisten jedoch erst die Reichen im ägyptischen "Neuen Reich" (1600-1200 v.Chr.). Dies wenigestens läßt sich aus Inschriften und Reiseandenken jener Zeit schließen. Neben der Tatsache, daß das ägyptische Reich hoch entwickelt und straff organisiert war, kam dieser Form des antiken "Sightseeing" der Nil als bequeme "Reisestraße" sehr entgegen. Im antiken Griechenland, im Römischen Reich und in Europa gab es für lange Zeit keine so unproblematische Reisestraße. Reittiere (in älterer Zeit zumeist der Esel) und Ochsenkarren sowie schlechte und unsichere Wege machten dort die Fernreise jeweils zu einem gefahrvollen Wagnis. Spät erst kam die Sänfte im Römischen Reich dazu, das Schiff war nur auf bestimmten Strecken nutzbar, Gasthäuser waren zudem selten. Allerdings gab es im alten Griechenland durch den Festspieltourismus, den Tourismus zu den Orakelstätten und den zu den Kurstätten. Trotz allem war die Zahl der Touristen sehr gering. In hellenischer oder römischer Zeit allerdings stieg diese quantitativ an, freilich nur unter den Reichen: als Reisen in die Sommerfrische, in die Zweitwohnsitze außerhalb der städtischen Wohnung und in exotische Länder, damals für den Römer und Griechen vor allem Ägypten und Kleinasien. Reiseandenken, Gaststätten und Herbergen fanden sich zu dieser Zeit zahlreich.

In Europas Mittelalter und danach kommen andere Frühformen des Tourismus auf: die Bildungsreise der jungen Adligen und die Wanderjahre der bürgerlichen Gesellen. Schon immer gab es daneben Pilgerreisen auch größeren Ausmaßes.

S c h e u c h (1977) zieht aus historischen Beobachtungen folgende Schlüsse:

1. Tourismus von heute hat respektable historische Vorläufer.
2. Politische Stabilität und eine solche der allgemeinen Lebensumstände, relativer Massenwohlstand, konvertierbares Geldwesen oder eine Art "Weltwährung" sowie eine oder zwei Linguae francae sind wesentliche Voraussetzungen für nicht berufsbezogenen Tourismus.
3. Verstädterung, die zu Belästigungen und Einengungen führt, begünstigt Tourismus.

Besonderheiten des heutigen Tourismus liegen nach Scheuch (1977) einmal in seinem quantitativen Ausmaß, zum anderen aber vor allem in qualitativen Unterschieden: Ortsveränderung einschließlich Freisetzung von Arbeit in zeitlich regelmäßiger Form (Jahresurlaub), Wählbarkeit, touristische Infrastruktur, touristische Subkultur am Zielort.

5.1. Reisen quantitativ

1983 machten 26,2 Millionen Bundesbürger über 14 Jahren (54,4%) eine mindestens 5tägige Reise. 1980 war der absolute Höhepunkt der Reiseintensität mit 57,7% aller Bundesdeutschen erreicht worden. Wie und auf welche Weise die wirtschaftliche Entwicklung die Reiseintensität beeinflußt, läßt sich dabei noch nicht klar absehen, obwohl eine entsprechende Beeinflussung - zeitlich verzögert - deutlich ist (Datzer 1984).

Tabelle 34: Die Entwicklung der Reiseintensität von 1975 bis 1983 in %

Jahr	Reisende
1975	55,9
1976	53,0
1977	53,7
1978	56,2
1979	57,0
1980	57,7
1981	55,9
1982	55,0
1983	54,4

Quelle: Datzer 1984

Die Anzahl der Zweitreisenden lag 1983 bei 7,6%, die der Drittreisenden bei 2,3%. Kürzere Reisen von 2 bis 4 Tagen Dauer unternahm 1983 fast jeder Dritte. 22,5% der über 14 Jahre alten Bundesbürger, die keine mindestens 5tägige Urlaubsreise machten (21,6 Millionen), unternahmen 1984 vier oder mehr Kurzreisen von 2 bis 4 Tagen Dauer (Datzer 1984).

Ca. 60% aller Reisen von mindestens 5 Tagen Dauer gingen ins Ausland, in abnehmender Reihenfolge vor allem nach Italien, Österreich, Spanien und Frankreich (im Inland führt Bayern weit vor Baden-Württemberg, Schleswig-Holstein und Niedersachsen die Zielhierarchie an). Ca. 70% der Reisen wurden 1983 - ungefähr wie in den Jahren davor - selbständig als Individualreise durchgeführt. Dies zeigt, wie unrichtig die Gleichsetzung Tourist gleich Pauschal- oder Veranstalterreisender ist. Übrigens ein Tatbestand, der von vielen sog. Kulturkritikern seit Jahren geflissentlich übersehen wird.

5.2. Sozioökonomischer Hintergrund und Reiseintensität

Die stärkste Reiseintensität findet sich bei Personen mit Abitur bzw. Hochschulbildung, gefolgt von denen mit Realschulabschluß und schließlich denen, die Volksschule bzw. Hauptschule besucht haben. Die Jüngsten (14 bis 19 Jahre) verreisen am häufigsten, die Bundesbürger über 70 Jahre vergleichsweise am seltensten, und 1983 deutlich weniger als 1982 (vgl. Tabelle 35). Bundesländer mit hoher Wohndichte (Bewohner pro qkm) weisen die stärkste Reiseintensität auf, Personen mit vergleichsweise hohem Einkommen reisen ebenfalls häufiger als solche mit eher niedrigem Einkommen. Männer verreisen häufiger als Frauen.

Tabelle 35: Alter,Schulbildung und Reiseintensität in %

	1982	1983
14 bis 19 Jahre	61, 2	60,0
20 bis 29 Jahre	59,1	54,8
30 bis 39 Jahre	56,2	58,6
40 bis 49 Jahre	57,4	59,0
50 bis 59 Jahre	53,3	56,0
60 bis 69 Jahre	47,7	53,5
70 Jahre und älter	47,4	38,0
Insgesamt	55,0	54,4
Hauptschule	49,3	46,6
Realschule	66,2	65,6
Abitur/Hochschule	78,2	73,8
Insgesamt	55,0	54,4

Quelle: Datzer 1984

Eine Schwierigkeit in der Erfassung sozialer Bedingungsvariablen und deren Auswirkungen besteht nach wie vor in der einzelheitlichen Analyse. Die Abhängigkeit der Reiseintensität vom chronologischen Alter verbirgt so z.B. die von der persönlichen Finanzkraft, vom Gesundheitszustand, von epochalen Effekten, von der Bildung etc. beeinflußten Aspekte. Diese Schwierigkeit wäre durch mehrfache Sortierungen oder die Verwendung multipler Klassifikationsverfahren ohne weiteres zu beheben, wird aber vergleichsweise selten angewandt. Auf diese besondere Schwierigkeit hat schon Wohlmann (1968) aufmerksam gemacht und einen Ausweg mit einer Marktsegmentierungsmethode gezeigt. Seinen Ergebnissen zufolge wird z.B. der Zusammenhang zwischen Lebensalter und Reiseintensität durch ein diesbezügliches methodisches Vorgehen sehr stark differenziert. "... die Beziehung 'junge Leute reisen häufiger als ältere' (trifft) zwar - bezogen auf den Durchschnitt - zu, unter Berücksichtigung anderer ursächlicher Faktoren aber (ist) eine weitgehende Übereinstimmung im Reiseverhalten beider Gruppen zu erkennen" (1968, S. 38). Doch schon einfachere Verfahren erlauben differenziertere Einsichten. Dies zeigt die folgende Tabelle.

Tabelle 36: Lebensalter und Urlaubsziele nach der Reiseanalyse des Studienkreis für Tourismus in %

	Reisende insgesamt	14-19 jähr.	20-29 jähr.	30-39 jähr.	40-49 jähr.	50-59 jähr.	60-69 jähr.	70j. u.m.
Inland	37,7	32	22	34	37	46	53	55
DDR	1,9	1	2	1	1	2	5	4
Ausland	60,3	67	76	65	62	52	42	41
	100	100	100	100	100	100	100	100
Auslandsreisende = 100%								
	Auslandsreisende insg.							
Österreich	22	16	13	16	29	33	27	32
Italien	16	14	13	22	18	12	20	13
Spanien	15	16	18	17	13	14	11	10
Frankreich	7	9	10	5	7	5	4	9
Jugoslawien	7	8	7	9	9	6	6	2
Skandin.,Dän.	6	9	6	7	4	3	7	9
Schweiz	5	6	4	4	4	7	3	8
Griechenland	4	5	7	3	2	3	3	2
Osteur.Länder	4	2	2	2	5	6	5	4
Niederlande	3	7	3	4	2	1	2	2
Großbr.,Irl.	2	5	2	3	1	0	2	
andere europ.L.	1	2	2	2	2	1		1
außereurop.L.	9	3	15	7	6	10	11	9
	100	100	100	100	100	100	100	100

Quelle: Studienkreis für Tourismus, Starnberg 1981

Die Zahlen zeigen zwar den erwarteten Trend: Ältere Personen reisen vergleichsweise am häufigsten im Inland und in die DDR, folgen dem Trend ins deutschsprachige Ausland, doch reisen auch noch viele, ungefähr jeder 10. über 60 Jahre, ins außereuropäische Ausland. Schon dies spricht gegen jede Verallgemeinerung sog. repräsentativer Trends - jedenfalls außerhalb der Marktforschung, der es mehr um Quantitäten geht.

Eine integrierte Sichtweise der bekannten Bestimmungsfaktoren des Reisens - Wohnungsgröße, Bevölkerungsdichte, Berufszugehörigkeit, Einkommen, Schulbildung, Alter, Geschlecht, Familienstand - würde zweifelsohne zu weiteren differenzierten Befunden kommen. W o h l m a n n (1968) weist z.B. auch nach, daß die Berufszugehörigkeit mehr in ihren bildungsmäßigen Anteilen auf die Reiseintensität wirkt und weniger durch die Anteile des Einkommens. Andere Befunde (z.B. Lehmann 1975) differenzieren die Rolle des Einkommens noch stärker und fordern, Überlegungen zur subjektiven Präferenzbildung aus der Konsumforschung bei der Interpretation zu berücksichtigen. Jedenfalls scheinen Konsumorientierungen und ökonomische Einstellung neben den sog. objektiven sozialen Indizes eine größere Rolle zu spielen als die meisten vorliegenden Resultate vermuten lassen (Bausinger 1973).

Eine Untersuchung, die im Rahmen der Reiseanalyse des Studienkreises für Tourismus 1981 angefertigt wurde, macht Aussagen über Nichtreisende (Bäumel 1982). Die Ergebnisse zeigen, daß unter den Nichtreisenden mehr Frauen sind, die Nichtreisenden vergleichsweise älter als die Reisenden sind und sie darüber hinaus über eine geringere Bildung, weniger Einkommen und eine weniger qualifizierte Berufsausbildung verfügen. Finanzielle werden von den Nichtreisenden neben familiären und gesundheitlichen Gründen für ihre Reiseabstinenz genannt - ein deutlicher Hinweis auf die sozioökonomischen Schranken für die Ausprägung der Reiseintensität. Im Rahmen bestimmter Formen von Sozialisation unter restriktiven sozioökonomischen Bedingungen dürften sich auch kaum Reisewünsche entwickeln bzw. entwickelt haben. B ä u m e l (1982) schätzt die Größe dieser Gruppe auf ca. 10 Prozent der Gesamtbevölkerung.

5.3. Reiseformen

Kategorisierungen der verschiedenen Reisen werden grob zunächst entlang der zeitlichen Dimension (Kurzreisen unter 5 Tage, Urlaubsreisen von 5 Tagen Dauer und länger, Aufenthaltsreisen) oder der Form ihrer Organisation nach vorgenommen (Individualreisen, organisierte (Veranstalter)-Reisen, Pauschalreisen bzw. Teilpauschalreisen). Daneben gibt es zahlreiche andere Einteilungsformen, z.B. nach der Verkehrsmittelbenutzung, dem sozialen Umkreis (Einzelreisende, Familienreisende etc.), dem Alter (Jugendreisen), dem Zweck (Kur-, Pilgerreisen etc.), dem Zielgebiet der Reise (z.B. Inlandsreisende, Auslandsreisende) u.a. Hier soll zunächst einmal auf die Indivdual- und Veranstalterreisen abgezielt werden. Nachdem der quantitative Anteil dieser Reiseformen schon beschrieben wurde, soll zunächst auch hier nach den sozioökonomischen und sozialen Bestimmungsgrößen gefragt werden (Wollmann 1978). Vielen Befunden (z.B. Wollmann 1978) zufolge lassen sich schon bei der Heranziehung von Informationsquellen zur Reisevorbereitung Unterschiede zwischen Individual- und Veranstalterreisenden erkennen. Für die Individualreisenden sind persönliche Kenntnisse vor - in Rangfolge - Gesprächen mit Verwandten/Bekannten, Beratung im Reisebüro, Prospekten und Zeitschriften die wesentlichsten Quellen, für den Veranstalterreisenden dagegen die Beratung im Reisebüro und danach - in Rangfolge - Gespräche mit Verwandten/Bekannten, Kataloge von Reiseveranstaltern, Zeitungen und Prospekten. Es nehmen an Veranstalterreisen etwas mehr Frauen teil als an Individualreisen sowie deutlich mehr ältere Menschen über 60 Jahre. Auch sind die mittleren Bildungsschichten stärker als bei Individualreisen vertreten. Veranstalterreisende verfügen über durchschnittlich mehr Einkommen als Individualreisende, allerdings sind bei den Veranstalterreisen die unteren und die oberen Einkommensgruppen leicht überrepräsentiert - ein Hinweis für die Inhomogenität dieser Reisendengruppe.

Diese Inhomogenität macht W o l l m a n n (1978) an den Ergebnissen eines Vergleichs zweier Unterguppen der Gruppe der Veranstalterreisenden deutlich. In seiner Studie zeigte sich, daß ca. die Hälfte der Veranstalterreisenden das Flugzeug, ein weiteres Fünftel den Reisebus als Reiseverkehrsmittel benutzten (der Rest reist vor allem mit der Bahn und dem Pkw).

Bei den Busreisen sind im Vergleich zu den Flugreisen Frauen und ältere Personen überproportional zahlreich vertreten. Drei Viertel der Busreisenden sind über 40 Jahre alt, fast die Hälfte 60 Jahre und älter. Dagegen ist über die Hälfte der Flugreisenden jünger als 39 Jahre und nur 12 Prozent 60Jahre und älter. Flugreisende verfügen durchschnittlich zudem über eine höhere Bildung, ein höheres Einkommen und wohnen häufiger - wie auch die Veranstalterreisenden - in den großen Städten über 500.000 und mehr Einwohner.

Der Pkw bleibt im übrigen das Hauptverkehrsmittel der Urlaubsreisenden (1982: 59%) vor der Bahn (1982: 14,4%) und dem Charterflugzeug (1982: 11%).

5.4 Inlandsreisen versus Auslandsreisen

W o l f f (1983) berichtet, daß 1982 38,6% aller Urlaubsreisen Ziele in der Bundesrepublik, 0,6% in der Deutschen Demokratischen Republik und 60,8% im Ausland hatten. Die Reiseziele der rund 10 Millionen Inlandsurlauber gibt die folgende Tabelle an.

Tabelle 37: Reiseziele im Inland aller Inlandsreisenden 1982 in %

Bayern	11,1
Baden-Württemberg	6,3
Schleswig-Holstein	5,6
Niedersachsen	5,4
Nordrhein-Westfalen	3,1
Hessen	3,1
Rheinland-Pfalz/ Saarland	2,1
Berlin, Hamburg, Bremen	2,0
Inlandsreisende insgesamt	38,6

Quelle: Wolff 1983

Die Reiseziele der 16 Millionen Auslandsreisenden im Jahr 1982 finden sich in der nachfolgenden Tabelle.

Tabelle 38: Ziele der Auslandsreisen 1982 in %

Italien	12,0
Spanien	11,1
Österreich	9,9
Frankreich	5,3
Jugoslawien	4,2
osteuropäische Länder	2,5
Griechenland	2,3
Dänemark	2,3
Niederlande	2,2
Schweiz	1,5
Großbritannien/Irland	1,0
Skandinavien	0,9
andere europäische Länder	1,0
außereuropäische Länder	1,0
Auslandsreisen insgesamt	60,8

Quelle: Wolff 1983

Nach den Angaben von W o l f f (1983) nennen die Auslandsreisenden vor allem folgende Gründe für ihre Wahl: Wetter, günstige Preise, Kennenlernen anderer Menschen und Neues sehen bzw. kennenlernen. Die Inlandsreisenden bevorzugen ihre Ziele im Inland, weil es dort ihren Angaben zufolge keine Sprachprobleme gibt, mit kürzeren Anfahrten und günstigerer Preisgestaltung zu rechnen sei und vertreten die Meinung, daß es lohne, das eigene Land zu entdecken. Generell wohnen während des Urlaubs 24,2% der Urlauber in Hotels, 16,2% in Pensionen und Fremdenheimen, 13,2% bewohnen Zimmer bei Verwandten und Bekannten und 10,3% Privatzimmer, 9,9% mieten Wohnungen, 6,7% Campen, 4,3% reisen mit dem Caravan (Reiseanalyse des Studienkreises für Tourismus, Starnberg 1983).

Im übrigen werden vor allem Landschaften mit Seen oder Meerlandschaften im Süden vor Mittelgebirgslandschaften bevorzugt. Die meisten Urlauber nennen ihre Reisen auch Vergnügungsreise bzw. -urlaub; Strand-, Bade-, Sonnenurlaub bzw. -reise und Ausruhurlaub bzw. -reise.

Eine interessante Sonderuntersuchung legte D a t z e r (1980) vor. Er untersuchte die Teilnehmerschaft von organisierten Rund- und Studienreisen. 60,3% der Teilnehmer an diesen Reisen waren weiblich, 56,8% über 50 Jahre alt, 45,9% lebten alleine. Der Bildungsstand war vergleichsweise hoch, entsprechend hoch auch das Einkommen. Deutlich war zudem, daß Frauen häufiger europäische als außereuropäische Länder besuchten. Gleiches gilt für ältere Reisende. Die Reiseerfahrenheit dieser Gruppe war nach diesen Befunden sehr hoch.

Über die Auswirkungen von Auslandsreisen auf die Einstellungen der Reisenden und die Gastländer und deren Bewohner liegen einige Befunde vor, die dem Tourismus in seiner Funktion als Brückenschlag zwischen den Völkern doch deutlich in Frage stellen. Schon die bekannten Reisemotive beinhalten diesen Aspekt nur relativ peripher. W i n t e r (1974) und S o r e m b e & W e s t h o f f (1975) wollen die Wirkungen von Erfahrungen auf Auslandsreisen auf die Einstellung der Reisenden zwar nicht ablehnen, doch weisen sie darauf hin, daß eine solche Wirkung nur unter besonderen Bedingungen in positiver Richtung nachweislich möglich ist und mitnichten generell zu erwarten wäre.

S c h m i d t (1975) weist eindrücklich auf die negativen Folgen des Tourismus in Gastländern, vor allem in Entwicklungsländern, auf sozialem Gebiet hin. Weitere Informationen zu dieser Thematik finden sich in dem vom Zentrum für Entwicklungsbezogene Bildungsarbeit, Stuttgart, 1978 herausgegebenen Bericht "Dritte Welt-Tourismus - Alternativer Tourismus II" und im Bericht "Tourismus in Entwicklungsländern" (Studienkreis für Tourismus, Starnberg 1979).

Hier mag der Hinweis auf die Notwendigkeit kritischer Überprüfung allgemeiner positiver wie negativer Vorannahmen über die Wirkung des Tourismus genügen.

5.5. Reisebegleitung

1981 verreisten 21,1% aller Reisenden alleine (5,6 Millionen Menschen). 21,5% reisten mit Kindern unter 14 Jahren (Wolff 1982). Nähere Aufschlüsselung gibt die untenstehende Tabelle für die Gruppe der begleitenden Reisenden.

Tabelle 39: Reisebegleitung in %

2 Erwachsene	37,7
mehr als 2 Erwachsene	7,3
1 Erwachsener mit Kind/ern	2,2
2 Erwachsene mit Kind/ern	21,3
3 Erwachsene mit Kind/ern	4,0
Andere Gruppen	9,0

Quelle: Wolff 1983

5.6. Aktiviät im Urlaub

M e y e r (1977) hat zu dieser Thematik die umfassendste Publikation vorgelegt. Er glaubt feststellen zu können, daß bei zunehmender Freizeit ein Trend zum aktiveren Urlaub sichtbar wird in dem Sinne, daß im Urlaub zumeist nach einer relativ passiven Erholungsphase zu Beginn mehr und mehr aktiveres Verhalten gezeigt wird. Dabei wird Aktivität in einer großen Vielfalt von Tätigkeiten und Verhaltensweisen ausgelebt. So scheinen es wenigstens Einstellungs- und Motivuntersuchungen anzudeuten. Sie werden im übrigen von den Aussagen der Befragten zu ihren Urlaubsaktivitäten bestätigt: Körperliche Bewegung (oft im Sinne von spazierengehen, bummeln etc.) und Geselligkeit (häufig mit "gutem" Essen verbunden) stehen an der Spitze der Aktivitätenliste. Spezifischere Aktivitäten, wie z.B Wandern und verschiedene Sportarten, kommen hinzu, allerdings immer etwas weniger ausgeübt als zunächst gewünscht.

Einen Überblick über komplexeres Aktivitätsverhalten im Urlaub bietet M e y e r s Aufstellung der Ergebnisse sog. Typenanalysen (1977, S. 282 ff.).

Diese Aufstellung gibt allerdings keine Typen im strengeren psychologischen Sinne wieder. Sie reflektiert auch nicht die Gründe, die in der Psychologie dazu geführt haben, Typenansätze kaum noch zu formulieren. Allerdings bietet sie im Sinne eines - empirisch nicht ausreichend abgesicherten - Überblicks wichtige Anhaltspunkte zur Differenzierung persönlicher Präferenzen im Verhaltensbereich von Urlaubern (Tabelle 40).

5.7. Der Motivationsprozeß

Die Urlaubsreise ist als Verhaltensweise für viele Menschen eine Art von sozialer Norm, die mit entsprechendem Prestige besetzt sein kann. Je höher die soziale Schicht und damit die Bildung, die berufliche Qualifikation und das Einkommen, desto eher wird diese Norm als verbindlich akzeptiert. Dies ergibt sich aus Erhebungen (Hartmann 1979)eindeutig, aber auch aus der Tatsache heraus, daß nur ca. 16% der Bevölkerung über 14 Jahre 1982 noch nie eine Reise gemacht haben. Über 70% machten 1982 zumindest in den letzten 3 Jahren eine Reise von mindestens 5 Tagen Dauer, 28% geben an, normalerweise keine Urlaubsreise zu machen (Wolff 1982).

H a r t m a n n (1979) weist auf den Phasencharakter einer Reiseentscheidung hin: von vagen und unsicheren Vorstellungen und Wünschen zu intensiverer Planung bis zum Entschluß und seiner Realisierung. Dieser Prozeß wird natürlich von vielen Momenten begleitet und beeinflußt. Neben sozialen, persönlichen und ökonomischen Momenten sind es auch die Erscheinungsdaten der Kataloge, die zeitliche Lage der Schul- und evtl. Betriebsferien u.v.a.m. Zum Teil fällt die erste Phase der vagen und unsicheren Vorstellungen schon in die vorjährige Nachurlaubszeit, ein Schwerpunkt allerdings ist dann sicher die Winterzeit, die bei vielen Menschen auch schon zu Entscheidungen für die (Sommer)-Urlaubsreise führt. Bei diesem Entscheidungsprozeß kommt der Wahl des Zielgebietes und der der Urlaubsart (z.B. Kur, Hobbyreise, Bildungsurlaub etc.) eine sehr hohe Bedeutung zu. Beide rangieren in der Rangreihe vor dem Preis, der Unterkunftsart, dem Verkehrsmittel und der Reiseorganisation (Hahn & Hartmann 1973).

Als Informationsquelle dienen, wie bereits angesprochenen, vor allem Empfehlungen von Verwandten/Bekannten, eigene Kenntnisse, Prospekte, Kataloge. Die besondere Bedeutung der Gespräche mit Verwandten/Bekannten bei der Reiseentscheidung ist dabei sehr deutlich. Diese "Ratgeber" oder "Meinungsmacher" hat der Studienkreis für Tourismus näher untersucht (1980). Dabei zeigte sich, daß vor allem Vielgereiste mit höherer Bildung oft um entsprechenden Rat gefragt werden. Gleichzeitig fällt der gute Informationsstand bei dieser Gruppe auf, deren umfangreiche eigene Reisevorbereitung und ihre überdurchschnittlich große Teilnahme an nahezu allen Reiseformen.

Die Präferenzen für Reiseziele und Landschaftsformen hat S c h m i e - d e r (1983) untersucht. Als Gründe für die Wahl bestimmter Zielgebiete werden den Ergebnissen dieser Untersuchung zufolge die Landschaft,

Tabelle 40: Reise- bzw. Urlaubstypen

Autor	Aktive Typen	Passive Typen	im Hinblick auf Aktivität/ Passivität nicht eindeutig einzuordnen
Tillmann (zit. nach Hartmann 1969	"Beschäftigungs-Urlauber" A) "Wald-Wander-Typ" (konservativere Haltung; Solidarität; Urlaubsziele in Wald und Gebirge) B) "Besichtigungs- u.Bildungs-typ" (Sehenswürdigkeiten u.Kulturdenkmäler; Kulturreisen im Kreise von Gleichgesinnten)	"Entspannungs-Urlauber" A) "Sonne-Sand-See-Typ" (nichts tun, baden, in der Sonne liegen, faulenzen) B) "Fernzielbetonter Flirt-Faulenzer-typ" (Ergänzung von Sonne-Sand-See-Typ durch Prestige- u. Genußfaktoren; Bevorzugung weiter entfernter Urlaubsziele	
Geiger 1969	"Gesellschaftlich aktiver, großzügiger Urlauber" (gesellig, im Urlaub eher großzügig, abends ausgehen, gut essen, mit dem Auto herumfahren) "Bildungsbeflissener, europäisch denkender Urlauber" (fremde Länder kennenlernen, berühmte Kunstwerke u. Bauwerke ansehen, fotografieren, filmen, im Meer baden, Sport treiben, mit Hobby beschäftigen	"Bewußt Erholung suchender Urlauber" (viel spazierengehen, wandern, Bergsteigen, in einen Kurort zur Kur fahren, mit den Kindern spielen, Ausflugsfahrten mit dem Bus und Bahn machen)	
Quelle Urlaubstest 1969/70	Reisetyp "Abenteuer" (29%) (wollen Neues entdecken, legen weniger Wert auf vorgefertigte Urlaubsprogramme und Komfort und Bequemlichkeit, nehmen auch körperliche Anstrengungen und Unbequemlichkeiten auf sich, um auch Reiseziele von fremdartigem Reiz zu sehen)	Reisetyp "Gesundheit" (12%) (ruhiger u. erholsamer Urlaub; Regeneration der Gesundhiet; Urlaubsorte ohne jektischen Betrieb, in denen man "abschalten" kann, auch Kurorte und Bäder)	Reisetyp "Status" (10%) (im Urlaub repräsentieren, beweisen, daß man es zu etwas gebracht hat, Umgang im Urlaub mit Personen, die der eigenen sozialen Schicht entsprechen, erhöhtes Anspruchsniveau)
	Reisetyp "Bildung" (12%) (Horizont erweitern, fremde Länder u. Menschen kennenlernen, kulturell bedeutsame Stätten besuchen)	Reisetyp "Erleben" (15%) (romantisch Veranlagte, die im Urlaub Schönheit der Landschaft genießen wollen, Freude an stimmungsvollen Abenden haben, Erlebnisse suchen, die aber nicht ins Ungewöhnliche u. Abenteuerliche führen sollen)	Reisetyp "Konformität" (13%) (normale Lebensumstände sollen auch im Urlaub vorgefunden werden; Urlaubsorte mit gesellschaftlichen Veranstaltungen u. üblichen Urlaubsvergnügungen; Wechsel von aktiven u. passiven Verhaltensweisen

Fortsetzung S. 211

	Reisetyp "Kontakt" (10%) (bewußte Geselligkeit, gesellschaftliche Aktivität, gemeinsame Unterhaltung mit anderen im Urlaub, idealer Urlaubsort muß Rahmen für zwischenmenschliche Beziehungen bieten		
Struck 1970 (Passagiertypen für Seereisen)	"Bildungsreisende" "Vergnügungsreisende" "Entdeckungsreisende"	"Gesundheitsreisende" - -	"Gesellschaftsreisende klassischen Stils" "Prestigereisende"
Haseloff 1972 (zit. nach Hebestreit 1975) (wahrscheinl. gleiche Typologie wie Quelle-Urlaubstest)	"Exotismus-Suchende, die den Alltag hinter sich lassen wollen (27%) "Kontaktsuchende Menschen" (13,5%) "Erlebnissuchende Neurotiker, die Urlaubserlebnisse kulinarisch konsumieren" (10,5%) "Hobby-Urlauber, die auch auf Bildungsreise gehen" (10%)	"Hypochonder, die Gesundheit suchen"(11%)	"Konformisten, die den deutschen Alltag mit 'Westerwald', Bier u. Gemütlichkeit im Urlaub brauchen" (15%) "Prestigesuchende mit 'Stuyvesant-Image'" (12%)
Arbeitsgemeinschaft Reiseanalyse 1972, Segmentationsstudie	"Der Bildungsreisende" (16,4%) (will seinen Horizont erweitern, etwas lernen u. neue Eindrücke gewinnen; Erholung spielt keine Rolle. Am Urlaubsziel fasziniert ihn das Unbekannte; sucht Informationsgewinn, bevorzugt "landesübliches Essen" u. Einkaufsbummel) "Der aktive Erholungsurlauber" (8,9%) (Regeneration neben Erlebnis u.Unterhaltung wichtig, sucht sozialen Kontakt; Wissenserweiterung ist unwichtig) "Der Erlebnishungrige" (8,4%) (sieht den Urlaub als Erlebnis; möchte viel Spaß und Unterhaltung finden, mit netten Leuten zusammenkommen; teilweise Bildung und Kennenlernen neuer Dinge wichtig, reines Ausruhen bedeutungslos. Hoher Anteil an Auslandsreisen, Flugreisen)	"Der gesundheitsorientierte Erholungsurlauber" (23,0%) (Ausspannen, Ausruhen, Nichtstun für den Urlaub wichtig; Ruhe und Gesundheit stehen im Vordergrund; häufig Kuraufenthalte; Urlaub als Freiheitsraum und "Tapetenwechsel" von geringerer Bedeutung) "Der Familiäre" (14,9%) (sozialer Kontakt zur eigenen Familie steht im Vordergrund, Erlebnis u. kulturelle Dinge sind unwichtig; Urlaubsaktivitäten reine Erholung und Ausspannung, weiterhin Beschäftigung mit den Kindern) "Der passive Erholungsurlauber" (12,2%) (Urlaub besteht für diesen Typ weitgehend aus dem Abschalten u. dem Sammeln neuer Kraft; teilweise auch der Gesundheit; der Erlebnisaspekt des Urlaubs wird weitgehend vernachlässigt; teilweise Kuraufenthalte)	"Der unsichere Urlauber" (16,2%) (ausgezeichnet durch Unsicherheit in den Wünschen und der Einschätzung des Urlaubs; will aus dem Alltag herauskommen, Erholungsaspekt sekundär; überdurchschnittlich oft Verwandten- und Bekannten-Besuche)

Quelle: Meyer 1977, S. 282 ff.

familiäre Gründe (Kinder!), Wetter und Klima, eigene Kenntnis, Preis und Unterkunftsmöglichkeiten in ihrer jeweils spezifischen Konkretisierung genannt. Dabei ist allerdings die Zielgebietstreue vergleichsweise groß.

Einen besonderen Einblick in Urlaubserwartungen und Urlaubswünsche bietet die Arbeit von S c h o b e r (1979). Er gibt zunächst einmal die in der folgenden Tabelle wiedergegebene Liste von Urlaubserwartungen/Urlaubswünschen an.

Tabelle 41: Urlaubserwartungen/Urlaubswünsche im Jahre 1978 in %

Abschalten, ausspannen	64,4
Aus dem Alltag heraus, Tapetenwechsel	51,8
Frische Kraft sammeln	47,5
Mit netten Leuten zusammenkommen	40,2
Viel ruhen, nichts tun	36,4
Zeit füreinander haben	36,4
Viel Spaß und Unterhaltung haben	35,4
Neue Eindrücke gewinnen	34,9
Tun, was einem gefällt	34,4
Mal wieder an der frischen Luft sein	31,5
Viel erleben/Abwechslung haben	25,2
Gut essen	24,9
Sich vergnügen	23,2
Frei sein	22,3
Nicht anstrengen	21,9
Sich eigenen Interessen widmen	19,9
Sich verwöhnen, pflegen lassen	17,6
Sich auf sich selbst besinnen	14,8
Außergewöhnlichem begegnen	14,4
Horizont erweitern	14,0
Etwas lernen/Kultur/Bildung	13,1
Aktiv Sport treiben	12,0
Flirt und Liebe	4,7
Anderes	3,1

Quelle: Schober 1979

Bei den Erwartungen zeigt sich, daß der Urlaub oft als Gegenalltag gedacht wird. Erholungs- und soziale Aspekte sprechen eine erhebliche Rolle, hinzu kommen die Erweiterung des Erlebnishorizontes und der Bildung.

Interessant sind dabei die Differenzierungen durch die sozialen Merkmale. Männer und Frauen stimmen in ihren Angaben weitgehend überein, allerdings mit der Einschränkung, daß Männer häufiger als Urlaubswünsche bzw. -erwartungen "sich vergnügen", "viel Spaß und Unterhaltung haben", "viel Abwechslung haben", "frei sein" nennen als Frauen.

Bei den Altersunterschieden fällt auf, daß Jüngere und Ältere nicht in den Items divergieren "aus dem Alltag herauskommen; Tapetenwechsel", dem Wunsch nach Geselligkeit und Nichtstun sowie der Erwartung, "sich auf sich selbst besinnen". Im Altersbereich 40 bis 49 Jahre überwiegen gegenüber den Jüngeren und Älteren rekreative Wünsche. Die jüngste Altersgruppe erwartet vor allem neue Eindrücke, Freiheit. Höher Gebildete äußern am häufigsten Bildungsmotive, niedrigere Bildungsgruppen die Entlastung vom Alltag, den Aspekt des "Sich-Etwas-Gönnens".

"Alles Verhalten ist motiviert" (Cattel 1957 nach Graumann 1965). Entsprechend der hier durchscheinenden Grundposition bzw. Denkfigur ist die Frage nach Reisemotiven ein tradiotineller Bestandteil der Tourismusforschung - sowohl in theoretischer als auch in empirischer Hinsicht.

In bezug auf junge Menschen spielt das Kontaktmotiv im Urlaub eine große Rolle. Mit der Befriedigung dieses Motivs korreliert sogar die Reisezufriedenheit (Gayler 1973). Doch ergibt sich hier eine gewisse Entwicklung: Kontakte mit Gleichaltrigen präferieren die bis 18jährigen Reisenden, die älteren suchen mehr den Kontakt mit der Partnerin oder dem Partner (Zeit füreinander haben). Die Bevorzugung der Großgruppe durch junge Reisende (Liesen 1978) kann dabei so gedeutet werden, daß die Gruppen Gleichaltriger Sicherheit (vor allem angesichts fremder Umgebung) gewähren. Dies gilt allerdings auch für Reisegruppen älterer Reisender. Junge Reisende mit höherer Bildung wünschen für den Urlaub vor allem Aktivitäten und Erleben, bei denen mit mittlerer oder Hauptschulbildung spielt daneben noch der Wunsch nach "viel Sonne" eine zentrale Rolle. Heute kann man den allgemeinen Trend beobachten, daß immer mehr Urlauber und Reisende - auch die Jüngeren - einen aktiven, erlebnisreichen vor einem erholsamen Urlaub wünschen (Schober 1979).

C z e r a t z k i (1983) weist in ihrer Studie bei Trampern darauf hin, daß neben infrastrukturellen Momenten als Motive für das Trampen vor allem soziale Motive, Reizsuche/Abenteuerlust und die Suche nach dem Gegenalltag eine Rolle spielen.

Das Motivationsgeschehen ist sehr vielschichtig und komplex. W a c k e r (1973) ging von insgesamt 8 Dimensionen der Urlaubserwartung aus:

Bildungsbereitschaft	Unabhängigkeit
Risikofreudigkeit	Kontaktbereitschaft
Leistungsbereitschaft	Anspruchsniveau
Erlebnisintensität	Organisation des Urlaubs.

Es liegt auf der Hand, daß die Wirksamkeit dieser Dimensionen in je unterschiedlicher Gewichtung und gegenseitiger Verwobenheit und in Abhängigkeit von sozialen, ökonomischen, situativen und psychologischen Merkmalen zum Zuge kommen kann. Zudem gibt es auch Altersunterschiede, die allerdings u.a. immer wieder von sozialen und psychologischen Momenten überlagert werden können. Allerdings scheinen sich - freilich im jeweils anderen Gewand - immer wieder die Dimensionen von W a c k e r zu bestätigen:

Kontakt
Kommunikation
Erholung unter psychologischem Aspekt
Bildung, Kultur, Information
neues Erleben und neue Erfahrungen.

Es ist zu fragen, wie sich denn solche Bedürfnisse und Motive entwickeln. Bietet der Alltag der Menschen tatsächlich nichts zur Befriedigung der eingangs erwähnten urlaubsspezifischen Motive und Erwartungen? Ist dort keine Chance zum Abschalten, zum Zusammensein mit netten Leuten, zum Sammeln frischer Kräfte oder zum Gewinnen neuer Eindrücke - um erneut 'klassische'Reisemotive zu nennen?

Der Bogen ist bei der Untersuchung dieser Frage weiter zu spannen. Tourismus ist ein Phänomen vor allem unseres Jahrhunderts - wenngleich nicht alle Menschen daran teilnehmen können. Max W e b e r hat unsere Gesellschaft durch ihre Zweckrationalität und Spezialisierung bestimmt gesehen. Nicht wenige sprechen heute von ihrem repressiven Charakter, der dem einzelnen die Erfüllung seiner Bedürfnisse im Alltag erschwert oder sogar unmöglich macht. Aus dieser Sichtweise heraus läßt sich leicht verstehen, wieso heute der Urlaub und die Urlaubsreise als Reservoir neuer Erlebnisse und Erfahrugen angesehen wird, wieso dort auch von über einem Fünftel der Befragten der eingangs zitierten Untersuchung des Studienkreises für Tourismus die Möglichkeiten zum Erleben und Ausleben von Freiheit erwartet werden. Dabei bedeutet Freiheit nichts anderes als Freisein vom Diktat des Alltags und seiner Zwänge - 'sein eigener Herr sein'.

E n z e n s b e r g e r (1962) beschrieb in seinem sehr interessanten Versuch der Formulierung einer Theorie des Tourismus den Tourismus als eine Flucht vor der Wirklichkeit (des Alltags). K e n t l e r u.a. (1965) gingen sogar so weit, den Verhaltens- und Erlebnisbereich des Urlaubs als ein sich verselbständigendes Phänomen - insbesondere bei Jugendlichen - unabhängig also vom Alltag zu beschreiben.

Festzuhalten wäre demnach des polare Verhältnis von Urlaub und Alltag, vermutet in Theorien wie denen von E n z e n s b e r g e r und K e n t - l e r und nachgewiesen in repräsentativen Studien wie der schon mehrfach erwähnten des Studienkreises für Tourismus. Diese Untersuchungen aber stellen Querschnittanalysen dar, sie sagen nichts über den einzelnen Urlauber (was auch gar nicht angestrebt wird) und die Theorien abstrahieren natürlich sehr stark vom konkreten Phänomen und legen die Wertwelt ihrer Autoren nicht offen - bestenfalls kann sie vermutet oder interpretativ erschlossen werden. Damit aber verfestigen sowohl die Theorien als auch die Untersuchungen eine ohnehin schon in unserer Gesellschaft festgelegte Sichtweise: Urlaub als Gegenalltag.

Vielleicht aber ist diese Sichtweise falsch. Beobachtungen, die Ergebnisse großer Interviewstudien und sogar einige Tourismustheorien lassen vermuten, daß Gewohnheiten und Routinen aus dem Alltag in die Freizeit und damit auch in den Urlaub hinein ausstrahlen. Die soziale Wirklichkeit des Alltags fährt eben mit in den Urlaub, geht mit auf Reisen. Reise und Urlaub also eine Illusion vom Gegenalltag? Von den Motiven her ließe sich darauf schließen, vom konkreten Urlaubsverhalten und vor allem Urlaubserleben dagegen nicht. Zwar kann man Differenzen zwischen Urlaubserwartungen und dem tatsächlichen Verhalten im Urlaub bei einer Reihe von Verhaltensweisen erkennen, zwar gibt es Unterschiede zwischen den formulierten Urlaubs-Vorhaben vor dem Urlaub und dem beobachteten Verhalten, doch spricht die hohe Reisezufriedenheit nach der Reise auch für eine Harmonie zwischen Motiven und Erwartungen einerseits und der im Urlaub angetroffenen konkreten Situation andererseits. Wenn in diesem Verhältnis Dissonanzen aufkommen, sind die meisten Urlauber auch relativ rasch imstande, die zuvor erwähnte Harmonie durch Veränderungen ihres Erwartungshorizontes zu ermöglichen. Neben der Güte des Angebotes sicher eine sehr wesentliche Erklärung für die relativ geringe Anzahl von Reklamationen nach der Reise. Das starke Bedürfnis nach Urlaubsreisen und damit nach einem 'Weg vom Alltag' wirkt u.U. im zuvor ausgeführten Sinne.

Die Polarität zwischen Urlaub und Alltag kann allerdings psychologisch gesehen sehr unterschiedlich strukturiert sein. Teilnehmer von Studien- oder Abenteuerreisen haben andere Motive. Aus diesen läßt sich auf den Wunsch einer Bereicherung des Alltags schließen - etwa durch eine gewisse Kenntnis fremder Länder, ihrer Kunst und ihrer Menschen. Das vorsichtige Ausdehnen eigener Grenzen und Erlebnisweisen auf Reisen geschieht dabei meist mit der Sicherheit der eigenen Kompetenz im Hintergrund. Das Ausgesetztsein in der Fremde darf nicht zu total sein, da es zutiefst verunsichern kann. Es sei denn, daß gerade dieses 'Der-Fremde-Ausgeliefert-Sein' vorherrschende Motiv ist, daß Abenteuer gesucht wird, daß Bewährung in unterschiedlichsten Situationen angestrebt wird. Hier hat man es aber oft schon mit einer ganzen Lebensphilosophie zu tun, die die 'Programmierung individueller Zukunft' ablehnt, die ein 'Zurück-zur-Natur' oder ein 'Bloß-Abhauen-von-hier' thematisiert - und damit eben zeigt, daß es zumindest Werte und auch Wertkomplexe gibt, die den Alltag wie auch das Reisen und den Urlaub bestimmen können. Hier wird Reisen eine der Lebensformen vor einem bestimmten Werthorizont.

Die durch die Forschung vorgenommene Zergliederung komplexer Situationen - in unserem Falle in Alltag, Freizeit, Tourismus - erbringt zwar wichtige Teilerkenntnisse, verliert aber leicht auch den Bezug zum Ganzen und führt nicht selten zu problematischen Ergebnissen in dem Sinne, daß diese nur partiell sind, sie aber oft ganzheitlich interpretiert werden. Die umfassende Analyse des Phänomens Tourismus steht aber noch aus, eine empirisch fundierte Tourismustheorie gibt es nicht. Nötig wäre beides. Dann könnten Aussagen über den Menschen im Urlaub und auf Reisen möglich werden, und man brauchte sich nicht mit solchen über den Urlaub und das Reisen des Menschen zu begnügen.

Deutlich also, daß Reisen und Urlaub mehr sind als Erholung - zuweilen viel mehr. Wieviel mehr und wieviel anderes sie sein können, hängt dabei von der Bildung des einzelnen ab und damit von seiner Stellung in unserer Gesellschaft. Reisen ist nicht nur ein gesellschaftliches, sondern auch ein individuelles Phänomen. Es ist einfach zu simpel zuzugeben, daß die bekannten Urlaubserwartungen und Reisemotive qualitativ und quantitativ für alle Gleiches bedeuten. Im Gegenteil, so wie sie benannt sind, sind sie zunächst nichts als Etiketten mit Orientierungsfunktion. Sie erfahren u.U. eine jeweils ganz andere Ausfüllung und Be-Deutung je nach dem Reisenden oder dem Urlauber, seiner sozialen und ökonomischen Situation und seiner Persönlichkeit. Und noch etwas schränkt ein: Die Motive und Ewartungen können vorhanden sein, die objektiven Möglichkeiten zu Urlaub und Verreisen aber nicht, z.B. weil das Geld fehlt oder der Urlaub zu kurz bemessen ist.

Die Gleichung Motiv und Erwartung gleich Reise bzw. Urlaub stimmt in ihrer kausalen Verknüpfung genauso wenig wie in der sog. bedürfnisgerechten Freizeitplanung überhaupt. Viele Menschen kennen ihre diesbezüglichen Bedürfnisse zu wenig oder haben Schwierigkeiten, sie zu formulieren. Sie müssen diese zuerst (erkennen) lernen. Zuvor könnten ihnen Manipulationen manche Motive und Bedürfnisse vorgaukeln, die sie in der Form ihrer Ausprägung gar nicht haben. Insofern hängt das Reise- oder Urlaubsschicksal auch vom Bildungsschicksal ab und von der Verantwortung der Anbieter.

Die Veränderungen des Lebensgefühls in den letzten Dekaden bilden sich auch in der Urlaubs- und Reisemotivation ab. So läßt sich z.B. beobachten, daß Motive wie ausruhen, nicht anstrengen, im Vergleich zu früher von Jüngeren seltener genannt und häufiger Sozialkontakte, neue Eindrücke und Horizont erweitern angegeben werden. Der Trend der Urlaubs- und Reisewünsche geht z.T. mehr zu Aktivitäten im Urlaub, zu aktivem Urlaub überhaupt. Warum? Möglicherweise gewinnt das Reisen zunehmend andere Bedeutung, etwa als Experimentierfeld für neue Lebensformen, und findet somit sein Pendant zum Experimentierfeld Alltag, wo Wertewandlungen auch zu anderem Verhalten und Erleben führen, etwa als Leben in Wohngemeinschaften, in anderen sozialen Umgangsformen.

Einige der Schwierigkeiten der Motivationsforschung veranlaßten S c h o b e r (1981) zu einem anderen Ansatz. Er weist in diesem Zusammenhang darauf hin, daß das Erlebnis im Urlaub eine zentrale Rolle spielt und nicht so sehr die organisierte und technologisch gut durchdachte Reise. D a t z e r (1981, S. 82) beschreibt diesen Ansatz:

"Schober formuliert vier Erlebnisbereiche: exploratives Erleben, soziales Erleben, biotisches Erleben und optimierendes Erleben. Mit dem explorativen Erleben ist das 'suchende Informieren', das 'Erkunden' und das das 'spielerische Probieren' gemeint, mit dem sozialen Erleben das 'Verbringen in der Kleingruppe' und das Gspräch mit anderen Menschen. Biotisches Erleben definiert er als 'Steigerung des Lebensgefühls durch die Adaption und verlaufsmäßige Verarbeitung organischer Umweltreize'. Optimierendes Erleben bedeutet 'Verschönerung durch Bräune', 'Aufenthalt in der Natur' und 'Beurlaubung von Frustrationen'.

Eine Erlebnissituation entsteht S c h o b e r zufolge dann, wenn die äußeren Urlaubsbedingungen - d.h. beispielsweise die Atmosphäre eines Ortes - stimmen. In seinen Augen muß Urlaub bewußt als Szene gesehen werden, bei der angefangen von den Requisiten bis hin zu den Rollen (des Urlaubers) alles einer sogenannten 'Erlebnisregie' zu gehorchen hat.

Diese Erlebnisregie ist Sache der Anbieter, d.h. eines Hotels, eines Ferienortes oder -gebietes. Erfolgreiche Erlebnisregie bedeutet für den Gast dann totales Ferienerlebnis ..."

S c h o b e r geht davon von verschiedenen Attraktionsbereichen aus:

Umweltwechsel

Rekreation/Verstärkung

Biotisches Erleben (die Funktionstüchtigkeit des eigenen Körpers als Gegenstand des Urlaubserlebnisses)

Soziale Interaktion

Spiel und Spontaneität.

Zweifelsohne kann der S c h o b e r 'sche Ansatz weiterführen. Ein besonderer Fortschritt könnte in der damit möglichen Ablösung von der Denkfigur der Motivforschung, die Urlaub als Gegenalltag definiert, entstehen. Urlaub würde also ein eigenständiger Verhaltensbereich. Dies könnte für die Beschreibung und Analyse innovativ sein, allerdings nur, wenn die heute gängigen Methoden der Sozialforschung von der Tourismusforschung stärker adaptiert werden, wie es z.B. L ü d t k e (1982) bei einer Studie über die Attraktivität der Großstädte in der Bundesrepublik versucht hat.

Der Tourismusforschung fehlt bis heute ein umfassender theoretischer Ansatz, ja sogar die theoretische Reflexion überhaupt (Scheuch 1977). G l e i c h m a n n (1969) hat zuvor schon deutlich darauf hingewiesen und gefragt, ob nicht die soziologische Rollentheorie oder die Theorie des Fremden in der Tourismusforschung hilfreich bei der Entwicklung einer Theorie sein könnten. Auch S c h e u c h (1977) greift diese Frage mit dem gleichen Ergebnis auf. Entwicklungen stehen noch aus.

6. Konzepte der Freizeitforschung

6.1. Zum Stand der theoretischen Diskusison in der Freizeitforschung

Wir haben bereits mehrfach festgestellt, daß Freizeitforschung zwar eine Fülle von Resultaten zum Thema erarbeitet hat, gleichzeitig aber ein Beispiel für problemorientierte Sozialwissenschaft in dem Sinne ist, als sie sich im engen Rahmen einer Spezialdisziplin bewegt und ihren theoretischen Rahmen in der Regel aus den spezifischen Sachverhalten gewinne, die sie untersucht, selten aber einen Bezug zu allgemeinen sozialen Prozessen und zu generelleren Theorien herstellt. Entsprechend ist die theoretische Seite der Freizeitforschung nicht sehr weit entwickelt. Eine solche Behandlung des Freizeitproblems ist typisch für weite Bereiche der sog. Angewandten Sozialwissenschaften: Das Phänomen wird als politisch-normatives Konzept diskutiert und als Strategie zur Verfolgung bestimmter Interessen beurteilt. Kurz: Freizeitphänomene kommen erst dann auf den Tisch, wenn sie zu "sozialen Problemen" zu werden beginnen. Die besonderen Umstände, denen sich dann eine solche "problemorientierte Forschung" gegenübersieht, machen eine "Problembehandlung" erforderlich, die unzureichend sein muß: Es wird eine Vielzahl empirischer Einzelstudien mit meist ad-hoc konstruierten Meßinstrumenten produziert. Die Resultate dieser Studien sind meist schwer vergleichbar oder widersprüchlich. Es fehlt oft eine gemeinsame begriffliche Ausgangsbasis.

Sehr unterschiedliche, meist auf ein Detailproblem zugeschnittene theoretische Ansätze ohne allgemeinen Bezug, bilden oft die Basis der Arbeiten. Aus dieser Situation resultiert ein "Chaos" an unzusammenhängenden Einzelstudien. Es zeichnet sich darüber hinaus eine eindeutige methodologische Orientierung bei der Theoriebildung ab, in der die Einzelphänomene nicht als Explananda einer bereichsübergreifenden, allgemeinen Theorie angesehen werden, sondern zu einer allgemeinen bereichsspezifischen Theorie "hinaufinduziert" werden. Das Ergebnis ist dann die Suche nach einer "Theorie der Freizeit" mit dem regelmäßigen Eingeständnis, daß eine solche Theorie bisher nicht gefunden sei - einmal abgesehen von der Frage, ob es überhaupt eine solche geben kann. Wir haben dies oben verneint.

Beides - unzusammenhängende Einzelergebnisse und das Fehlen allgemeiner theoretischer Konzepte - sind das regelmäßige Ergebnis einer methodologischen Grundkonzeption, die man als "aristotelisch" bezeichnen kann. Es wird angenommen, daß Sachverhalte, die ontologisch einem bestimmten Gegenstandsbereich zugeordnet werden, qua Zugehörigkeit zu einer bestimmten Seinsweise bestimmte Entwicklungs- und Reaktionstendenzen "in sich" trügen, die es also zu entdecken gelte, z.B. Tendenzen, die aus Spannungen, Widersprüchen u.ä. resultieren. Das Hauptproblem solcher Theorien sind Anomalien: Da die Theorien bereichsspezifisch konzipiert sind, kann bei Abweichungen die Theorie nur ad-hoc und fallweise erweitert werden oder die Theorie muß als ganze durch eine alternative Bereichstheorie ersetzt werden. Die Folge ist eine Aufspaltung in gegeneinander konkurrierende Schulen.

Gesucht wird dagegen eine Orientierung, die von bereichsspezifischen Lösungen abgeht und Einzelerscheinungen als Reaktionen auffaßt, die sich als erwartbare Folge allgemeiner Gsetzmäßigkeiten und historisch gegebener besonderer Bedingungen ergeben. Z.B. können erst dann bestimmte Freizeitaktivitäten als mögliche Reaktionen auf Spezifika der Arbeitssituation verstanden werden, wenn die Randbedingungen für andere Faktoren nicht erfüllt, die Randbedingungen für diese bestimmte Reaktion jedoch gegeben sind.

Wir haben an anderer Stelle bereits gesagt, daß es "eine Freizeittheorie" unserer Meinung nach nicht geben kann, allenfalls Theorien, die für bestimmte soziale Gruppen unter bestimmten Bedingungen gelten können. So gefundene Theorien können aber immer nur Teil allgemeiner Theorien sozialer Prozesse sein, da auch Freizeit kein isoliertes Phänomen ist. Dies trifft analog auch auf die Analyse von interaktiven sowie sozialen Bezügen etc. in der Freizeit zu.

Gründe für den Mangel übergreifender theoretischer Konzepte in der Freizeitforschung werden viele aufgeführt: V a h s e n (1983, S. 104) sieht das Hauptproblem im Mangel an qualitativer Freizeitforschung, ein Umstand, auf den in den vorhergehenden Kapiteln immer wieder hingewiesen worden ist. N a h r s t e d t)180) vermißt die hermeneutische und ideologiekritische Basis. S c h e u c h (1978, S. 117 ff.) gibt als Grund die Schwierigkeit an, den Objektbereich Freizeit abzugrenzen. S c h m i t z - S c h e r z e r (1978, S. 130) weist sogar auf eine "gewisse Theoriefeindlichkeit" hin. Es sind sicherlich nicht einzelne Gründe, die für diesen Mangel verantwortlich sind. Ebenso liegen sie sicherlich nicht nur auf einer Ebene: V a h s e n (1983, S. 114) weist mit Recht darauf hin, daß die Probleme sowohl im Basis - und Objektbereich als auch im Anwendungsbereich liegen: In der Freizeitforschung spiegeln sich nach V a h s e n die Probleme der sozialwissenschaftlichen Forschung insgesamt wider, also z.B. des Spannungsverhältnisses zwischen Empirismus und kritischer Theorie, des Verhältnisses von quantitativer und qualitativer Forschung und der Begründung wissenschaftlicher Schulen.

Auf der anderen Seite ist offenkundig, daß fast keine Freizeitstudie auf eine Definition von Freizeit verzichtet. Mit jedem der in der Freizeitforschung verwendeten Freizeitbegriffe" sind bislang jeweils sowohl ein impliziter Erklärungsansatz als auch eine methodische Konzeption von spezifischen Erhebungseinheiten unmittelbar verbunden gewesen", meint N a u c k (1983, S. 274). Daraus folgt mit N a u c k weiter, "daß die Entscheidung für eine Freizeitdefinition gleichzeitig einen bestimmten theoretischen Ansatz impliziert" (S. 275), ein Umstand, der die Theoriediskussion im Freizeitbereich u.U. auf eine breitere Basis stellt, als oft angenommen wird.

Im folgenden werden sowohl Definitionsversuche als auch bisher bekannte Freizeittheorien bzw. -konzepte dargestellt. Ziel ist nicht, die einzelnen Ansätze als richtig oder falsch, als besser oder schlechter zu klassifizieren. Sie haben in Anbetracht der hier vertretenen These, daß Freizeit nur für bestimmte soziale Gruppen unter bestimmten sozialen

Bedingungen definitorisch und theoretisch greifbar sein kann, nahezu alle eine gewisse Plausibilität, auch - oder gerade - wenn sie oft sehr widersprüchlich sind. Insofern steht nicht die Frage, ob diese Ansätze überhaupt tauglich sind, im Vordergrund, sondern unter welchen Bedingungen sie dies sind. Es kann allerdings nicht übersehen werden, daß der letztgenannte Aspekt noch umfangreicherer Forschung bedarf.

6.2. Freizeit definitorisch

Wir haben bislang den Freizeitbegriff primär quantitativ benutzt und unter Freizeit etwas "unbestimmt Gelassenes zwischen zwei bestimmt gemeinten Zeiträumen" (Scheuch 1977, S. 39) verstanden, um von diesem Blickwinkel aus die Situation der Freizeit in der Bundesrepublik zu beleuchten. Dies hatte den Vorteil, daß wir uns nicht von vorne herein auf einen bestimmten Begriff festgelegt haben, sondern von diesem Zeitraum als "potentieller Freizeit" der Individuen in unserer Gesellschaft sprechen konnten, der nach eigenem subjektiven Verständnis als Freizeit bezeichnet werden kann. Wie breit dieses Verständnis angelegt ist, hat die Analyse der Freizeitsituation und ihrer Bedingungsmomente gezeigt. Wir haben gleichzeitig aber auch auf restriktive Bedingungen in der Freizeit hingewiesen und diese an Motiv- und Bedürfnislagen, Erwartungen, Identifikationen sowie möglicherweise lokal, temporär und funktional einschränkenden Faktoren festgemacht.

Trotz dieser scheinbar so eindeutigen Beschreibung und Charakterisierung der Freizeit ist diese dennoch definitorisch offengeblieben. Die Betonung, daß Freizeit eine subjektive Kategorie sei, die vom Individuum beliebig gefüllt werden könne, ist aber als Arbeitsdefinition zur Analyse der Freizeit sehr nützlich, ohne allerdings die Definitionslücke schließen zu können.

Wie kann nun Freizeit definiert werden? Welche Definitionen gibt es?

Es existieren in der Freizeitforschung eine Vielzahl von Definitionen, die versuchen, in diese Lücke zu stoßen. Sie spiegeln zwar eine große Bandbreite der einzelnen Aspekte der Freizeit wider, sind aber leider kaum kompatibel. Entsprechend reicht die Skala der Versuche von der Betonung ökonomischer, soziologischer, psychologischer, philosophischer, pädagogischer und kulturkritischer Aspekte bis zur völligen Ablehnung des Wertes solcher Definitionen überhaupt (z.B. Habermas 1958, De Grazia 1962, Kando & Summers 1971, Wilensky 1972, Dumazedier 1974, Schmitz-Scherzer 1974, Nahrstedt 1975, Lüdtke 1975, Opaschowski 1976, Scheuch 1977, Prahl 1977, Nave-Herz & Nauck 1978, Wallner & Pohler-Funke 1978, Eichler 1979, Tokarski 1979, Giegler 1982).

Die dabei angesprochenen Definitionsinhalte variieren dabei ebenfalls sehr stark und umfassen neben normativen Kategorien, beobachteten Freizeitfunktionen, der Beschreibung des Verhältnisses von Arbeit und Freizeit, Erlebenskategorien etc. auch oft ideologische bzw. ideologiekritische Aspekte. Die Abhängigkeit des vom jeweiligen Autor implizierten theoretischen Hintergrunds wird bei diesen Ansätzen häufig offenkundig. Ganz allgemein kann der Freizeitbegriff in soziale, funktionale, sachliche, verhaltensbedingte, tätigkeitsbedingte, zeitliche, räumliche bzw. ökologische, ökonomische, politische und mehr Komponenten zerlegt werden; welcher im Vordergrund steht, hängt vom theoretisch implizierten Ansatz ab. Die Komplexität und Heterogenität des Freizeitphänomens spiegelt sich also im Prinzip auf der definitorischen Ebene durchaus wider. Im Einzelfall geht diese Multidimensionalität bzw. Komplexität und Heterogenität durch eine spezifische Gewichtung aber wieder verloren. So stehen z.B. soziale und funktionale Aspekte bei Freizeitstudien mit problemorientiertem bzw. gesellschaftspolitischem Anspruch, sachliche, räumliche und tätigkeitsbedingte bei Studien mit Planungscharakter im Vordergrund. Aber selbst ein solcher Einteilungsversuch kann nicht auf eine relativ einheitliche Handhabung des Freizeitbegriffs innerhalb bestimmter theoretischer Ansätze zurückgreifen.

Die gebräuchlichste Differenzierung der Freizeitdefinitionen in der deutschsprachigen Literatur ist die nach "negativen" und "positiven" Definitionsansätzen. Bei den "negativen" Definitionen steht die Abgrenzung der Freizeit von der übrigen Zeit mit dem Verständnis von Freizeit als Residualkategorie im Vordergrund, wogegen sich die sog. "positiven" Definitionen mehr auf inhaltiche Kaktegorien der Freizeit stützen. Oft werden erstere auch als "quantitative", letztere als "qualitative" Definitionen bezeichnet, obwohl dies problematisch sein kann, wenn man die in diesem Buch vertretene Auffassung teilt, Freizeitaktivitäten als quantitative Aspekte der Freizeit zu behandeln.

In der angelsächsischen Literatur werden primär "objektive" und "subjektive" Definitionskonzepte unterschieden. Als Abgrenzungskriterium dient dabei, ob die jeweilige Definition Freizeit als einen Bewußtseinszustand ("state of mind") oder etwas anderes, z.B. Zeitraum, Aktivitäten etc. versteht (Iso-Ahola 1980, S. 9). Aber auch dies bringt keine Klärung mit sich, so scheinbar eindeutig diese Unterscheidung auch klingt: Während z.B. K e l l y (1972) und D u m a z e d i e r (1974) als Vertreter des "objektiven" Ansatzes gelten, hebt z.B. K a p l a n (1975) mit einer "holistischen" Sichtweise diese Differenzierung wieder auf. Und selbst wenn I s o - A h o l a (1980, S. 10) eine solche Verknüpfung der beiden Ansätze zu einer Idealkonstellation ansieht, so stellt sie für eine Definition von Freizeit keine handhabbare Alternative dar.

Die folgende Zusammenfassung und Charakterisierung der verschiedenen Freizeitdefinitionen dokumentiert die Vielfalt und Komplexität des Freizeitphänomens. Auf einzelne Definitionen wird hier aus Gründen der Übersichtlichkeit nicht eingegangen. Es wird vielmehr versucht, Gemeinsamkeiten bzw. Unterschiede herauszuarbeiten, die sich bei den bisher in die Diskussion eingebrachten Definitionsversuchen ergeben. Als grobes Unterscheidungskriterium dient dabei - mit allen Vorbehalten - die Einteilung in "negative" und "positive" Definitionsversuche. Als "negativ" werden im folgenden solche Definitionen entsprechend obiger Abgrenzung bezeichnet, die von der Arbeit ausgehen und Freizeit als davon zu substrahierende arbeitsabhängige Rest-Zeit ansehen. Als "positive" Freizeitdefinitionen sollen dagegen solche bezeichnet werden, die Freizeit inhaltlich zu definieren versuchen und in ganzheitliche Sichtweisen einbetten (vgl. hierzu und im folgenden auch Schmitz-Scherzer 1974, S. 136 ff. und Tokarski 1979, S. 23 ff.).

6.2.1. "Negative" Freizeitdefinitionen

Trotz der Vielfältigkeit der Definitionen und trotz der Verschiedenartigkeit der daran beteiligten wissenschaftlichen Disziplinen - es scheint fast so viele Auffassungen wie Freizeit-Autoren zu geben (Andreae 1970, S. 12) - haben die meisten Freizeitdefinitionen eines gemeinsam: Sie gehen vom "Primat der Arbeit" (Opaschowski 1976, S. 12) aus und erfassen Freizeit als Residualkategorie, als Handlungsraum, der sich quantitativ von der Arbeit her bestimmt, der jedoch im Gegensatz zur Arbeit ein Maximum an Wahl-, Entscheidungs- und Handlungsfreiheit aufweise (z.B. Weber 1963, S. 15; Schelsky 1963, S. 254; Blücher 1956, S. 14 und 1966 S 201, Nahrstedt 1972, S. 60; Dumazedier 1974; Kaplan 1975; Nave-Herz 1976, S. 23 f.). Hieraus ergibt sich die allgemein verbreitete Grundthese vom weitgehend beliebigen Verhalten in der Freizeit (Micksch 1972, S. 12; Opaschowski 1972, S. 133); explizit wird diese einseitige Betrachtungsweise zwar relativ selten angesprochen, implizit schwingt sie jedoch in den meisten Definitionen mit. In einer solchen Auffassung von Freizeit spiegeln sich die Einflüsse protestantisch-frühkapitalistischen Geistes und der sozialen Kämpfe des 19. Jahrhunderts wider, womit das puritanische Wertsystem als fester Bestandteil der wissenschaftlichen Behandlung der Freizeit angesehen werden muß. Schon die Begriffsbildung "Freizeit" deutet auf einen Zusammenhang mit der Größe Arbeit hin, gleichzeitig wird der kontrastierende Charakter beider Bereiche durch die Assoziation mit dem Begriff "Freiheit" deutlich. Die Gleichsetzung von arbeitsfreier Zeit und Freizeit in den meisten Studien kann als logische Folge dieses Freizeitverständnisses angesehen werden (Nave-Herz 1976, S. 20 f.).

Im einzelnen können folgende Arten von Freizeitdefinitionen unterschieden werden, die alle von einem "negativen" Freizeitbegriff ausgehen:

(1) Definitionen von Freizeit als objektiv meßbares Zeitquantum, wobei die Arbeitszeit als zeitliche Abgrenzung gewählt wird;
(2) Definitionen von Freizeit als Komplementärbegriff zu Arbeit, wobei Freizeit als abhängige Größe von industrieller Arbeit gesehen und von daher begriffen wird;
(3) Definitionen von Freizeit über Aktivitäten in der arbeitsfreien Zeit, wobei die Problematik der Abgrenzung von arbeits- bzw. freizeitspezifischen Aktivitäten im Mittelpunkt steht;
(4) Definitionen von Freizeit, die vom sozialen Verhalten ausgehen, d.h. sozialen Beziehungen, sozialen Rollen, Normen- und Wertsystemen, wobei das soziale Verhalten in der Arbeit als Bezugs- und Abgrenzungskriterium gilt.

Definitionen, die auf die Betonung von Freizeit als objektiv meßbares Zeitquantum und als Dispositionsbereich für spezifische Aktivitäten hinauslaufen, sind noch am leichtesten operationalisierbar und daher auch häufig bei empirischen Studien anzutreffen. Diese Studien können dann allerdings kaum über eine Deskription der arbeitsfreien Zeit bzw. Freizeit hinausgehen.

Definitionen, die Freizeit von der Kategorie der industriellen Arbeit her abgrenzen und einmal deren Komplementarität und zum anderen deren Autonomie betonen, können nur auf dem Hintergrund von Aussagen und Theorien zur kapitalistischen Industriegesellschaft gesehen werden. Als die eigentlichen sozialwissenschaftlichen Definitionen müssen diejenigen Definitionen angesehen werden, die vom sozialen Verhalten ausgehen. Sie sind zumeist sehr abstrakt und oft schwer operationalisierbar. Dies gilt auch für die Verwendung des Begriffs der sozialen Rolle (Scheuch 1977, S. 43). Solche auf das Verhalten gerichteten Definitionen versuchen zwar, Kriterien anzugeben, ob eine Verhaltensweise der Freizeit zuzurechnen ist oder nicht, sie sind in ihrer Verwendbarkeit jedoch darauf angewiesen, daß unterscheidbare und isolierbare Rollen, Beziehungen, Normen und Werte auf der einen und ihnen zuordnungsbare Aktivitäten auf der anderen Seite angegeben werden können (siehe hierzu auch Micksch 1972, S. 13; Rosner 1974, S. 11 ff.). Dennoch sind sie für die Erforschung von Freizeit und Freizeitverhalten von großer Bedeutung, denn sie beziehen sowohl Motivationen als auch Einstellungen in die Analyse mit ein und umfassen daher einen größeren Teil des Gesamtphänomens Freizeit als die übrigen Definitionsversuche. Indem sie einen Bezug zu allgemeinen theoretischen Ansätzen herstellen, eröffnen sie zugleich Möglichkeiten der Theoriebildung.

Unterscheidet man über diese Kategorisierung hinaus zwischen empirischen und sogenannten "kritischen" Ansätzen, so lassen sich hier weitere Differenzen feststellen. Die "kritischen" Arbeiten erheben die individuelle Freiheit und die Aufhebung von Zwang als den Orientierungspunkt für die Bestimmung von Freizeit (vgl. Nahrstedt 1972, S. 56; Nave-Herz 1976, S. 24) zu ihrer primären Forderung und kritisieren, daß diese Forderungen in der gegenwärtigen gesellschaftlichen Situation nicht erfüllt seien. Die empirische Forschung dagegen begnügt sich weitgehend mit der Deskription der aktuellen Situation. Da sie jedoch auch erkannt hat, daß Freizeit nicht mit individueller Freiheit - was immer man hierunter verstehen mag - gleichzusetzen ist, wird versucht, dieser Tatsache durch Differenzierungen der Freizeit Rechnung zu tragen (gebundene vs. ungebundene Zeit, rekreative vs. verhaltensbeliebige Zeit, loisir vs. demiloisir etc.). Die Problematik, die schon bei der Abgrenzung von Arbeit und arbeitsfreier Zeit entsteht, wird durch diese Differenzierungen jedoch nicht gelöst, sondern durch die Problematik einer Abgrenzung innerhalb der Freizeit bzw. arbeitsfreien Zeit verschärft.

Es muß festgestellt werden: Freizeit als Residualkategorie zu begreifen bzw. mittels eines Substraktionsverfahrens zu bestimmen, führt zu einer "Stagnation in der Begriffsbildung" (Opaschowski 1976, S. 94): Definitionsversuche, die von einem solchen "negativen" Freizeitbegriff ausgehen, beschreiben zwar alle Teilphänomene der Freizeit, können jedoch das Gesamtphänomen Freizeit in seiner komplexen Struktur nicht fassen. Zugleich besitzen solche Definitionen nur beschränkte Gültigkeit für eine spezifische Bevölkerungsgruppe, nämlich nur für Erwerbstätige, obwohl die These von G r e e n b e r g (1958) - "Freizeit ist im Grunde, selbst für die, die nicht arbeiten, eine Funktion der Arbeit, versteht sich von der Arbeit her und ändert sich, wenn die Art der Arbeit sich ändert" - durchaus ihre Berechtigung hat (Tokarski 1984a, S. 131).

6.2.2. "Positive" Freizeitdefinitionen

Versuche zur Überwindung dieses "negativen" Freizeitverständnisses sind insbesondere in jüngster Zeit gemacht worden (Nahrstedt 1972, Lüdtke 1975, Kaplan 1975, Opaschowski 1976, Kelly 1982). Die Freizeit "positiv" zu definieren, bedeutet dabei aber nicht, von der Arbeit und ihrem Einfluß abzuheben, sondern unter Einschluß der Determinationskraft der Arbeit Freizeit unter übergeordneten Gesichtspunkten zu fassen. Hier sind auch die Versuche anzusiedeln, die Freizeit über Alltag oder unter dem Gesichtspunkt des Lebensstils zu fassen versuchen. Dabei ist insbesondere auf das Problem zu verweisen, Freizeit im Zusammenhang mit anderen sozialen Systemen und gleichzeitig im Kontext konkreter Freizeithandlungen zu fassen.

"Positive" Definitionen versuchen, Freizeit nach den Inhalten von Aktivitäten, Funktionen, Erlebensweisen und nicht nach formalzeitlichen Restkategorien zu begreifen. Im Mittelpunkt stehen Entfaltungsmöglichkeiten der Individuen. Freizeit kann dabei als Zeit für Emanzipation, Kompensation, soziale Integration, Regeneration, Kontemplation etc. verstanden werden (Habermas 1958; Adorno 1969; Kohl 1976; Scheuch 1977). Diese Ansätze sind allerdings vom "Erkenntnisinteresse und Gesellschaftsbild des Wissenschaftlers ebenso abhängig wie von den in der Gesellschaft dominierenden Ideologien" (Prahl 1977, S. 18).

Bereits einen Übergang von den o.a. rein "negativen" Freizeitdefinitionen bietet der Ansatz von S c h e u c h (1977), der quasi die "'negative' Definition von Freizeit in eine 'positiv' gewendete rollentheoretische Beschreibung von Tätigkeiten" umwandelt (Eichler 1979, S. 67). S c h e u c h versucht, den Gegensatz von Arbeit und Freizeit, der den Kern der "negativen" Freizeitansätze ausmacht, durch die Heranziehung der Rolle, die ein Individuum ausfüllt, aufzuheben: Nicht die Art der Tätigkeit sei entscheidend, "sondern die Beziehung dieser Tätigkeit zu den zentralen funktionalen Rollen eines Individuums" (Scheuch 1972, S. 31). Daraus folgert er, daß Freizeit diejenigen Tätigkeiten ausmacht, "die sich nicht notwendig aus zentralen funktionalen Rollen ergeben" (Scheuch 1977, S. 43). Multifunktionalität ist das Kennzeichen der sich aus diesen Rollen ergebenden Verhaltensweisen. Die Rollenerwartungen während der Arbeit sind relativ starr und die Sanktionen bei nonkonformem Verhalten größer als in der Freizeit: Hier wird die Freiheit der Rollenübernahme sowie ihre Ausgestaltung als wesentlich größer erlebt als in der Arbeit, und dies mit wachsender Tendenz. "Spielerische Rollenaneignung" (Vahsen 1983, S. 115) ist hier das Schlagwort: Freizeit kann dann verstanden werden als ein Raum, der Rollendistanz, Rollenflexibilität sowie innovatorisches Verhalten zuläßt und dem einzelnen Möglichkeiten bietet, Identität zu finden, Rollensets einzugehen, Phantasie, Spiel, Mobilität und Dynamik - in Abgrenzung zur Arbeit - zu zentralen Rollensegmenten zu machen (Lüdtke 1972, S. 43). Damit ist aber auch eine Hierarchisierung der einzelnen Rollensegmente je nach Situation möglich. Auch wenn S c h e u c h das Verhältnis von Arbeit und Freizeit nur sehr abstrakt abhandelt und keine Erklärung der in seiner Definition verwendeten Begrifflichkeit "zentrale funktionale Rolle" gibt, so wird hier deutlich gemacht, daß für die Analyse von Freizeit der gesamte Rollensatz eines Akteurs berücksichtigt werden muß.

Die unüberwindlich scheinenden Schwierigkeiten und Probleme, die mit der negativen Abgrenzung der Freizeit von der Arbeit zusammenhängen, haben bei O p a s c h o w s k i (1976, S. 106 ff.) ebenfalls dazu geführt, Freizeit in einem allgemeineren Sinne zu begreifen als bisher (vgl. hierzu auch Kohl 1976, S. 26 ff.). Die von O p a s c h o w s k i als "positiv" verstandene Begriffsbestimmung geht davon aus, daß die Arbeit zwar ein wesentlicher, aber eben nur begrenzter Sektor der menschlichen Existenz ist, der zusammen mit anderen Lebensbereichen einen zusammenhängenden Komplex bildet. In diesem Sinne ist eine Zweiteilung des Lebens in Arbeit und Freizeit willkürlich und künstlich.

Die Begriffe Arbeit und Freizeit werden von O p a s c h o w s k i unter einen einzigen Begriff subsumiert, nämlich den des Lebens, das je nach Situation durch mehr oder minder große Dispositionsfreiheit und Entscheidungskompetenz charakterisiert ist. Je nach Grad der freien Verfügbarkeit von Zeit und entsprechender Wahl-, Entscheidungs- und Handlungsfreiheit läßt sich das gesamte Leben als Einheit von drei möglichen Zeitabschnitten begreifen, die als Dispositionszeit, Obligationszeit und Determinationszeit bezeichnet werden. Determinationszeit liegt dann vor, wenn sich ein Individuum zu einer Tätigkeit gezwungen bzw. in der Ausübung der Tätigkeit zeitlich, räumlich und inhaltlich festgelegt fühlt. Oblitationszeit liegt dann vor, wenn sich ein Individuum zu einer bestimmten Tätigkeit verpflichtet bzw. aus beruflichen, familiären oder sozialen Gründen an eine Tätigkeit gebunden fühlt. Dispositionszeit liegt dann vor, wenn ein Individuum über wahlfreie, selbst- und mitbestimmte Zeitabschnitte verfügt. Arbeit und Freizeit können dabei je nach subjektiver Bedeutung in allen drei Zeitabschnitten liegen; in eine solche Betrachtungsweise sind alle Bevölkerungsgruppen eingeschlossen, nicht nur Erwerbstätige.

Dieses Konzept der "positiven" Bestimmung der Freizeit bringt insofern einen wichtigen Aspekt der Betrachtungsweise in die Diskussion um die Bestimmung der Freizeit ein, als es das Phänomen Freizeit um die subjektive Dimension bereichert: Es weist auf die primäre Abhängigkeit der Freizeitgestaltung vom jeweiligen Individuum selbst hin, d.h. Motivationen und Einstellungen spielen danach in der Freizeit die entscheidende Rolle und bestimmen erst darüber, welche spezifische Tätigkeit welchen Grad an Dispositionsfreiheit erlangt und welchem Zeitabschnitt sie dann zugeordnet wird. Freizeit läßt sich dann nicht mehr daran erkennen, was ein Individuum tut, sondern aus welchen Beweggründen, mit welchem Ziel und mit welcher inneren Teilnahme. Damit wird die Frage nach der Freizeit auf die Frage nach dem subjektiven Erleben der Freizeit durch die Betroffenen selbst reduziert (vgl. hierzu auch Scheuch 1969, S. 784 und 1977, S. 2 und 88; Schmitz-Scherzer 1974; Nave-Herz 1976, S. 27; Tokarski 1979). Es läßt sich feststellen, daß seit ca. 1979 das Freizeiterleben als der wesentliche Faktor in vielen Studien im Vordergrund der Betrachtung steht. Diese Sichtweise der Freizeit läßt sich ab diesem Zeitpunkt verstärkt auch in der angelsächsischen Literatur beobachten, in der selbst bei den sog. "objektiven" bzw. "soziologischen" Definitionsversuchen Kategorien, wie "intrinsic satisfaction" u.ä. (Kelly 1982, S. 31) als zentral angesehen werden.

Zum gegenwärtigen Stand der Begriffsbildung in der Freizeitforschung - die natürlich nicht isoliert von der Diskussion freizeittheoretischer Ansätze losgelöst werden kann, wir haben dies oben betont - läßt sich folgendes sagen:
Freizeit ist bislang nicht befriedigend definiert worden. Charakteristisch ist, daß sie zu allgemein Begriffen wird, wobei die Abhängigkeit von der Arbeit dominiert: Freizeit als Residualkategorie. Gleichzeitig ist eine Tendenz unverkennbar, Freizeit als subjektive Kategorie aufzufassen und die Definition in die Beliebigkeit des jeweils Betroffenen zu stellen: Freizeit als das, was ein Individuum darunter versteht. Beide Ansätze sind sicherlich die beiden Extreme auf einem Kontinuum, allerdings bietet die Definition über die subjektive Kategorie, über das Freizeiterleben, den Vorteil, daß sie "offener" ist. Aber auch sie kann nur Arbeitsdefinition sein, solange, bis wir die Freizeit spezifischer, sehr sensibel begriffener, sozialer Gruppen definieren können. Gerade die Soziologie hat dabei die Aufgabe, in die subjektiven Definitionen von Freizeit Strukturen zu bringen, die eine Definition für eine bestimmte soziale Gruppe ermöglichen.

Elemente, die eine Definition umfassen könnte, werden in der Literatur viele genannt, sie sind oben zum größten Teil diskutiert worden. Ob es aber nun letztlich zwei sind (z.B. Kelly 1972) oder drei (z.B. Neulinger 1974) oder erheblich mehr (z.B. Wippler 1968, 1979; Schmitz-Scherzer 1974; Scheuch 1977 und andere), bleibt sich gleich, solange die jeweilige relative Bedeutung der einzelnen Elemente untereinander und in Abgrenzung betroffener sozialer Gruppierungen gegeneinander ungeklärt ist. Alleine auf die Dominanz der Arbeit für die Freizeit abzuheben, wäre eine Verkürzung der Problematik, obwohl der große Einfluß der Arbeit sicherlich ein bedeutender Faktor ist. Dies zeigt sich auch in den Antworten, die Befragte implizit oder explizit auf die Fragen nach einer für sie gültigen Definition von Freizeit geben (z.B. Divo 1963; Schmitz-Scherzer 1969; Prahl 1977; Tokarski 1979; Eichler 1979; Opaschowski 1980; Giegler 1982 etc.). Die Ersetzung des Betriffs Freizeit z.B. durch "Alltag" oder "Kultur" (Baacke 1980, S. 71 ff.; Vahsen 1983, S. 105 f.), kann in diesem Zusammenhang auch kaum weiterführen, da sie nicht weniger problematisch sind; auch sie sind Begriffshülsen, die genau wie Freizeit vieldeutig sind. Diese Diskussion einer Ersetzung des Freizeitbegriffs führt nicht weiter, allerdings ist zu fragen, inwieweit Freizeit in Konzepte von Alltags- und Kulturmodellen integriert werden kann.

6.3. Freizeit theoretisch

Die Diskussion um den Freizeitbegriff spiegelt sich in den bekannten theoretischen Konzepten und Modellen zur Freizeit wider. Empirisch fundierte Freizeittheorien werden nach wie vor in der Literatur nicht angeboten. B e r g e r (1962, S. 37), S ch m i t z - S c h e r z e r (1974, S. 117 ff.), S c h e u c h (1977, S. 156), T o k a r s k i (1979, S. 30 ff.), N a u c k (1983, S. 274 ff.), V a h s e n (1983, S. 100 ff.) wie viele andere auch haben diesen Zustand über Jahrzehnte hinweg dokumentiert. Eine geringe Theoriefähigkeit ist das gemeinsame Fazit dieser Freizeitautoren. Dennoch läßt sich nicht leugnen, daß es durchaus Anstrengungen gibt, die Aspekte einer theoretischen Fundierung von Freizeit zu beleuchten. Sie werden im folgenden dargestellt und diskutiert.

6.3.1. "Determinantenkonzepte" der Freizeit

Einfache Konzepte der Freizeit, die als erste theoretische Stufe angesehen werden können, obwohl sie eigentlich nicht mehr sind, als die deskriptive Analyse statistischer Resultate der Freizeitforschung, stellen sog. "Determinantenkonzepte" dar. In der Literatur wird häufig - quasi als der dahinterstehende theoretische Ansatz - davon ausgegangen, daß Freizeit primär durch eine Anzahl sozio-demographischer Variablen erklärbar sei. So meint z.B. S c h e u c h (1977, S. 88), daß die Kenntnis von nur sehr wenigen Soziodemographia genüge, um das Freizeitverhalten eines Individuums weitgehend prognostizieren zu können, wobei diesen Variablen zusätzlich noch unterschiedliche Determinationskraft bescheinigt wird: Starke Determinationskraft wird dabei dem Alter, der Schulbildung, der Rolle berufstätig und der Rolle Hausfrau zugesprochen. Geschlecht, Art des Berufs, Stellung im Lebenyzyklus und Wohnort besitzen nach S c h e u c h dagegen nur mittlere

Determinationskraft, wohingegen das Individualeinkommen, der Autobesitz und das Haushaltseinkommen die Freizeit nur geringfügig determinieren sollen. Dies mag zutreffen, wenn man sich mit groben Kategorien von Freizeitaktivitäten und -tendenzen zufrieden gibt. Freizeit, insbesondere Freizeitwünsche und Freizeiterleben, läßt sich jedoch nicht allein durch sozio-demographische Variablen erklären, denn diese sind lediglich deskriptive Indikatoren für die soziale Situation eines Individuums, die mit als "Freizeitverhalten" deklarierten Aktivitäten korrelieren. Eine Determination kann dabei jedoch nicht ohne weiteres unterstellt werden.

Ausgehend von der Definition der Freizeit über den Begriff der sozialen Rolle (siehe Scheuch 1977, S. 43) findet H a n h a r t (1964, S. 49 ff.) fünf Arten der Determination des Freizeitverhaltens:

(1) Arbeitsabhängigkeit, und zwar
   a) direkte Arbeitsabhängigkeit (Wege von und zur Arbeit, Zeit für Erholung, Kontakte);
   b) indirekte Arbeitsabhängigkeit (regeneratives, kompensatorisches, substitutives, komplementäres Verhalten in der Freizeit);
(2) Vitalabhängigkeit (Essen, Schlafen, Hygiene);
(3) Statusabhängigkeit (Beruf, Einkommen, Ausbildung);
(4) Familienabhängigkeit (Kommunikation, Verein, Verbände, Kirche, politisches Engagement);
(5) Personenabhängigkeit (Motivation, Kognition).

H a n h a r t sieht in seiner Untersuchung Freizeitverhalten zu einem großen Teil von zentralen sozialen Rollen determiniert. Freizeit ergäbe sich zwar nicht notwendig und unmittelbar aus zentralen Rollen (Scheuch 1977, S. 43), ist jedoch nach H a n h a r t dennoch überwiegend von diesen Rollen bzw. deren sozialen Umfeldern abhängig. Andererseits sind daneben aber auch Tendenzen zu beobachten, die zeigen, daß sich für die Freizeit eigene zentrale Rollen herausbilden. Dies gilt vornehmlich für den Urlaub (Scheuch 1977, S. 144).

Neben der Determination der Freizeit durch sozio-demographische sowie rollenspezifische Merkmale werden in der empirisch ausgerichteten Literatur vereinzelt Aspekte der Aktivitäts- und der Motivationsrichtung als bestimmend für das Freizeitverhalten aufgeführt, womit die Persönlichkeitsabhängigkeit der Freizeit angesprochen ist (siehe hierzu auch Wippler 1968, S. 152). Verhaltensweisen in der Freizeit können danach folgende Aktivitätsrichtungen annehmen:

1. ganzheitlich vs. fragmentarisch,
2. aktiv vs. passiv,
3. körperlich vs. geistig,
4. kreativ vs. nicht-kreativ,
5. zweckfrei vs. zweckgerichtet,
6. kommunikativ vs. nicht-kommunikativ,
7. innerhäuslich vs. außerhäuslich,
8. sinnvoll vs. sinnlos,
9. solitär vs. gemeinschaftlich.

Die Aktivitätsrichtungen von möglichem Freizeitverhalten weisen in vielen der hier aufgeführten Aspekten auf die von R i e s m a n (1958) als innengeleitet bzw. außengeleitet oder aber von J u n g (1972) als introvertiert bzw. extravertiert bezeichnete Typen des Verhaltens hin. Eine ähnliche Betrachtungsweise der Freizeit findet sich auch bei den Motivationsrichtungen. H a s e l o f f (zitiert nach Weber 1967, S. 64 ff.; Köhl/Turowski 1974, S. 124; Thomae 1973, S. 336 ff.) unterscheidet vier Grundtypen der Ausrichtung von Motivationen:

(1) Rezeptive Daseinsaneignung, d.h. möglichst leistungsfreie, passive und risikofreie Bewältigung der Umwelt;
(2) Introversive Erlebnisentfaltung, d.h. Vermeidung des anhaltenden Kontaktes mit anderen Individuen, Neigung zu privatem erlebniserfüllten Leben, Zurückhaltung nach außen;
(3) Kommunikative Erlebnisentfaltung, d.h. Befriedigung durch den Kontakt mit anderen Individuen auch außerhalb der engeren Bezugsgruppe, Suche nach Geselligkeit;
(4) Expansive Daseinsaneignung, d.h. Bevorzugung einer aktiven, selb-

ständigen, statuserhöhenden und risikoreichen Auseinandersetzung mit der Umwelt.

Daneben gehören sicherlich noch der Besitz von Freizeitmitteln, -instrumenten und -ausrüstungen, ökologische Variablen sowie gesundheitliche, entwicklungspsychologische Variablen zu den Determinanten der Freizeit. Diese haben wir in den vorausgegangenen Kapiteln ausführlich diskutiert.

S c h m i t z . S c h e r z e r (1974, S. 117 ff.) demonstriert anhand eines "Determinantenkonzepts" die Komplexität des Freizeitbereichs auf der Basis der bisher gefundenen Resultate der empirischen Forschung. Dabei verknüpft er die in der Literatur aufgeführten physischen, psychischen und sozio-demographischen Determinanten der Freizeit mit dem "Inhalt" des Freizeitbereichs, d.h. den Freizeitinteressen, dem Freizeitverhalten und dem Freizeiterleben, und bringt all dies in Verbindung mit der gesellschaftlichen Situation und dem jeweiligen sozialen Umfeld. Es ergibt sich folgendes Schema der Determination des Freizeitbereichs:

Abbildung 8: Determinanten der Freizeit

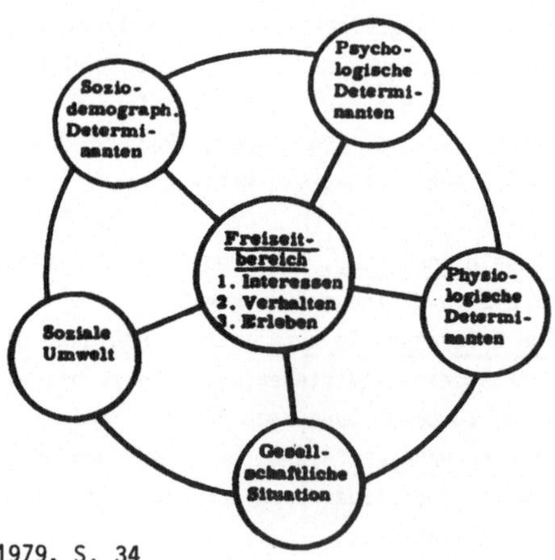

Quelle: Tokarski 1979, S. 34

Im Prinzip stehen alle diese Größen in einer mehr oder weniger engen Relation zur Freizeit und korrelieren wiederum auch untereinander. Gerade letzteres macht die Bestimmung ihrer relativen Bedeutsamkeit für die Freizeit so schwierig. Für die Darstellung der Komplexität des Freizeitphänomens sowie der Elemente seiner Analyse ist dieses Determinantenkonzept jedoch gut geeignet. Ähnliche Modelle werden z.B. von V a g t (1976) und B i e r h o f f (1974) vorgelegt.

In jüngerer Zeit werden die diskutierten Determinanten auch als "Bedingungsmomente" für eine Theorie der Freizeit angesehen. So nennt z.B. V a h s e n (1983, S. 100 ff.) als solche "Bedingungsmomente"
- den Kontext Arbeit und Freizeit,
- die Interaktionsbezüge,
- die Herrschaftsverhältnisse,
- den sozialökologischen Raum,
- die Biographie,
- die Alltags- und Lebenswelt sowie
- das Wertesystem.

Die Ähnlichkeiten zum Determinantenkonzeept z.B. von S c h m i t z - S c h e r z e r (1974) sind offenkundig. Allerdings beinhalten die hier verwendeten "Begriffshülsen", so einleuchtend sie klingen mögen, andere Probleme, z.B. der Operationalisierung und der interpretativen Bezüge. Die Ersetzung des "problematischen" Freizeitbegriffs durch andere "problematische" Begriffe stellt keine Lösung dar. Zudem bleibt das Problem der Kausalität in den angenommenen Beziehungen zwischen einzelnen "Determinanten" und speziellen Verhaltensweisen in der Freizeit ungeklärt - wissenschaftstheoretisch und phänomenologisch.

Der Frage nach "Basisdeterminanten" der Freizeit - und damit den Basisdimensionen der Definition von Freizeit (Iso-Ahola 1979, S. 28 ff.) - gehen die Modelle von K e l l y (1972) und N e u l i n g e r (1974) nach, die beide die angelsächsische Literatur als "rivalisierende theoretische Ansätze" (Iso-Ahola 1979, S. 29) beeinflußt haben. Auch sie sind keine theoretischen Modelle i.e.S. Sie basieren jedoch im Vergleich zu den übrigen hier angeführten Ansätzen nicht auf empirischen Befunden, sondern sind abgeleitet von anderen theoretischen Arbeiten über Freizeit. So begründet K e l l y (1972) sein "soziologisches Modell" z.B. auf Arbeiten von M a r x , M a r c u s e und D u m a z e d i e r, dagegen N e u l i n g e r (1974) sein "psychologisches" Modell auf D e G r a z i a, G r e e n und P i e p e r.

K e l l y (1972) geht von zwei Basisdeterminanten aus, nämlich von der Abhängigkeit von der Arbeit (hoch/niedrig) und vom Restriktions- bzw. Freiheitsgrad (hoch/niedrig), die sich in einem 2 x 2-Modell niederschlagen. Er sieht Freizeit am besten realisiert, wenn ein Individuum eine Freizeitaktivität ohne Restriktionen (frei) ausübt und diese Aktivität von der Arbeit unabhängig ist. Das Gegenteil ist der Fall, wenn Restriktion und Arbeitsabhängigkeit einer Freizeittätigkeit hoch sind, z.B. wenn eine Freizeitbetätigung an die tägliche Arbeit angelehnt ist und das Individuum sie nicht in freier Entscheidung ausübt. K e l l y (1972) geht davon aus, daß die Arbeitsabhängigkeit und der Restriktionsgrad der Ausübung einer Freizeittätigkeit unabhängig voneinander die Freizeit bestimmen. Später hat K e l l y (1976) sein Modell revidiert, indem er Arbeitsabhängigkeit durch Bedeutung einer Aktivität (intrinsisch/sozial) ersetzt hat. Die Arbeitsabhängigkeit ist dann nur noch indirekt in seinem Modell enthalten.

N e u l i n g e r (1974) legt dagegen drei Basisdeterminanten der Freizeit zugrunde, nämlich der subjektiv wahrgenommene Freiheitsgrad (hoch/niedrig), Motivation (intrinsisch/extrinsisch) und Zielorientierung (final/instrumental). Auch er hat sein Modell später (1976) revidiert, indem er auf die Zielorientierung als Determinante verzichtet hat. N e u l i n g e r postuliert, daß absolute Freizeit existiert, wenn ein Individuum seine Freiheit als hoch wahrnimmt und eine Freizeitaktivität aus intrinsischen Motiven heraus ausübt. Im Kontrast dazu steht die subjektive Wahrnehmung der eigenen Freiheit als gering und die Ausübung von Freizeittätigkeiten aus extrinsischen Motivationen heraus. Ebenso wie K e l l y nimmt N e u l i n g e r an, daß seine beiden Basisdeterminanten unabhängig voneinander sind.

Eine empirische Überprüfung von I s o - A h o l a (1979) an Studenten ergab, daß zwar die von K e l l y und N e u l i n g e r angenommenen Basisdeterminanten die subjektive Wahrnehmung der Freizeit signifikant beeinflußten, allerdings konnte er die angenommene Unabhängigkeit nicht nachweisen: Der Effekt einer der beiden Variablen hing in I s o - A h o l a s Analyse vom Niveau der jeweils anderen Variable ab (1979, S. 36). Insgesamt gesehen können damit jedoch die von K e l l y und N e u - l i n g e r vermuteten Basisdeterminanten der Freizeit als existent angesehen werden. Allerdings stellt sich auch hier die Frage der angenommenen Operationalisierung sowie einer Ausdifferenzierung für spezifische soziale Gruppen.

6.3.2. Theorien zum Verhältnis von Arbeit und Freizeit

Neben den "Determinantenkonzepten" der Freizeit, die auch z.T. bereits die Bedeutung der Arbeit für die Freizeit hervorheben - ebenso wie die davor diskutierten Versuche, Freizeit zu definieren -, spielen theoretische Ansätze zur Erklärung des Verhältnisses von Arbeit und Freizeit eine große Rolle. Diese Verstellungen werden im wesentlichen von folgenden Ansätzen geprägt (siehe Wilensky 1960; Wippler 1968; Witt/Bishop 1970; Schmitz-Scherzer 1974, S. 131 f.; Groskurth/Volpert 1975, S. 281 f.; Opaschowski 1975 und 1976, S. 101 f.; Fürstenberg 1977, S. 101 f.; Prahl 1977, S. 24 ff.; Eichler 1979, S. 138 ff.; Tokarski 1979, S. 25 ff.; Hecker & Grunwald 1981, S. 353 ff.; Streich 1983, S. 310 ff.):

(1) Ventiltheorie (Theorie vom Energieüberschuß):
Freizeit ist der Bereich, in dem überschüssige Energien abreagiert werden, die in der Arbeit nicht benötigt werden;

(2) Erholungstheorie:
Freizeit dient der zentralen Funktion der Erholung von der Arbeit;

(3) Katharsistheorie:
Freizeit ist der Bereich, in dem in der Arbeit unterdrückte Emotionen und psychische Spannungen abreagiert werden;

(4) Kompensationstheorie:
Freizeit ist der Bereich, in dem die Möglichkeit zum Ausgleich von Mängeln, Versagungen, Belastungen und Zwängen der Arbeit gegeben ist;

(5) <u>Konsumtheorie</u>:
Freizeit dient dem Verbrauch und Verschleiß in der Arbeit produzierter materieller Güter und Erlebnisinhalte;

(6) <u>Kontrasttheorie</u>:
Freizeitverhaltensweisen stehen in deutlichem Gegensatz zur Arbeit;

(7) <u>Kongruenztheorie</u>:
Arbeit und Freizeit sind ähnliche Lebensbereiche, entsprechend besitzen beide Bereiche ähnliche Strukturen;

(8) <u>Reduktionstheorie</u>:
Restriktionen in der Selbsterfahrung der Arbeit führen auch zu einer Verarmung der Freizeitaktivitäten;

(9) <u>Generalisationstheorie</u>:
Freizeit ist der Bereich, in dem das in der Arbeit erworbene Verhaltensrepertoire "reproduziert" wird;

(10) <u>Identitätstheorie</u>:
Arbeit ist der Bereich, in dem ein Individuum das tut, was es in der Freizeit auch tun würde;

(11) <u>Neutralitätstheorie</u>:
Zwischen Arbeit und Freizeit bestehen keine unmittelbaren Zusammenhänge, sie sind nur über intervenierende Variablen gegeben.

Ausgangspunkt dieser theoretischen Ansätze ist die explizite bzw. implizite Abhängigkeit der Freizeit von der Arbeit. Freizeit ist der Bereich der Reaktion, das "Primat" der Arbeit erscheint schicksalhaft und unvermeidlich. Schaut man sich diese Modelle näher an, so stellen fünf der elf Ansätze nichts anderes als Spezifikationen der ebenfalls genannten Kontrasttheorie, weitere fünf solche der Kongruenztheorie dar. Davon ab hebt sich nur die Neutralitätstheorie. Damit läßt sich die Auswahl an theoretischen Ansätzen zur Freizeit auf drei Hypothesen reduzieren:

(1) Wenn die Freizeit sich deutlich von der Arbeit unterscheidet oder wenn der Rahmen der Freizeitaktivitäten sehr stark zu dem der Aktivitäten in der Arbeit in Kontrast steht, trifft die sogenannte "Kontrasthypothese" zu.
(2) Wenn Ähnlichkeiten zwischen Freizeit und Arbeit auftreten, trifft die sogenannte "Kongruenztheorie" zu.
(3) Wenn keine unmittelbaren Zusammenhänge zwischen Arbeit und Freizeit bestehen, trifft die "Neutralitätshypothese" zu.

Eine Sekundäranalyse von Freizeituntersuchungen in Westeuropa und den USA belegt dies (Wilensky 1960, S. 543 ff.; Wippler 1974, S. 92 f.; Tokarski 1979, S. 36 f.).

Die in diesem Zusammenhang genannten freizeittheoretischen Ansätze, die in der Literatur gefunden werden können, implizieren neben einer prinzipiellen Abhängigkeit vom Arbeitsbereich eine unterschiedliche Auffassung von der Arbeit:
Zum einen wird Arbeit als schwere Last geschildert, die die persönliche Entfaltung behindert, zum anderen wird Arbeit als Ort der Selbstentfaltung und Erfüllung angenommen. W i p p l e r (1974, S. 99 f.) verknüpft "Kontrast" und "Kongruenzhypothese" mit den verschiedenen Auffassungen von Arbeit und gelangt zu einer Vierfeldertabelle, die er als Klassifizierungsbasis für die Relationen zwischen Arbeit und Freizeit verstanden wissen will. In Anlehnung an H a b e r m a s (1958, S. 224) nennt er als Spezifizierungen der "Kontrasthypothese" regeneratives und kompensatorisches Freizeitverhalten für Arbeitsformen, die die persönliche Entfaltung unterdrücken. Er vermutet dagegen für Arbeit, die die persönliche Entfaltung fördert, komplementäres Verhalten. Als Spezifizierung der "Kongruenzhypothese" gilt, daß Formen der Arbeit, die die persönliche Entfaltung unterdrücken, suspensives Freizeitverhalten hervorbringen, während Arbeit, die die persönliche Freiheit nicht unterdrückt, kontinuierliches Verhalten bewirkt. Tabelle 42 zeigt die hier erläuterten Zusammenhänge im Überblick.

Tabelle 42: Mögliche Relationen zwischen Arbeit und Freizeit auf der Basis von "Kontrast-" und "Kongruenzhypothese"

	Verhalten in der Freizeit unterscheidet sich von dem in der Arbeit (=Kontrasthypothese)	Verhalten in der Freizeit zeigt Ähnlichkeiten mit dem in der Arbeit (=Kongruenzhypothese)
Arbeit unterdrückt die persönliche Entfaltung	- kompensatorisches Freizeitverhalten - regeneratives Freizeitverhalten	- suspensives Freizeitverhalten
Arbeit fördert die persönliche Entfaltung	- komplementäres Freizeitverhalten	- kontinuierliches Freizeitverhalten

Empirisch sind diese Annahmen bislang nur zum Teil untersucht worden. Probleme dabei machen die Abgrenzungen zwischen kompensatorischem, regenerativem, suspensivem, komplementärem und kontinuierlichem Verhalten in der Freizeit, insbesondere, da die dazu vorliegenden Resultate primär auf beobachtbaren Verhaltensweisen basieren, nicht jedoch auch Motivationen und Erlebensweisen einbeziehen.

Die Plausibilität aller drei hier vorgestellten Hypothesen hat in der wissenschaftlichen Diskussion nicht zu einer Gleichbehandlung geführt, sondern die "Kontrasthypothese" in ihrer speziellen Ausprägung als "Kompensationshypothese" hat wie kein anderes Modell die bisherige Auseinandersetzung mit der Freizeit geprägt und so dazu beigetragen, die Polarisierung von Arbeit und Freizeit zu stabilisieren (vgl. auch Opaschowski 1976, S. 39 und Schmitz-Scherzer 1974, S. 131). Basis hierfür war primär das von H a b e r m a s (1958) entwickelte Kompensationsmodell, das in seiner Ausschließlichkeit nicht akzeptiert werden kann, denn andere Beziehungen zwischen Arbeit und Freizeit als nur kompensatorische sind aufgrund der vorhergehenden Überlegungen ebenso denkbar. H a b e r m a s selbst war sich der "Vorläufigkeit" seiner Theorie durchaus bewußt, da das von ihm postulierte komplementäre Verhältnis in seiner kompensatorischen und suspensiven Ausprägung weder empirisch analysiert noch bestätigt worden ist (1958, S. 220). Er bezeichnet seine Theorie daher lediglich als einen grob schematisierenden Vergleich zwischen Arbeits- und Freizeitverhalten.

Insgesamt läßt sich sagen, daß mehr Datenmaterial zur "Kongruenzhypothese" als zur "Kontrasthypothese" vorliegt. Dieses Datenmaterial ist allerdings von sehr unterschiedlicher Qualität; es bestätigt und widerlegt alle drei hier aufgeführten Hypothesen über den Zusammenhang von Arbeit und Freizeit gleichzeitig. Hecker & Grunwald (1981, S. 354) weisen nach einer eingehenden Sekundäranalyse darauf hin, daß die "Kongruenzhypothese" am wenigsten abgesichert sei, die "Kontrasthypothese" in ihrer Ausprägung als "Kompensationshypothese" dagegen wider Erwarten kaum als gültig angesehen werden könne. Dies bestätigt auch die Untersuchung von Tokarski (1979) bei berufstätigen Männern. Er weist nach, daß eine vollständige Übernahme von Normen, Werten und Bedeutungsinhalten der Arbeit auf die Freizeit nur in Ausnahmen geschieht; dagegen sprechen die allgemein vorherrschenden Einstellungen zu Arbeit und Freizeit und die aus der grundsätzlich positiven Einstellung zur Freizeit resultierenden individuellen Freizeiterwartungen, obwohl die soziokulturellen Bedingungen des vorhandenen sozialen Systems und die positiven Sanktionen bei Erfüllung der Arbeitsnormen eine Übertragung des Arbeitsverhaltens auf das Freizeitverhalten fördern (vgl. auch Streich 1983, S. 312). Als wichtigste Faktoren zur Differenzierung kongruenten und kontrastierenden Freizeitverhaltens ermittelte Tokarski (1979, S. 253 ff.) den Grad der Restriktivität der Arbeitssituation, das Ausmaß der Einschränkung der Dispositionsmöglichkeiten und - speziell für kompensatorisches Verhalten - die finanzielle Basis; Erklärungskomponenten, die mit den von Eichler (1979, S. 192) gefundenen kompatibel sind, der darüber hinaus ebenfalls eher die "Kongruenzhypothese" stützt (Eichler, 1979, S. 190). Parker & Smith (1976, zit. in: Hecker & Grundwald 1981, S. 357) sehen aufgrund ihrer Analysen die Gültigkeit der hier vorgestellten Hypothesen durch folgende Abhängigkeiten gegeben:

Tabelle 43: Gültigkeit der Hypothesen in Abhängigkeit von Arbeitsmerkmalen

Arbeitsmerkmal	Gültige Hypothese
Einfache, repetitive Arbeit	Neutralitäts- oder Kompensationsthese
Neutrale Arbeit	Neutralitätsthese
Kreative Arbeit	Kongruenzthese

Quelle: Hecker & Grundwald 1981, S. 357

Aufgrund der vielen inkonsistenten empirischen Befunde zu den vorgelegten theoretischen Modellen kann angenommen werden, daß zwischen Arbeit und Freizeit "kein direkter, monokausaler und linearer Zusammenhang besteht" (Hecker & Grundwald 1981, S. 354), ein Befund, der z.Z. die "Neutralitätshypothese" noch vor die "Kongruenzhypothese" plaziert. Vielmehr scheinen intervenierende Variablen hier eine große Rolle zu spielen. Für die zukünftige Forschung, und um hier mehr aussagen zu können, ist es unumgänglich, geeignete Arbeits- und Freizeitindikatoren zu finden (Schmitz-Scherzer 1977, Staines 1980, Hecker & Grunwald 1981).

Eine dieser intervenierenden oder Moderatorvariablen ist nach Dubin (1976) das "Zentrale Lebensinteresse" (central life interest - CLI). Er definiert dieses "Zentrale Lebensinteresse" als "die geäußerte Präferenz für einen bestimmten Ort oder eine Situation, um eine Aktivität auszuführen" (Dubin et al. 1976, S. 283; zit. in: Hecker & Grunwald 1981, S. 355). Dubin et al. (1976) und auch Dubin & Champoux (1977) fanden die höchste Arbeitszufriedenheit bei Arbeitnehmern, die einen hohen CLI hatten, die geringste Arbeitszufriedenheit bei Arbeitnehmern mit nicht-arbeitsorientiertem CLI sowie eine mittlere Arbeitszufriedenheit bei flexiblem CLI. Die zugrundegelegten Indikatoren des CLI sind dabei u .a. Macht, Autonomie, Karriere, Technologie, Entgelt, Selbst, hergestelltes Produkt etc. Für Ärzte, Selbständige u.ä. Berufe mit hohem arbeitsorientiertem CLI scheint danach vor allem die "Kongruenzhypothese" zuzutreffen; bei ungelernten Arbeitern mit geringerem arbeitsorientiertem CLI scheint die "Kontrast- bzw. Kompensationshypothese" gültig zu sein. Bei gelernten Arbeitern sowie

Angestellten der unteren Hierarchieebenen scheint sich die "Neutralitätshypothese" zu bestätigen (vgl. hierzu auch Hecker & Grunwald 1981, S. 356 f.). Hier stehen jedoch weitere Forschungen noch aus.

6.3.3. "Emanzipatorische" Ansätze

Unter den emanzipatorischen Ansätzen sind in erster Linie freizeitpädagogische Ansätze in der Freizeit zu verstehen, die primär in der Bundesrepublik mit den Namen N a h r s t e d t und O p a s c h o w s k i verbunden sind[3]. So verschieden ihre Ansätze auch zu sein scheinen und sich auch so verstehen, so eindeutig gehen ihre Ansätze recht einmütig in Richtung Emanzipation als zentrales Ziel (Karst 1983, S. 68 ff.). Damit können diese Ansätze auch als gesellschafts- bzw. kulturkritische Ansätze charakterisiert werden.

O p a s c h o w s k i (1983) begreift Freizeit als einen Querschnittsbereich, als "integrierter, nicht abtrennbarer Bestandteil des Gesamtlebens ..., im Gesamtzusammenhang des individuellen und gesellschaftlichen Lebens und unmittelbar mit anderen Lebensbereichen verbunden" (S. 33). Er versteht Freizeit als einen spezifischen Lebensbereich, jedoch mit Verselbständigungstendenz. Von daher sei die Herausbildung einer "erziehungswissenschaftlichen Teildisziplin Freizeitpädagogik eine notwendige Folge" (S. 36 ff.). O p a s c h o w s k i unterscheidet dabei eine "primäre" und eine "sekundäre" Freizeitpädagogik (S. 37): "Primäre" Freizeitpädagogik beschreibt den Freizeitbereich als selbständiges Erziehungsfeld mit einem spezifischen Methoden- und Systemansatz, "sekundäre" Freizeitpädagogik dagegen Teilgebiete des Freizeitbereichs als Schul-, Berufs-, Sozial-, Sonder-, Kulturpädagogik etc., die vergleichbar wäre mit Konsumerziehung, Medien- oder Gesundheitserziehung. Freizeitpädagogik ist in diesem Verständnis der Allgemeinen Pädagogik untergeordnet (Karst 1983, S. 68). Als Konsequenz seiner Sicht eines Gesamtzusammenhangs des Lebens definiert

---

[3] Die Darstellung der beiden Positionen erfolgt anhand der in V a h s e n (1983) publizierten Positionsbestimmungen beider Autoren, die neueren Datums sind.

O p a s c h o w s k i die gesamte Lebenszeit als Einheit von drei Zeitabschnitten, nämlich von Dispositions-, Obligations- und Determinationszeit (Opaschowski 1976) [4].

N a h r s t e d t (1983, S. 48) sieht insbesondere die Herausbildung eines neuen Gesellschaftstyps - wie letztlich auch O p a s c h o w s k i - als Ansatzpunkt für die Freizeitpädagogik: Arbeit als Berufsarbeit werde zu einem großen Teil durch selbstbestimmte Arbeit, heutige Freizeit durch eine andere Art von Freizeit ersetzt. N a h r s t e d t sieht Freizeitpädagogik dann primär als kritische Gesellschaftstheorie (S. 52), als freizeitorientierte Aktionsforschung (S. 53). Er sieht Freizeitpädagogik von daher als einen eigenständigen Bereich an, der innovative Impulse setzen könnte (S. 52).

Ausgehend von diesen Positionen formulieren beide die Lernziele und Methoden der Freizeitpädagogik sowie die Funktionen der Freizeit im Hinblick auf das Ziel Emanzipation (Karst 1983, S. 69 ff.). O p a s c h o w s k i (1976) sieht die Lernziele in der

- Reflexion des Arbeits- und Freizeitsystems,
- Sicht der Freizeit als integrierter Teil des Lebens,
- Akzeptanz der Freizeit als Handlungsfeld zur Entwicklung und Planung gesellschaftlicher Alternativen,
- aktiven Gestaltung des eigenen Wohn- und Lebensmilieus,
- Transparenz der Sach- und Konsumzwänge im Freizeitsystem,
- Reflexion der gesellschaftlichen Bedeutung von Konsumangeboten,
- Änderung von Einstellungs-, Bewußtseins- und Verhaltenshorizonten,
- Erkenntnis der Freizeit als Möglichkeit der Innovation für die eigene Person und die Umwelt.

N a h r s t e d t (1975) möchte Freizeit als gesellschaftspolitisches Emanzipationsinstrument verwenden durch

- Emanzipation des Freizeitverhaltens, z.B. durch Steigerung und Ausweitung der Disponibilität; Überwindung von Fremdbestimmung, Isolierung, Konsumzwang und Privatheit;

---

[4] Vgl. hierzu die Diskussion des Freizeitbegriffs von O p a s c h o w s k i in Kap. 6.2.2.

- Emanzipation des Arbeitsverhaltens, z.B. durch Erlangung von Disponibilität über Arbeitszeit, Arbeitsplatz, Arbeitstätigkeit, Mitbestimmung im Betrieb sowie Überwindung des Leistungsfetischismus;
- Emanzipation des Gesamtverhaltens, z.B. durch Überwindung des Gegensatzes von Arbeit und Freizeit sowie Demokratisierung von Kapital, Besitz, Vermögen, Macht, Recht, Kultur und Bildung.

Als Funktionen der Zeit bzw. gegenwärtigen Freizeit sehen N a h r - s t e d t (1975) und O p a s c h o w s k i (1976) folgende:

Tabelle 44: Funktionen der Zeit bei Nahrstedt und Opaschowski

Funktionen der Zeit bei N a h r s t e d t	Funktionen der Zeit bei O p a s c h o w s k i
1. Produktion (Lebenserhaltung im Arbeits-/Freizeitbereich)	1. Rekreation (Erholung, Entspannung)
2. Rekreation (Entspannung)	2. Kompensation (Ablenkung, Zerstreuung)
3. Kompensation (Konsum, Unterhaltung, Sport)	3. Edukation (Lernen, Weiterbildung)
4. Emanzipation (Meditation, Kommunikation, Interaktion, Individualisierung)	4. Kontemplation (Selbstbesinnung, Selbstfindung)
	5. Kommunikation (Mitteilung, Partnerschaft)
	6. Partizipation (Beteiligung, Emanzipation)
	7. Integration (Sozialorientierung, Gemeinsamkeit)
	8. Entkulturation (Kulturelle Selbstentfaltung, Kreativität)

Quelle: Eigene Zusammenstellung nach Karst 1983, S. 71 ff.

So nahe die Begrifflichkeit beider zueinander zu sein scheint, so sehr unterscheiden sie sich doch inhaltlich, wie Tabelle 44 zeigt. K a r s t (1983, S. 72) weist mit Recht darauf hin, daß N a h r s t e d t s Systematik sehr stark an der Polarität von Arbeit und Freizeit orientiert ist, während umgekehrt O p a s c h o w s k i die Funktionen der Zeit primär auf die Freizeit zuschneidet: die Produktion fehlt bei ihm. Hierin kann u.E. auch ein wesentlicher Unterschied der Ziele von Freizeitpädagogik gesehen werden.

Was die aus diesen Positionen abgeleiteten Methoden der Freizeitpädagogik angeht, so liegen diese näher beisammen als die übrigen Aspekte. N a h r s t e d t (1975) sieht sieben Ansatzpunkte, nämlich Freizeitberatung, Animation, Entwicklung von Freizeitcurricula, Freizeitplanung, Freizeitadministration, Forschung und Lehre; O p a - s c h o w s k i (1976) drei Ansatzpunkte: Informative Beratung (Information, Aufklärung, Bewußtmachung), Kommunikative Animation (Erwecken von Interessen, Entdeckung von Fähigkeiten, Ermöglichen von Kommunikation, Verbesserung sozialer Wahrnehmung, Vermittlung von Impulsen, Entwicklung von Initiativen, Anregung zur Selbsthilfe und Gemeinsamkeit, Ermutigung und Befähigung zu autonomem Handeln), Partizipative Planung (Situationsanalyse, Zielreflexion, Bedarfsanalyse, methodisch-didaktische Planung, Effektivitätskontrolle).

Auch hier weist K a r s t (1983, S. 74.) mit Recht darauf hin, daß die genannten Methoden in der Mehrzahl sowieso jeder Wissenschaft zugeordnet werden können; was als besondere Charakteristika der Freizeitpädagogik bleibt, sind Freizeitberatung und Animation. Besondere Ansatzpunkte für beides sieht N a h r s t e d t (1983, S. 49) im "Übergang in einen Gesellschaftstyp" über die Veränderung der Arbeit und die Zunahme der arbeitsfreien Zeit [5], die er durch Positionen von L a f a r g u e (1966) - "Recht auf Faulheit" - L e f e b v r e (1972) - Freizeit als Kritik des Alltagslebens und Weg der Veränderungen, H e l l e r (1978) - Freizeit als "radikales Bedürfnis, die Möglichkeiten des Kapitalismus transzendierend" und I n g l e h a r t et al. (1979) - Aktivierung des Freizeitbereichs durch "neue Wertorientierung" bestätigt sieht (Nahrstedt 1983, S. 50).

---

[5] Eine Analogie zu der von N a h r s t e d t (1974) bereits einmal prognostizierten "nachindustriellen Freizeitgesellschaft" ist offensichtlich. Dahinter scheint der Versuch zu stecken, Pädagogik, insbesondere Freizeitpädagogik, aus einer "reaktiven" Position zu holen. Dies mag als ein Anhaltspunkt für die versuchte Eigenständigkeit der Freizeitpädagogik gelten.

Ein anderer Ansatz, der sich ebenfalls dem Ziel der Emanzipation verschrieben hat, ist der der Kritischen Theorie in der Freizeitpädagogik. Er zielt darauf ab, als Freizeit- und Kulturtheorie "die Folgen ökonomischer und sozialer Rationalisierung in Entfremdungserscheinungen in Arbeit und Freizeit" zu analysieren" und freizeitplanerische und freizeitpolitische Konsequenzen" zu ziehen, "zum anderen ... im Animationskonzept eine Berücksichtigung des 'subjektiven Faktors'" anzustreben, der eine Antwort auf Integrationsprobleme und Kommunikationsstörungen geben soll (Grabbe 1983, S. 78). Ansatzpunkt der sog. "Kritischen Freizeitpädagogik" ist also die Grundproblematik der Kritischen Theorie, nämlich die historische Bestimmung der gesellschaftlichen Entwicklung, wie sie z.B. von M a r x , M a r c u s e , H a b e r m a s und anderen aufgearbeitet worden sind. Die Hauptgesichtspunkte der kritischen Freizeit faßt G r a b b e (1983, S. 86 ff.) in vier Statements zusammen:

(1) Emanzipation durch Interaktion,
(2) Verständigung durch Öffentlichkeit,
(3) Aversion gegen Arbeit als Legitimation für die Aufwertung der Freizeit,
(4) Motivationskrisen durch Sinnverlust.

Interaktionistischer Ansatz, Partizipation und sozio-kulturelle Arbeit "von unten" sowie Herstellen des "aufgelösten Zusammenhangs zwischen produktiver Lebenstätigkeit und Konsumption" sind die Charakteristika dieses Ansatzes.

Inwieweit so verstandene Ansätze der Freizeitpädagogik spezifisch nur für den Lebensbereich Freizeit sind, bleibt zumeist offen und ungeklärt. Die Frage nach der Notwendigkeit einer "besonderen" Pädagogik für die Freizeit wird somit nicht hinreichend beantwortet. Trotz dieser fundamentalen Unsicherheit hat die Pädagogik unbestritten Wesentliches in der Freizeitforschung geleistet.

6.3.4. Andere theoretische Ansätze

Neben diesen in den vorigen Kapiteln dargestellten theoretischen Ansätzen haben andere kaum Bedeutung; wenn sie überhaupt existieren, sind sie fragmentarisch, so etwa rollentheoretische Überlegungen, wie sie von Lüdtke (1980) und Scheuch (1977) angestellt werden. Vahsen (1983, S. 126) weist darauf hin, daß der Prozeß der Aneignung und Verinnerlichung von Freizeitrollen eingehender untersucht werden müsse, ebenso die Prozesse der freiwilligen und erzwungenen Übernahme von Freizeitrollen. Hier wäre im Prinzip die gesamte Palette bekannter rollentheoretischer Überlegungen auf die Freizeit übertragbar. Dabei allerdings stellt sich auch die Frage, ob dies notwendig ist, weil im Prinzip in der Freizeit kaum andere Mechanismen wirksam werden, wenn auch in anderen Ausmaßen, als in anderen Lebensbereichen.

Fragmentarisch bleibt auch die von Scheuch (1977) geforderte funktionale Analyse der Freizeit. Die Funktionen des Teilsystems Freizeit für das Gesamtsystem Gesellschaft sind bisher eher spekulativ als empirisch erarbeitet worden (vgl. auch Lüdtke 1980, S. 205 f.). Handlungstheoretische Ansätze sind zwar in vielen Modellen zu finden, jedoch nicht zu in sich geschlossenen handlungstheoretischen Modellen verarbeitet worden. Winter (1983, S. 162) fordert hier eine "integrative Handlungstheorie, die als heuristisches Schema zur Strukturierung der Lern-, Anpassungs- und Bewältigungsprozesse (coping) in komplexen Lebenssituationen Verwendung finden könnte". Sie müßte die bestehenden (korrelativen, funktionalen) Verbindungen zwischen verschiedenen Segmenten des Alltagslebens auf verschiedenen Ebenen menschlicher Tätigkeit verdeutlichen. Unabhängig von solchen Überlegungen bleibt hier festzuhalten, daß einer Anwendung spezieller Konzepte aus Bereichen verschiedener Theorien kaum Grenzen gesetzt sind. Sogenannte "praxisnahe" oder "angewandte" Forschung praktiziert dies seit langem.

6.4. Freizeit und Lebensstil

Neuere Ansätze gehen von Zusammenhängen zwischen Freizeit und Lebensstil aus und sehen von daher eine mögliche Perspektive für die Freizeitforschung (Rapoport & Rapoport 1974; Scheuch 1980, 1983; Gattas, Roberts, Schmitz-Scherzer, Tokarski & Vitanyi 1981; Tokarski & Uttitz 1984; Schmitz-Scherzer, Schulze & Tokarski 1984). Dabei müssen zumindest zwei Blickrichtungen, die eigentlich nicht zu trennen sind, unterschieden werden: Freizeitgestaltung als Teil des Lebensstils, zum anderen Lebensstil als Determinante der Freizeit. Während der erstgenannte Aspekt bislang wenig erforscht worden ist - obwohl der definitorisch und theoretisch immer wieder diskutiert wird - spielen Versuche, Lebensstil als verhaltenserklärende Variable zu definieren, bereits seit längerem und in größerer Zahl eine Rolle.

Bei der Anwendung von Lebensstilkonzepten auf das Freizeitphänomen bestehen insbesondere drei Probleme:

(1) die Frage nach der Definition von Lebensstil und davon abhängig die Frage nach der Definition von Freizeit in diesem Kontext,
(2) die Frage nach der Identifizierung verschiedener Lebensstile und ihrer Determinierung in Korrespondenz mit dem Freizeitphänomen und
(3) die Frage der Operationalisierung beider Komplexe.

6.4.1. Zur Definitionsproblematik

Was die Frage der Definition anbetrifft, so beschreiben die bekannten Definitionen von Lebensstil entweder nur sehr allgemein, was ein derartiges Konzept beinhaltet, oder gehen zu intensiv auf die möglichen Determinanten ein, so daß die Definitionen zu speziell auf ein Teilproblem bezogen sind. A n s b a c h e r (1967) macht über die Fülle der sehr heterogenen Ansätze der Lebensstilforschung hinweg den Versuch einer Typisierung und unterscheidet:

1. den "individual life style", wie er von Psychologen benutzt und als "... functionally autonomous and as the highest level of organization of a personality ..." verstanden wird;
2. den "group life style", eher von den Soziologen angewandt, der "... collectively in reference to the behavioral and cognitive aspects of a relatively permanent, small group down to a dyad, where the members are interacting with one another" beschreibt;
3. den "life style as a generic term", der
   a) "... cultures, subcultures, status or occupational groups or, time-bound subcultures ..." beinhaltet und vorwiegend ebenfalls von Soziologen genutzt wird;
   b) "... the more abstract categories of individuals in every-day life and among the mentally disturbed or problem cases", dem eher Psychologen zuneigen (Ansbacher 1967, S. 2oo f.).

Für Ansbacher gibt es trotz der Unterschiede alle Konzepte übergreifende Gemeinsamkeiten. Dazu gehört, daß viele Verhaltensweisen weniger vom Lebensstil als von anderen Variablen abhängen und daß er partielle Funktionen des Individuums determiniert. Gleichzeitig hebt er die Differenzierungsfunktion (wie später auch Scheuch und andere es getan haben) des Lebensstils hervor, indem er betont, daß jeder Stil sich von einem anderen unterscheidet, auch wenn es in den einzelnen Stilen Ähnlichkeiten gibt (Ansbacher 1967).

6.4.2. Identifizierung und Determinierung von Lebensstilen

Von größerer Bedeutung für den hier diskutierten Zusammenhang von Freizeit und Lebensstil sind jedoch Ergebnisse der Forschung hinsichtlich der Identifizierung verschiedenartiger Lebensstile und ihrer Determinierung, insbesondere, wenn sie die Verbindung zur Freizeit sehr offensichtlich implizieren. So finden etwa Rapoport & Rapoport (1974, S. 220f.) zwei gegensätzliche Stile in sozialistischen und westlichen Industriegesellschaften, die die Freizeit wesentlich beeinflussen:

(1) Hauptstil der Freizeit in sozialistischen Ländern sei die stärker organisierte Freizeit aus der politischen Erziehung heraus,

(2) während in westlichen Industrieländern Freizeit mehr als private und individuelle Angelegenheit verstanden würde.

Beide Grundstile - organisierte Freizeit oder private und individuelle Freizeit - korrespondieren nach R a p o p o r t & R a p o p o r t (1974, S. 221) sehr stark mit entsprechenden Lebensstilen.

Besonders die frühen Freizeitstudien weisen auf die Bedeutung von Subkulturen, sozialen Klassen, ethnisch-religiösen Hintergründen, das Engagement in sozialen und kulturellen Bereichen, die spezielle Arbeitssituation und die Mobilität für den Lebensstil hin. Ebenso gewinnt der Lebenszyklus, die Familie, Alter und Geschlecht sowie die Art der speziellen Interessen und die Art, Arbeit, Familie sowie Gemeinschaftsinteressen und private Freizeit unter einen Hut zu bringen, in diesen Studien an Bedeutung. W i l e n s k y (1960, S. 551) betont die großen Zusammenhänge zwischen sozialer Klassenzugehörigkeit, Personen- und Familienabhängigkeit und Freizeit, womit gleichzeitig drei weitere große Grundstile des Lebens benannt sind. Diese Aspekte zusammengenommen heben zwar den engen Grundzusammenhang zwischen Arbeit und Freizeit nicht auf, weisen jedoch auf weitere größere Zusammenhänge von Lebensbereichen hin, die bisher - und hinsichtlich der Freizeit schon gar nicht - kaum untersucht worden sind. Insbesondere sind dabei Veränderungen in den jeweiligen Lebensbereichen - z.B. Arbeitslosigkeit, Tod eines Ehepartners etc. - von Interesse, um somit auch Veränderungen im Gesamtlebensstil aufgrund von Lebensereignissen zu isolieren.

Darüber hinaus existieren weitere Problembereiche dazwischen oder übergreifender Art, die für den Lebensstil maßgebend sind, etwa Konsumverhalten, Bezugsgruppenorientierung, massenmediales Verhalten etc., wie sie z.B. von T o c q u e v i l l e (1945), R i e s m a n (1950) und D a y (1964) aufgezeigt worden sind.

Viele Forscher stellen die soziale Schichtzugehörigkeit als die bedeutendste Determinante des Lebensstils in den Vordergrund (z.B. Roberts 1978, Sobel 1981), zählen gleichzeitig aber eine Reihe weiterer Variablen auf, die ebenfalls starken Bestimmungscharakter haben. Auch W i l e n s k y (1960) erwähnt bereits "soziopsychologische"

Determinanten und begründet dies mit der Heterogenität der heutigen Gesellschaft und der Ungleichmäßigkeit, mit der sich der soziale Wandel in verschiedenen Teilen der Gesellschaft vollzieht. Das Bedeutendste bei der Untersuchung von Lebensstilen ist für W i l e n s k y die Verbindung zwischen Rollen und zwischenmenschlichen Beziehungen, um ein komplettes Bild dessen zu konstruieren, was in anderen Disziplinen als "social context" oder "social environment" bezeichnet wird (Wilensky 1960). Z a b l o c k i & K a n t e r (1976, S. 272) zeigen, daß der sozio-ökonomische Status in so vielen Aspekten mit dem Lebensstil korreliert, daß die meisten soziologischen Analysen bereits traditionell davon ausgehen, daß er die primäre Determinante für Lebensstilunterschiede sei. Dies stimmt jedoch nur insoweit, als er der beste Einzelfaktor für den Lebensstil ist, im z.B. Bereich Familie für Scheidungsraten und Unzufriedenheit, Heiratsalter, Arbeitsteilung in der Familie, im Bereich Freizeit z.B. für bestimmte Aktivitäten und Vereinsmitgliedschaften, oder ganz allgemein für die Wahl von Symbolen, die sozialen Erfolg signalisieren (Zablocki & Kanter 1976, S. 272). Damit jedoch können zwar unterschiedliche Lebensstile aufgrund der sozioökonomischen Struktur und ihre Auswirkungen zwischen sozialen Schichten erfaßt werden, jedoch nicht innerhalb von sozialen Schichten. Die strenge Abhängigkeit vom sozioökonomischen Status ist also kaum für die Ermittlung von Lebensstilen in massengesellschaftlichen, nivellierten Wohlstandsgesellschaften und pluralistischen Gesellschaften, in denen jedes Individuum quasi seinen eigenen individuell geprägten und determinierten Lebensstil mit eigenen Prinzipien hat (Bell 1973), geeignet. [6]

Die Stellung im Lebenszyklus hat dabei eine stark determinierende Bedeutung, wie Analysen zeigen (z.B. Erikson 1964, Streib 1968, Hochschild 1973, 1975). Damit ist gleichzeitig die Frage nach Veränderungen dieser Stellung sowie - als Konsequenz daraus - nach Veränderungen im Lebens- und Freizeitstil gestellt: Sowohl Veränderungen im Lebenszyklus als auch davon unabhängig zu sehende Lebensereignisse vermögen den

---

[6] Damit wird gleichzeitig aufgezeigt, daß eine Massengesellschaft im Sinne einer Vereinheitlichung von Verhaltensweisen nicht stattgefunden hat (Scheuch 1980).

Lebens- und Freizeitstil zu variieren. Die Frage nach Konstanz bzw. Wechsel (Schmitz-Scherzer & Thomae 1983) dieser Stile aufgrund spezifischer Determinanten und unter Berücksichtigung des Lebensumfeldes macht somit auch einen Kern einer Analyse von Lebens- bzw. Freizeitstilen aus. Ansätze in eine solche Richtung zeigt z.B. T h o m a e (1983) in seiner Arbeit über Alternsstile und Altersschicksale auf, in der er auf die Zusammenhänge von personenabhängiger "Belastung" und "Zufriedenheit" als wesentliche Variablen des Altersschicksals sowie auf die Bedeutung von "Aktivität" und "Kompetenz" als Variablen des Alternsstils hinweist. Allerdings sind diese Ansätze der Analyse zu allgemein, um gesicherte Aussagen über den Lebens- bzw. Freizeitstil spezieller Gruppen älterer Menschen machen zu können. Die von T h o m a e gefundenen Differenzierungsmerkmale des Alternssstils und des Altersschicksals sind jedoch geeignet, die traditionelle Vorgehensweise der Differenzierung über Soziodemographie und den sozio-ökonomischen Status eines Individuums zu erweitern.

Die Literatur zeigt also, daß es sowohl für den Lebensstil als auch für die Freizeit einige wenige "harte" Variablen gibt, die als ausschlaggebend für eine Differenzierung gehalten werden. Es sind dies (1) das Alter, (2) das Geschlecht, (3) der sozio-ökonomische Status, insbesondere die Bildung, (4) die Berufstätigkeit und (5) die Stellung im Lebenszyklus. In der Tat können diese Variablen zusammen ca. 30% der Varianz erklären, d.h. sie sind als Einzelprädikatoren durchaus von Bedeutung. Die restlichen 70% werden jedoch durch andere Variablen bzw. Variablensets, wie Motivationen, Einstellungen, Lebensziele, ökologisches und soziales Umfeld, persönlichkeitsbezogene Variablen erklärt. Hierzu stehen Studien noch aus.

Auf die Bedeutung alternativer, die ökonomisch bedingten Werte negierender Stile weist E t z i o n i (1972) hin: so auf die hedonistische, intellektualistische, emotional-investive und massenmedial ausgerichtete Lebensstilgestaltung. L e e (1976) untersucht die Lebensstile von jungen Familien. Er unterscheidet dabei zwischen Karriere, Vergnügen und häuslich orientierten Lebensstilen, die vor allem von finanziellen Ressourcen, aber auch von Zielen und Einstellungen determiniert sind. Auch

O p p i t z & R o s e n s t i e l (1983) widmen sich dem gleichen Thema. Sie finden fünf Typen von Lebensstilgruppen (S. 267) in diesem Kontext: Familienorientierter, kleinbürgerliche Häuslebauer, Normalverbraucher, dynamische Weltenbummler und prestigebewußte Konsumierer. Die trennenden Variablen sind dabei, so finden sie, sowohl soziodemographischer als auch innerpsychischer und verhaltensbedingter Art.

P a p p i & P a p p i (1978) kommen in einer Untersuchung über Konsumstile hinsichtlich von Wohnungseinrichtungen zu dem Ergebnis, daß sozio-ökonomischer Status und Alter die wichtigsten sozio-strukturellen Determinanten sind. S o b e l (1981) bestätigt in einer umfangreichen Untersuchung der Lebensstile diese Ergebnisse, indem er das Konsumverhalten als den wichtigsten Indikator für Lebensstile postuliert, gleichzeitig aber Variablen wie z.B. Rasse, Geschlecht, Bildung, Familienstand als Ursachen bzw. Korrelate für die Differenzierung der Lebensstile bezeichnet (Sobel 1981, S. 29).

In der neueren soziologischen Literatur unterscheidet S c h e u c h (1983) in einer Analyse über Freizeit als Lebensinhalt neben vier Arbeitsorientierungen - Joborientierung, Identifizierung mit der Arbeitsaufgabe, Identifizierung im Beruf, Orientierung an der Karriere - noch drei Lebensorientierungen, die ebenfalls sowohl prägend für den Lebensstil als auch selbst als Lebensstil angesehen werden können:
(1) Zentralität des Berufs/Arbeit als Lebenssinn,
(2) Familie als Lebenssinn,
(3) Freizeit als Lebenssinn.
Damit wird neben der Verhaltensebene die Bedeutung der Einstellungsebene für die Ausprägung von Lebensstilen hervorgehoben.

6.4.3. Zur Operationalisierungsproblematik

Ein besonderes Problem stellt in diesem Zusammenhang die Frage der Operationalisierung dar. B e r b a l k & H a h n (1980, S. 24) arbeiten sekundäranalytisch auf der Basis bisher vorliegender Konzepte, Definitionen und Determinantensysteme fünf "Bestimmungsstücke" des Lebensstils heraus, die sich so oder in ähnlicher Form auch in den Konzepten anderer Autoren finden oder zumindest impliziert werden. Es sind dies

1. die für eine Peson gegebenen oder ausgesuchten "objektiven" Lebensbedingungen und Bedingungsveränderungen;
2. der subjektive Lebensraum mit der Organisation (z.B. Hierarchie, Abfolge) von Lebensthemen;
3. die Organisation von Erleben und Verhalten in verschiedenen Lebensbereichen;
4. die Bewertung dieser Organisation über unterschiedliche Aktivitätskategorien;
5. Entstehung und Änderung.

Mit Hilfe dieser fünf "Bestimmungsstücke" definieren Berbalk & Hahn (1980, S. 27) Lebensstil als "thematisch strukturierte Erlebens- und Verhaltensmuster in den verschiedenen Lebensbereichen zur Befriedigung von Bedürfnissen, zur Erfüllung von Aufgaben und zur Annäherung an oder Erreichung von Zielen". Nach den Autoren tragen dazu sowohl individuelle Merkmale als auch die Umwelt im weitesten Sinne bei.

Das hier vorgestellte Modell macht eine Diskussion hinfällig, die in der Literatur hier und da eine Rolle gespielt hat, nämlich die Diskussion, ob der Lebensstil sich nur auf beobachtbares Verhalten bezieht und alles andere kausale Faktoren sind, wie Sobel (1981, S. 28) es versteht, oder ob im Begriff Lebensstil neben Verhaltensweisen auch Motivationen, Einstellungen und Erlebensformen enthalten sind, wie es die ursprüngliche Fassung des Begriffes, der aus der Werbung stammt, impliziert (Scheuch 1980, S. 10). Die Multifunktionalität (Scheuch 1980) oder Bedeutungsvariabilität (Tokarski 1979) von Verhaltensweisen, nicht nur in der Freizeit, legt hier sehr eindeutig nahe, den Lebensstilbegriff auf die Einheit von Motivation - Einstellung - Verhalten - Erleben anzuwenden. Darüber hinaus würde eine rein soziologische Analyse des Lebensstils, wie es die Beschränkung der Betrachtung auf die Verhaltensebene impliziert, der Komplexität des Phänomens nicht gerecht (Schmitz-Scherzer 1974, Tokarski 1979).

Für eine Operationalisierung spielt aber folgendes noch eine Rolle: wir müssen davon ausgehen, daß es eigentlich nur zwei Lebensbereiche gibt, auf die sich ein Lebensstilkonzept beziehen kann, nämlich Arbeit und Freizeit. Die übrigen in der Literatur genannten Bereiche, die sonst noch unter dem Begriff Lebensbereich firmieren, wie z.B. Familie, Konsum, Bildung etc. (Romeiß-Stracke 1984, S. 31 ff.) stellen keine Lebensbereiche an sich dar, sondern können entweder als Subkategorien der beiden Lebensbereiche Arbeit und Freizeit angesehen werden oder aber liegen quasi "quer" zu diesen, d.h. sie sind übergeordnete Orientierungsmerkmale, die sowohl für die Arbeit als auch für die Freizeit bedeutsam werden können. Insofern müssen letztere als Determinanten (z.B. Einstellungen, Motivationen) des Lebensstils behandelt werden. Wenn z.B. S c h e u c h (1983) von "Familie als Lebenssinn" spricht, so ist dies eine Einstellung, die sowohl für Arbeit als auch für Freizeit wichtig ist und die gleichzeitig Motivation für Verhalten ist.

Wenn hier zwischen Lebensstil, Lebensbereich und Determinanten des Lebensstils unterschieden wird, so kommt eine Problematik hinzu, die die Handhabung dieser Konzepte sehr erschwert: Die bisherige Diskussion der Determinanten des Lebensstils impliziert, daß es sich hierbei um die unabhängigen Variablensets handele, während der Lebensstil die abhängige Variable darstelle. Realistischerweise müssen wir jedoch davon ausgehen, daß einige Bereiche, aus denen die Determinanten des Lebenssstils entstammen, quasi Epiphänomene zum Lebensstsil in einem der beiden Lebensbereiche sind. Einstellungen, Wertvorstellungen, Lebensziele, ökologisches und soziales Umfeld, ja sogar Persönlichkeitsvariablen beeinflussen nicht nur den Lebensstil, sondern werden umgekehrt auch maßgeblich vom Lebensstil determiniert. Darüber hinaus steht der Lebensstil in einem Lebensbereich immer auch im Kontext mit einem bestimmten Stil des anderen Lebensbereichs. Damit wird klar, daß wir immer von drei Grundfragestellungen ausgehen müssen, nämlich von der nach den Determinanten, der nach der Determinationskraft des Lebensstils und der nach dem Gesamtkontext (vgl. auch Scheuch 1980, S. 4). Egal, wie ein Lebensstilkonzept aussehen mag, lediglich eine Seite des Phänomens zu betrachten wird seiner Komplexität nicht gerecht. Eine Analyse der Lebensstilliteratur zeigt, daß die einseitige Betrachtungsweise vorherrscht. Damit wird aber auch klar: Arbeit darf nicht nur - wie in den Lebensstil- als auch in Freizeitkonzepten immer wieder gemacht - als eine Determinante des Lebensstils angesehen werden, sondern hier trifft die gleiche Schlußfolgerung zu wie oben, nämlich, daß der Lebensstil eines Individuums auch seine Arbeit, die Wahrnehmung der Arbeit, das Erleben seiner Arbeit und seine spezifischen Erwartungen an seine Arbeit beeinflußt, im Prinzip eine selbstverständliche Erkenntnis.

Es ist an dieser Stelle zu fragen, ob es sinnvoll ist, zwischen Freizeitstil und Lebensstil zu unterscheiden, oder ob beide nicht letztlich als weitgehend identische Größen anzusehen sind. Denn analysiert man sowohl die Operationalisierungsversuche von Lebensstilen (siehe z.B. Rapoport & Rapoport 1974, Zablocki & Kanter 1976, Pappi & Pappi 1978, Scheuch 1980, Berbalk & Hahn 1980, Wells & Cosmas 1981, Sobel 1981, Gattas, Roberts, Schmitz-Scherzer, Tokarski, Vitanyi 1981, Beckmann & Hahn 1982, McCann-Erickson & Marplan 1983) und Freizeit als auch die Determinantensysteme von beiden, so fällt die große Ähnlichkeit beider Analysebereiche hinsichtlich eben der Operationalisierung und der Determination auf. Freizeit kann somit nicht unbedingt als Subkategorie von Lebensstil angesehen werden. Allenfalls läßt sich von freizeitorientierten Variablen innerhalb eines Lebensstils sprechen. Auf dieser Basis ließe sich der Freizeitstil, den ein Individuum hat, ganz allgemein als die Summe der Strukturen verschiedener Lebensaspekte in einer vom Individuum als Freizeit verstandenen Zeitspanne in einer bestimmten Art und Weise begreifen (Gattas, Roberts, Schmitz-Scherzer, Tokarski & Vitânyi 1981).

In Anlehnung an B e r b a l k & H a h n (1980, S. 27) läßt sich darüber hinaus Freizeitstil aber noch genauer bestimmen: Auf die Person bezogene, auf die engere Umwelt bezogene sowie allgemeine gesellschaftliche und kulturelle Strukturmerkmale definieren über ihre spezifischen relevanten Bedingungen und Ausprägungen für jedes Individuum den zum Ausdruck kommenden objektiven und subjektiven Lebenszusammenhang, seine räumliche, zeitliche und soziale Organisation einschließlich seiner sozialen Bewertung im Hinblick auf die Erfüllung von Aufgaben und die Erreichung von Zielen sowie die Bedingungen seiner Entstehung und

Veränderung. Die Art und Weise, wie dies für ein Individuum oder eine soziale Gruppe in Motivationen, Einstellungen, Verhalten und Erleben in der Freizeit zum Tragen kommt, kann als Freizeitstil verstanden werden (Tokarski 1985, S. 74).

Als vorläufiges Ergebnis der Überlegungen zum Zusammenhang von Freizeit und Lebensstil kann das in Abbildung 9 aufgezeigte Schema gelten, das sich an die hier diskutierten Probleme und Aussagen anlehnt. Weiterführende Studien hierzu stehen noch aus. Inwieweit diese zur Entwicklung der Freizeitforschung beitragen können, bleibt abzuwarten.

Abbildung 9: Stand der Diskussion eines Lebens- und Freizeitstilkonzeptes

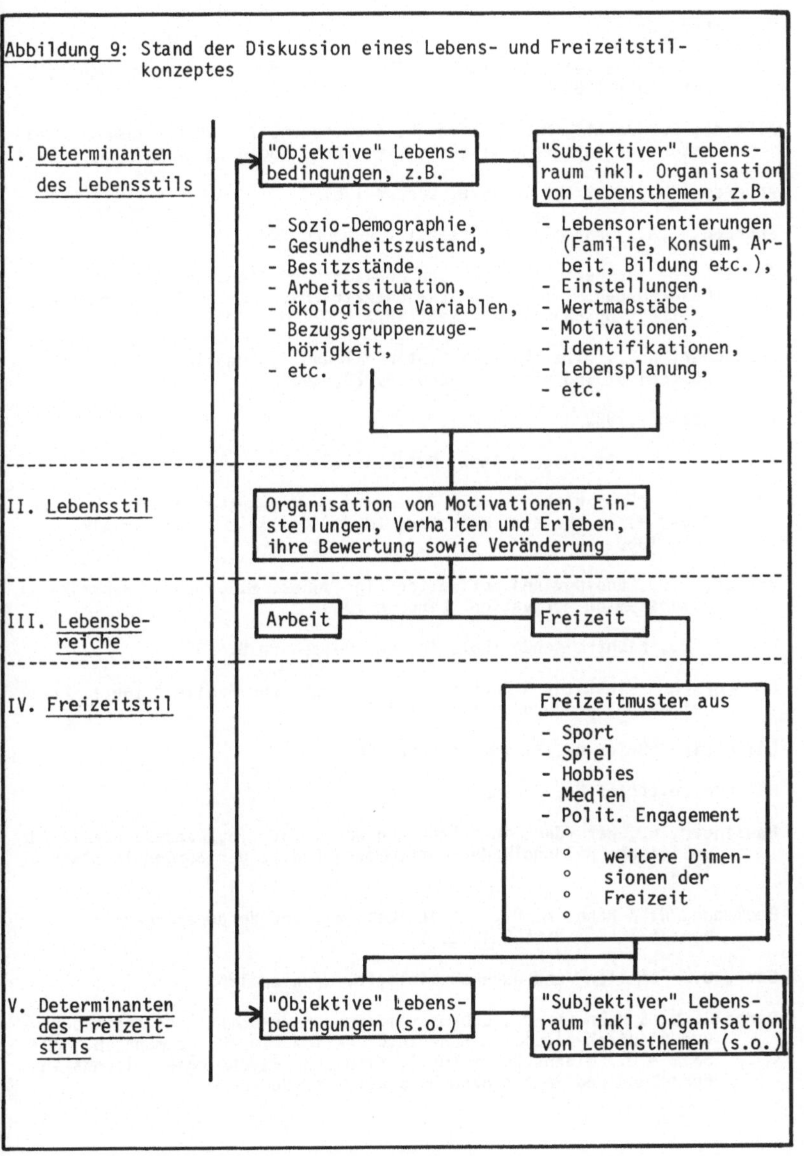

7. Literatur

Adorno, Th., Freizeit. In: Adorno, Th., Stichworte. Kritische Modelle 2. Frankfurt 1969

Allardt, E., Jarttl, P., Jyrkilä, F. & Littunen, Y., On the cummulative nature of leisure time activities. Acta Sociologica Vol. 3, 1958,4

Anderson, N., Work and leisure. London 1961

Andreae, C.A., Ökonomik der Freizeit. Hamburg 1970

Angleitner, A., Persönlichkeit und Freizeitverhalten - Ergebnisse und Folgerungen. In: R. Schmitz-Scherzer (Hg.), Aktuelle Beiträge zur Freizeitforschung. Damrstadt 1977

Ansbacher, H.L., Life style: a historical and systematic review. In: Journal of Individual Psychology 23, 1967

AOK-Magazin 2,1982

Ausubel, D.P., Das Jugendalter. München 1968

Baacke, D., "Freizeit": Symptom für gestörte Kommunikation. In: V. Buddrus, H. Grabbe & W. Nahrstedt (Hg.), Freizeit in der Kritik. Köln 1980

Barker, R.G., Ecology and motivation. In: Jones, M.R. (ed.), Nebraska Symposium on motivation. Lincoln 1960

Bäumel, C., Nichtreisende 1981. In: Das Reisebüro 8, 1982

BAT-Forschungsinstitut & Deutsche Gesellschaft für Freizeit (Hg.), Freizeitdaten. Hamburg/Düsseldorf 1982

BAT-Freizeitbrief Nr. 31 vom Februar 1984

BAT-Freizeitbrief Nr. 33 vom Mai 1984

Bausinger, H., Wer fährt in Urlaub und wer nicht? In: Landeszentrale für politische Bildung Baden-Württemberg (Hg.), Der Bürger im Staat 3, 1974

Beckmann, N. & Hahn, K.-D., Arbeitslosigkeit und Veränderungen im Lebensstil. In: MittAB 1982, 1

Beer, U., Familien- und Jugendsoziologie. Neuwied 1963

Berbalk, H. & Hahn, K.-D., Lebensstil, psychisch-somatische Anpassung und klinisch-psychologische Intervention. In: U. Baumann, H. Berbalk & G. Seidenstücker (Hg.), Klinische Psychologie - Trends in Forschung und Praxis Band 3. Stuttgart 1980

Bergmann, W., Das Problem der Zeit in der Soziologie. In: Kölner Zeitschrift für Soziologie und Sozialpsychologie Vol. 39, 1983, 3

Bell, D., The coming of post-industrial society: a venture in social forecasting. New York 1973

Berger, B.M., The sociology of Leisure. In: Industrial Relations 1962, 1

Berlyne, D.E., Exploratory and epistic behavior. In: S. Koch, Psychology: a study of science Bd. 5. New York - London 1963

Bender, Th., Kontinuität und Diskontinuität des Freizeitverhaltens von Generationen. Eine Kohortenanalyse. Unveröffentlichte Staatsarbeit in Soziologie. Köln 1984

Bensch, M., Die Rolle der Freizeit im Alltag von Hauptschülern. Psychologische Diplomarbeit Universität Bonn. Bonn 1980

Bierhoff, H.W., Spielplätze und ihre Besucher. Darmstadt 1974

Bierhoff, H.W., Zur Voraussage in der Freizeitforschung. In: R. Schmitz-Scherzer (Hg.), Freizeit. Frankfurt 1974

Billion, F. & Flückiger, F., Bedarfsanalyse Naherholung und Kurzzeittourismus. Forschungsbericht im Auftrag des Bundesministers für Wirtschaft. Bonn 1978

Bischoff, J. & Maldaner, K. (Hg.), Kulturindustrie und Ideologie Band 1. Hamburg 1980

Bischoff, J. & Maldaner, K. (Hg.), Kulturindustrie und Ideologie Band 2. Hamburg 1982

Bishop, D.W., Stability of the factor structure of leisure behavior in four communities. In: Journal of Leisure Research 1970, 2

Bishop, D.W. & Witt, P.A., Sources of behavioral variance during leisure time. In: Journal Of Personality And Social Psychology Vol. 16, 1970, 2

Blaschke, D. & Franke, J. (Hg.), Freizeitverhalten älterer Menschen. Stuttgart 1982

Blauner, R., Alienation and Freedom. Chicago 1964

Blücher, V. Graf von, Freizeit in der industriellen Gesellschaft - dargestellt an der jüngeren Generation. Stuttgart 1956

Blücher, V. Graf von, Jugend, Bildung und Freizeit. Dritte Untersuchung zur Situation der deutschen Jugend im Bundesgebiet, durchgeführt vom EMNID-Institut im Auftrag des Jugendwerks der Deutschen Shell. Hamburg 1966

Blücher, V. Graf von, Freizeit. In: W. Bernsdorf (Hg.), Wörterbuch der Soziologie Band 1. Frankfurt 1972

Bourdieu, P., Die feinen Unterschiede. 2. Auflage Frankfurt 1983

Braunschweig, Jugendbefragung. Manuskript 1974

Bratfisch, O., Time estimations of the main activities of university-students. Reports from the Institute of Applied Psychology of the University of Stockholm 1970, 2

Broderick, C.B., Kinder- und Jugendsexualität. Sexuelle Sozialisierung. Hamburg 1970

Bronfenbrenner, U., The ecology of human development. Experiments by nature and design. Cambridge/Mass. - London 1981

Bühler, Ch., Kindheit und Jugend. Leipzig 1928

BZGA-Bundeszentrale für gesundheitliche Aufklärung, Effizienzkontrolle 1980. Köln 1981

BZGA-Bundeszentrale für gesundheitliche Aufklärung, Gesundheitsverhalten und Lebenszusammenhang. Köln 1981

Campbell, J.D., Peer relations in childhodd. In: H. Nickel, Entwicklungspsychologie des Kindes- und Jugendalters Band 2. Bern-Stuttgart-Wien 1975

Casson, L., Reisen in der Alten Welt. München 1979

Clar, M., Friedrichs, J. & Hempel, W., Zeitbudget und Aktionsräume von Stadtbewohnern. Hamburg 1979

Conrad, W. & Streeck, W. (Hg.), Elementare Soziologie. Hamburg 1976

Christensen, J.E. & Yoesting, D.R., the substitutability concept: A need for further development. Journal of Leisure Research 1977, 9

Christiansen, G. & Lehmann, K.D., Chancenungleichheit in der Freizeit. Schriftenreihe des BMJFG Band 101. Stuttgart 1976

Czeratzki, B., Zur Motivation des Trampens als besonderer Reiseform. Psychologische Diplomarbeit, Universität Bonn. Bonn 1985

Czikszentmihalyi, M., Flow. Studies of enjoyment. PHS-Report. Chicago 1974

Czinky, L., Sport im Wohnumfeld. Ergebnisbericht eines Forschungsprojekts im Auftrag des Kommunalverband Ruhrgebiet. Essen 1981

Datzer, R., Reiseart: Organisierte Rund- und Studienreise. In: Das Reisebüro 4, 1980

Datzer, R., Urlaubsreisen 1980. Einige Ergebnisse der Reiseanalyse 1980. Studienkreis für Tourismus. Starnberg 1981

Datzer, R., Ein Überblick über Ansätze der psychologischen und sozialpsychologischen Tourismusforschung. In: Studienkreis für Tourismus, Reisemotive - Länderimages - Urlaubsverhalten. Starnberg 1981

Datzer, R., So reisten die Deutschen. In: Das Reisebüro 4, 1984

Day, A., Leisure of living. In: Observer 17th May 1964. Zitiert in Rapoport & Rapoport 1974

Degen, G.R., Bildungsurlaub. Hrsg. vom Landesinstitut für Curriculumentwicklung, Lehrerfortbildung und Weiterbildung Nordrhein-Westfalen. 2. Auflage Neuss 1980

De Grazia, S., Of time, work, and leisure. New York 1962

Deckert, P., Jugendstudie Hildesheim 1973

Diekmann, A., Ernst, C. & Nachreiner, F., Auswirkung der Schichtarbeit des Vaters auf die schulische Entwicklung der Kinder. In: Zeitschrift für Arbeitswissenschaften 35, 1981

Diem, L., Berufsbild, Berufspraxis und Berufsausbildung von "Freizeitberufen". Köln 1974

DIVO-Institut, Divopressedienst März I und II. Frankfurt 1963

DGF-Deutsche Gesellschaft für Freizeit e.V., Sonderinfo 2: Jugend, Bildung und Freizeit. Düsseldorf 1982

DGF-Deutsche Gesellschaft für Freizeit e.V., Federal Republic of Germany supports freedom of choice and decision. In: WLRA Journal Vol. 23, 1981, 4

Döhrn, R., Reiseverkehr, Freizeitkonsum und Wirtschaftsstruktur. In: Mitteilungen des Rheinisch-Westfälischen Instituts für Wirtschaftsforschung Vol. 33, 1982

Donald, M.N. & Havighurst, R.J., The meaning of leisure. In: Social Forces Vol. 37, 1959, 4

Donald, M.N. & Havighurst, R.J., Die subjektive Bedeutung der freien Zeit. In: R. Schmitz-Scherzer (Hg.), Freizeit. Frankfurt 1974

Domke, H., Die Freizeit der Berufsschuljugend. Dissertation Erlangen 1970

Dubin, R. & Champoux, J.E., Central life interests and job satisfaction. In: Org. Behavior and Hum. Perf. 1977, 8

Dudel, H., Faktoren der sportlichen Leistung bei Schulkindern. München 1965

Dumazedier, J., Towards a society of leisure. New York 1967

Dumazedier, J., Sociology of leisure. Amsterdam 1974

Dunphy, D.C., The social structure of urban adolescent peer groups. In: Sociometry 1963

Ebert, S., Marx über die disponible Zeit. In: Wirtschaftswissenschaft Vol. 31, 1983, 9

Eichler, G., Spiel und Arbeit. Zur Theorie der Freizeit. Stuttgart-Bad Cannstatt 1979

Eisenstadt, S.N., Die protestantische Ethik und der Geist des Kapitalismus. Eine analytische und vergleichende Darstellung. In: Kölner Zeitschrift für Soziologie und Sozialpsychologie Vol. 26, 1970, 1 und 1970, 2

Elder, G.H., Children of the great depression. Chicago 1974

Elias, N., Über den Prozeß der Zivilisation Band 1. Frankfurt 1981

Elias, N., Über den Rückzug der Soziologen in die Gegenwart. In: Kölner Zeitschrift für Soziologie und Sozialpsychologie Vol. 39, 1983, 1

Emnid, Jugend zwischen 15 und 24; eine Untersuchung zur Situation der deutschen Jugend im Bundesgebiet. Bielefeld 1954

Emnid, Jugend zwischen 15 und 24. 2. Untersuchung zur Situation der deutschen Jugend im Bundesgebiet. Bielefeld 1955

Emnid, Jugend, Bildung und Freizeit. Bielefeld 1965

Emnid, Freizeit und Privatleben. Bielefeld 1969

Emnid/SVR, Freizeit im Ruhrgebiet. Bielefeld/Essen 1970/71

Emnid, Freizeit-Untersuchung: Freizeitbedingungen und Freizeitentwicklungen 1972/73. Bielefeld 1975

Emnid, Jugend zwischen 13 und 24 - Vergleich über 20 Jahre. Jugendwerk der Deutschen Shell. Bielefeld 1975

Emnid, SPIEGEL-Umfrage Freizeitverhalten. Bielefeld-Hamburg 1975

Enzensberger, H.M., Eine Theorie des Tourismus. In: Einzelheiten I, Bewußtseinsindustrie. Frankfurt 1962

Erikson, E., Childhood and society. New York 1964

Erikson, E., Kindheit und Gesellschaft. Stuttgart 1968

Etzioni, A., The search for political meaning. In: Cent. Mag. 1972, 5

Fetscher, J., Arbeit. In: H. Bussiek (Hg.), Veränderungen der Gesellschaft. Sechs konkrete Utopien. Frankfurt 1973

Fetscher, J., Arbeit und Spiel. Stuttgart 1983

Focke, H. & Reimer, U., Alltag unterm Hakenkreuz. 5. Auflage Hamburg 1980

Focke, K., Freizeitpolitik des Bundes. In: Freizeitpolitik in Bund, Ländern und Gemeinden. Dokumentation des Deutschen Freizeitkongresses 1974 in Garmisch-Partenkirchen. Düsseldorf 1975

Fourastiê, J., Loisir et future. Paris 1951

Frese, M., Psychische Störungen bei Arbeitern.Salzburg 1977

Fürstenberg, F., Einführung in die Arbeitssoziologie. Darmstadt 1977

Gattas, J., Roberts, K., Schmitz-Scherzer, R., Tokarski, W. & Vitãnyi, I., Leisure styles and life styles: a preliminary conceptualization. Manuskript 1981

Gayler, B., Urlaubserwartungen, Urlaubsverhalten und Urlaubswünsche junger Leute. In: Jahrbuch für Jugendreisen. Bonn 1973

Gayler, B., Jugendtourismus - Der inhaltliche Wandel eines Begriffes. In: Studienkreis für Tourismus (Hg.), Jugendreisen - Jugendbegegnung. Tagungsbericht. Starnberg 1978

Gayler, B., Reiseaktivitäten der Teens und Twens. In: Das Reisebüro, Heft 6, 1980

Geiger, H., Interessen und Verhaltensweisen von Urlaubsreisenden. In: Motive - Meinungen - Verhaltensweisen.Studienkreis für Tourismus. Starnberg 1969

Gerlach, D. u.a., Lesen und soziale Herkunft. Weinheim - Basel 1976

Gerschenkorn, A., Economic backwardness in historical perspective. Cambridge/Mass. 1962

GEWOS - Gesellschaft für Wohnungs- und Siedlungswesen, Der Zusammenhang von freizeitpolitischen Rahmenbedingungen und Bedeutungsabnahme und Bedeutungszunahme von Freizeitinhalten. Unveröffentl. Manuskript Hamburg 1975

Giegler, H., Dimensionen und Determinanten der Freizeit. Opladen 1982

Giesecke, H., Freizeit und Konsumerziehung.Göttingen 1968

Giesecke, H., Leben nach der Arbeit. Ursprünge und Perspektiven der Freizeitpädagogik. München 1983

Gleichmann, P., Zur Soziologie des Fremdenverkehrs. In: Wissenschaftliche Aspekte des Fremdenverkehrs. Raum und Fremdenverkehr I. Hannover 1969

Goffman, E., Interaktionsrituale. Über Verhalten in direkter Kommunikation. Frankfurt 1971

Goldthorpe, J.H., Lockwood, D., Bechhofer, D. & Platt, J., The efficient worker in the class structure. London 1969

Grauen, G., Jugendfreizeitheime in der Krise. Weinheim 1973

Graumann, C.F., Methoden der Motivationsforschung. In: Thomae, H. (Hg.), Handbuch der Psychologie, II. Allgemeine Psychologie, Motivation. 2. Bd., Göttingen 1965

Grabbe, H., Kritik der kritischen Freizeitpädagogik. In: F.G. Vahsen (Hg.), Beiträge zur Theorie und Praxis der Freizeitpädagogik. Hildesheim 1983

Greenberg, C., Work and leisure under industrialism. In: E. Larrabee & R. Meyersohn (eds.), Mass leisure. Glencoe/Ill. 1958

Groskurth, P. & Volpert, W., Lohnarbeitspsychologie. Frankfurt 1975

Gruner & Jahr/MARPLAN, Repräsentativumfrage in der Bundesrepublik einschließlich West-Berlin. Hamburg 1981

Grushin, B., Skorzinsky, Z., Stajkow, S. & Szanid, M., Die freie Zeit als Problem. Soziologische Untersuchung in Bulgarien, Polen, Ungarn und der UdSSR. Berlin 1970

Habermas, J., Soziologische Notizen zum Verhältnis von Arbeit und Freizeit. In: G. Funke (Hg.), Konkrete Vernunft. Festschrift für Erich Rothacker. Bonn 1958

Hahn, H. & Hartmann, K.D., Reiseinformation, Reiseentscheidung, Reisevorbereitung. Studienkreis für Tourismus. Starnberg 1973

Hammerich, K., Skizzen zur Genese der Freizeit als eines sozialen Systems. In: Kölner Zeitschrift für Soziologie und Sozialpsychologie Vol. 30, 1974, 2

Hanhart, D., Arbeiter in der Freizeit. Bern - Stuttgart 1964

Hartmann, K.D, Meinungen über Urlaubslandschaften und Urlaubsorte. In: Motive - Meinungen - Verhaltensweisen. Studienkreis für Tourismus. Starnberg 1969

Hartmann, K.D., Reiseentscheidungen und Reiseplanungen 1978. In: Das Reisebüro 7, 1979

Harvey, A.S, Szalai, A., Elliott, D.H., Stone, Ph.J. & Clark, S.M., Time budget research. An ISSC workbook in comparative analysis. Frankfurt - New York 1984

Havighurst, R.J., Employment, retirement, and education in the mature years. In: J. Webbler (ed.), Aging and retirement. Gainsville 1955

Havighurst, R.J., The Leisure activities in the middle age. In: American Journal of Sociology Vol. 63, 1957

Havighurst, R.J., Development task and education. New York 1972

Hebestreit, D., Touristic Marketing. Berlin 1975

Hecker, K. & Grunwald, W., Über die Beziehung zwischen Arbeits- und Freizeitzufriedenzeit. In: Soziale Welt 1981, 3

Heckhausen, H., Leistungsmotivation. In: H. Thomae (Hg.), Handbuch der Psychologie Bd. 2. Göttingen 1965

Heinemann, K. & Ludes, P., Zeitbewußtsein und Kontrolle der Z eit. In: K. Hammerich & M. Klein (Hg.), Materialien zur Soziologie des Alltags. Opladen 1978

Heller, A., Theorie der Bedürfnisse bei Marx. Hamburg 1978

Herzberg, F.H. et al., The motivation to work. New York 1959

Herzberg, F.H., Work and the nature of man. Cleveland - New York 1966

Höbermann, F., Zur Polarisierung von Arbeit und Freizeit. Göttingen 1975

Hochschild, R., A social-psychological perspective on aging. The Gerontologist Vol. 8, 1968

Hochschild, R., Disengagement theory: a critique and proposal. In: American Sociological Review Vol. 40, 1975

Hofer, W., (Hg.), Der Nationalsozialismus. Dokumente 1933 - 1945. 23. Auflage Frankfurt 1974

Hoffmann, H., Kultur und Freizeit. Zeittotschlagen, Entfaltungszwang oder Lebensinhalt. In: Animation Vol. 3, 1983, 7/8

Hofmeister, B. & Steinecke, A. (Hg.), Geographie des Freizeit- und Fremdenverkehrs. Darmstadt 1984

Hondrich, K.O., Sie wollen etwas leisten. In: Die Zeit vom 11. März 1982

Hoyer, K. & M. Kennedy (Hg.), Freizeit und Schule. Braunschweig 1978

Huber, J., Ältere Menschen und Verkehrsaufklärung. Köln 1982

Huck, G., Sozialgeschichte der Freizeit. Wuppertal 1980

Huizinga, J., Homo ludens. Hamburg 1956

IFAK-Institut für Absatzwirtschaft, Wohnen in Deutschland. Hamburg 1973

IMW - Institut für Markt- und Werbeforschung, Stellenwert des Radiohörens. Forschungsbericht im Auftrag des WDR. Köln 1981

INFAS, Untersuchung zu Freizeit und Wohnumfeld, Ballungskerne und Ballungsrandzone NW. Okt.-Nov. 1981 (im Auftrag des MLS)

Infratest-Medienforschung, Die Arbeitnehmer in der Metallindustrie - Bericht über die wichtigsten Ergebnisse einer Repräsentativerhebung bei Beschäftigten der Metallindustrie, durchgführt im Auftrag von Gesamtmetall. München 1980

Ingelhart, R., Wertwandel in den westlichen Gesellschaften. In: H. Klages & P. Kmieciak (Hg.), Wertwandel und gesellschaftlicher Wandel. Frankfurt 1979

Institut der Deutschen Wirtschaft, Zahlen zur wirtschaftlichen Entwicklung der Bundesrepublik Deutschland. Köln 1980

Institut für Kommunalwissenschaften der Konrad Adenauer Stiftung, Lokale Freizeitreviere. Werkbericht 3. St. Augustin 1978

Institut für Städtebau, Siedlungswesen und Kulturtechnik der Universität Bonn, Sozialpolitische und städtebauliche Bedeutung des Kleingartenwesens. Bonn 1972

Iso-Ahola, S.E., Basic dimensions of definitions of leisure. In: Journal of Leisure Research 1979, 1

Iso-Ahola, S.E., Social psychological perspectives on leisure and recreation. Springfield 1980

Jahoda, M., Wieviel Arbeit braucht der Mensch? Weinheim 1983

Johannis, Th.B. & Cunningham, K.R., Familien- und Freizeitforschung. In: R. Schmitz-Scherzer (Hg.), Freizeit. Frankfurt 1974

Jörgmeier, D., Staatliche und kommunale Freizeitpolitik. Baden-Baden 1976

Jugendwerk der Deutschen Shell, Jugend 1981. 3 Bände. Hamburg 1981

Kaiser, K., Rogalski, J. & Trilling, A., Arbeitszeitverkürzung und Altenarbeit. Materialien zur Weiterbildung 19 der Kontaktstelle für wissenschaftliche, künstlerische und berufliche Weiterbildung an der Gesamthochschule Kassel. Kassel 1983

Kahn, H. & Wiener, A., Ihr werde es erleben. Düsseldorf 1967

Kando, Th. M. & Summers, W.C., The impact of work on leisure. Beverly Hills - London 1971

Kaplan, H., Leisure in America. New York 1960

Kaplan, M., Leisure: theory and policy. New York 1975

Karst, U.V., Freizeitsport im Wohnumfeld in ausgewählten Freizeiteinrichtungen und Sportstätten des KVR-Gebietes. Forschungsbericht für den Kommunalverband Ruhrgebiet. Bielefeld 1980

Karst, U.V., Kritik der Freizeitpädagogik - oder besser: Kritik der Freizeitpädagogen? In: F.G. Vahsen (Hg.), Beiträge zur Theorie und Praxis der Freizeitpädagogik. Hildesheim 1983

Kelly, J.R., Leisure. Englewood Cliffs 1982

Kentler, H., Leithäuser, Th. & Lehning, H., Forschungsbericht Jugend im Urlaub. Studienkreis für Tourismus e.V. München 1965 (Manuskript)

Kieslich, G., Freizeitgestaltung in einer Industriestadt - Dortmund und Lütgen. Dortmund 1956

Kinder, H. & Hilgemann, W., DTV-Atlas zur Weltgeschichte Band 2. München 1966

Klatt, F., Freizeitgestaltung. Stuttgart 1929

Klemp, A. & Klemp, J., Arbeitszeitverteilung und Freizeitgestaltung. Göttingen 1976

Klusen, E., Zur Situation des Singens in der Bundesrepublik Deutschland. Köln 1974

Kohl, H., Freizeitpolitik. Frankfurt - Köln 1976

Kohl, W. & Turowski, G., Systematik der Freizeitinfrastruktur. Karlsruhe 1974

Kornhauser, A., Mental health of the industrial worker. A Detroit Study. New York 1965

Kranzhoff, U.E. & Schmitz-Scherzer, R., Jugendliche in ihrer Freizeit. Basel 1978

Kramer, D., Freizeit und Reproduktion der Arbeitskraft. 2. Auflage Köln 1977

Kroh, O., Psychologie der Oberstufe. Langensalza 1944

Kruppa, A. et al., Erzwungene Freizeit. Frankfurt 1984

Kuczynski, I., Geschichte des Alltags des deutschen Volkes: 1600-1945. Band 1: 1600-1650. 3. Auflage Köln 1981

Küng, E., Arbeit und Freizeit in der nachindustriellen Gesellschaft. Tübingen 1971

Lafargue, P., Das Recht auf Faulheit. Frankfurt 1966

Larrue, J., Activité militante et loisir. In: Journal de Psychologie Normale et Pathologique 1961, 58

Ledermann, A., Freizeit - gestern - heute und morgen. In: Elra-information Vol. 11, 1983, 3

Lee, L.C., An exploration of the role of the family life style on selected behavior variables. In: B.B. Anderson (ed.), Advances in consumer research Vol. III, 1976

Lefebvre, H., Das Alltagsleben in der modernen Welt. Frankfurt 1972

Lehmann, K.D., Bestimmungsgrößen des Reisens. In: Schmitz-Scherzer, R. (Hg.), Reisen und Tourismus. Darmstadt 1975

Lehr, U., Freizeit aus psychologischer Sicht. Der Mensch und seine Freizeit. Berlin 1961

Lehr, U., Die Frau im Beruf. Frankfurt 1969

Lehr, U., Die Herausforderung der Zukunft: Intervention und Rehabilitation in der Gerontologie. Vortrag. Bonn 1981

Lenski, G, The religious factor. New York 1961

Lenz-Romeiss, F., Freizeit und Alltag. Göttingen 1974

Lenz-Romeiss, F. & Middeke, J.-J., Freizeit in unseren Wohnquartieren. Bonn-Bad Godesberg 1977

Liesen, F., Junge Leute bei kommerziellen Reiseveranstaltern. In: Studienkreis für Tourismus (Hg.), Jugendreisen - Jugendbegegnungen. Tagungsbericht. Starnberg 1978

Lippold, G. & Manz, G., Zur Anwendung der Zeitkategorien für die Darstellung der Lebensweise. In: Jahrbuch für Soziologie und Sozialpolitik. Berlin 1980

Lüdtke, H., Jugendliche in organisierter Freizeit, ihr soziales Motivations- und Orientierungsfeld als Variable des inneren Systems von Jugendfreizeitheimen. Weinheim - Basel 1972

Lüdtke, H., Freizeit in der Industriegesellschaft. 2. Auflage Opladen 1975

Lüdtke, H., Der Freizeitcharakter von Tätigkeiten in Abhängigkeit von der Status-Rollen-Konfiguration von Akteuren. In: V. Buddrus, H. Grabbe & W. Nahrstedt (Hg.), Freizeit in der Kritik. Köln 1980

Lüdtke, H., Die Freizeitattraktivität der westdeutschen Großstädte. Hamburg 1982

Lüdtke, H., Veränderungen im Freizeitverhalten. In: Loccumer Protokolle 1984

Lüdtke, H., Gleichförmigkeiten im alltäglichen Freizeitverhalten. In: Zeitschrift für Soziologie 13, 1984, 3

Lüke, J., Freizeitheime und deren Besucher. Ein Vergleich zwischen deutschen und ausländischen Jugendlichen. Phil. Diss. Bonn 1985

Maase, K., Leseinteressen der Arbeiter in der BRD. Köln 1975

Maier, J., Paesler, R., Rumpert, K. & Schaffer, F., Sozialgeographie. Braunschweig 1977

Martin, E., Middeke, J.-J. & Romeiss-Stracke, F., Märkte im Wandel, Band 11: Freizeitverhalten. Spiegel-Verlagsreihe. Hamburg 1983

Marx, K., Grundrisse der Kritik der politischen Ökonomie. Berlin 1974

Matthes, J. (Hg.), Krise der Arbeitsgesellschaft? Verhandlungen des 21. Deutschen Soziologentages in Bamberg 1982. Frankfurt 1983

Mayntz, R., Leisure, social participation, and political activity. In: Social Science Journal 1960, 12

McCann-Erickson/Marplan, Der deutsche Mann - Lebensstile und Orientierungen. Düsseldorf 1983

Melzer, B., Junge Leute reisen gern. In: Studienkreis für Tourismus (Hg.), Reisemotive - Länderimages - Urlaubsverhalten. Starnberg 1981

Meyer, W., Aktivität im Urlaub. In: Fortschritte der Marktpsychologie, Band 1. Fachbuchhandlung für Psychologie Frankfurt 1977

Micksch, J., Jugend und Freizeit in der DDR. Opladen 1972

Mielenhausen, E., Marktwirtschaftliche Überlegungen zur Freizeit - Einige Anmerkungen am Beispiel der BRD. In: Osnabrücker Studien Band 5 "Freizeit". Frankfurt 1975

Morgen, V., Zum ethischen Erziehungsstil als Determinante des Freizeitverhaltens. Lizentiatsarbeit, Philosophische Fakultät an der Universität Freiburg (Schweiz). Freiburg(Schweiz) 1982

MLS - Minister für Landes- und Stadtentwicklung des Landes Nordrhein-Westfalen. 1. Freizeitbericht der Landesregierung Nordrhein-Westfalen. Düsseldorf 1982

Möller, H., Die kleinbürgerliche Familie im 18. Jahrhundert.Verhalten und Gruppenstruktur. Berlin 1969

Müller-Ebert, Chr. J., Zum Selbstbild von Jugendlichen in der Reifezeit. Psychologische Diplomarbeit Universität Bonn. Bonn 1981

Müller-Wichmann, Ch., Zeitnot. Weinheim 1984

Murray, H.A., Explorations in personality. New York 1938

Mussen, P.H., Child development and personality. New York 1969

Myerscough, J., The recent history of the use of leisure time. In: I. Appleton (ed.), Leisure research and policy. Edinburgh-London (o.J.)

Nahrstedt, W., Die Entstehung der Freizeit zwischen 1750 und 1850, dargestellt am Beispiel Hamburgs. Hamburg 1969

Nahrstedt, W., Die Entstehung der Freizeit. Göttingen 1972

Nahrstedt, W., Freizeitpädagogik in der nachindustriellen Gesellschaft. Neuwied 1974

Nahrstedt, W., Freizeitberatung.Göttingen 1975

Nahrstedt, W., Über die "Freizeitgesellschaft" z u einer "Freien Gesellschaft"? Grundlagen für eine neue Gesellschaftstheorie - zur Kritik eines forschungsrelevanten gesellschaftspolitischen Tabus. In: V. Buddrus, H. Grabbe & W. Nahrstedt (Hg.), Freizeit in der Kritik. Köln 1980

Nahrstedt, W., Freizeitpädagogik als Freizeitwissenschaft. In: F.G. Vahsen (Hg.), Beiträge zur Theorie und Praxis der Freizeitpädagogik. Hildesheim 1983

Nauck, B., Konkurrierende Freizeitdefinitionen und ihre Auswirkungen auf die Forschungspraxis der Freizeitsoziologie. In: Kölner Zeitschrift für Soziologie und Sozialpsychologie Vol. 39, 1983, 2

Nave-Herz, R., Beruf - Freizeit - Weiterbildung. Darmstadt 1976

Nave-Herz, R.& Nauck, B., Familie und Freizeit. München 1978

Neulinger, J. & Raps, Ch.S., Leisure attitudes of an intellectual elite. In: Journal of Leisure Research, Vol. 4, 1972, 3

Neulinger, J., The psychology of leisure. Springfield/Ill. 1974

Nickel, H., Entwicklungspsychologie des Kindes- und Jugendalters Band 2. Bern - Stuttgart - Wien 1975

Noelle-Neumann, E. & Piel, E. (Hg.), Eine Generation später. Bundesrepublik Deutschland 1953-1979. München - New York - London - Paris 1983

Oerter, R., Die Entwicklung von Werthaltungen während der Reifezeit. München 1966

Opaschowski, H.W. (Hg.), Freizeitpädagogik. Bad Heilbrunn/Obb. 1972

Opaschowski, H.W., Freizeitforschung ohne soziale Phantasie. In: Frankfurter Hefte Vol. 28, 1973, 5

Opaschowski, H.W., Freizeittheoretische Ansätze. In: Das Parlament vom 9.8.1975

Opaschowski, H.W., Pädagogik der Freizeit. Bad Heilbrunn/Obb. 1976

Opaschowski, H.W., Probleme im Umgang mit der Freizeit. Band 1 der BAT-Schriftenreihe zur Freizeitforschung. Hamburg 1980

Opaschowski, H.W., Allein in der Freizeit. BAT-Schriftenreihe zur Freizeitforschung Band 2. Hamburg 1981

Opaschowski, H.W. & Raddatz, G., Freizeit im Wertewandel. Band 4 der BAT-Schriftenreihe zur Freizeitforschung. Hamburg 1982.

Opaschowski, H.W., Arbeit. Freizeit. Lebenssinn? Opladen 1983

Opaschowski, H.W., Grundfragen und Grundpositionen der Freizeitpädagogik. In: F.G. Vahsen (Hg.), Beiträge zur Theorie und Praxis der Freizeitpädagogik. Hildesheim 1983

Oppitz, G. & Rosenstiel, L., Wandel der Lebensstile? In: Marketing ZFP 1983, 4

Osterland, M. & Deppe, W., Materialien zur Lebens- und Arbeitssituation der Industriearbeiter in der BRD. Frankfurt 1973

Pappi, F.U. & Pappi, J., Sozialer Status und Konsumstile. In: Kölner Zeitschrift für Soziologie und Sozialpsychologie Vol. 34, 1978, 1

Parker, S., The sociology of leisure. London 1976

Plessner, H., Die Funktion des Sports in der industriellen Gesellschaft. In: Gesellschaft und Weltbild 1956

Prahl, H.-W., Freizeitsoziologie: Entwicklungen - Konzepte - Perspektiven. München 1977

Presse- und Informationsamt der Bundesregierung (Hg.), Gesellschaftliche Daten 1982. Bonn 1982

Prognos, Die Entwicklung neuer Medien- und Kommunikationstechnologien und ihre Wirkung auf die Freizeit.Basel 1982

Prognos, Scenarien zur Entwicklung der Kabelkommunikation. Untersuchung im Auftrag des Heinrich-Hertz-Instituts und des BMFT. Basel Dez. 1981

Pronovost, G., La structure et la signification des temps de loisir dans les temps de la vie quotidienne. In: Loisir et Societê, 1982, 2

Quelle Urlaubstest, Quellereisen 1969/70

Rapoport, R. & Rapoport, R., Four themes in the sociology of leisure. In: British Journal of Sociology 1974, 2

Reitzle, M., Freizeitverhalten Jugendlicher im privaten Bereich und in Freizeiteinrichtungen. Psychologische Diplomarbeit Universität Bonn, Bonn 1981

Reitzle, M. & Silbereisen, R.K., Fragebogen zur Erfassung von Freizeitmotiven Jugendlicher im Rahmen der Studie "Jugendentwicklung und Drogen". TU Berlin 1982

Reulecke, J. & Weber, W., Fabrik - Familie - Feierabend. 2. Auflage Wuppertal 1978

Rice, B., Die psychischen Kosten der Arbeitslosigkeit. In: Psychologie heute 1975, 11

Riesman, D., The lonely crowd. New Haven 1950

Rittner, V., Thesen zu einem Freizeitkonzept. Maschinenschrift. Köln 1982

Roberts, K., Contemporary society and the growth of leisure. London 1978

Rosen, B.C., Race, ethnicity, and the achievement syndrome. In: American Sociological Review Vol. 47, 1959

Rosenmayr, L., Illusion und Realität in der Freizeit. In: E.K. Scheuch & R. Meyersohn (Hg.), Soziologie der Freizeit. Köln 1972

Rosenstiel, L. von, Motivation im Betrieb. 3. Auflage München 1974

Rosner, A., Beiträge zur Soziologie der Freizeit. Diss. Köln 1974

Rubinstein, S., Grundlagen der allgemeinen Psychologie. Berlin 1958

Rubinstein, S., Die Interessen In: H. Thomae (Hg.), Die Motivation menschlichen Handelns. Köln 1965

Rudat, R., Freizeitmöglichkeiten von Nacht-, Schicht-, Sonn- und Feiertagsarbeitern.Schriftenreihe des BMJFG Band III. Stuttgart 1978

Rüssel, A., Spiel und Arbeit in der menschlichen Entwicklung. In: Handbuch der Psychologie Band 3, Entwicklungspsychologie. Göttingen 1959

Rüppell, H., Bewertung des Freizeitnutzens von Spielen. In: Schmitz-Scherzer, R. (Hg.),Aktuelle Beiträge zur Freizeitforschung. Darmstadt 1977

Sand, H. & Benz, K.H., Jugend und Freizeitverhalten. Fellbach 1979

Sanders, D.R., Moderator variables in prediction. In: Ed. Psychol. Measurement 1956, 16

Scharioth, J., Kulturinstitutionen und ihre Besucher. Diss. der Sozialwissenschaften Universität Bochum 1974

Schelsky, H., Die skeptische Generation. Düsseldorf - Köln 1963

Schenk-Danziger, L., Entwicklungspsychologie.Wien 1972

Scheuch, E.K., Soziologie der Freizeit. In: R. König (Hg.), Handbuch der empirischen Sozialforschung. 2.Auflage Stuttgart 1969

Scheuch, E.K., Die Problematik der Freizeit in der Massengesellschaft. In: E.K. Scheuch & R. Meyersohn (Hg.), Soziologie der Freizeit. Köln 1972

Scheuch, E.K., Soziologie der Freizeit. In: R. König (Hg.), Handbuch der empirischen Sozialforschung Band 11. 3. Auflage Stuttgart 1977

Scheuch, E.K., Soziologie der Freizeit in den USA. In: W. Nahrstedt (Hg.), Freizeitdienste, Freizeitberufe und Freizeitwissenschaften in den USA - Modelle für die Bundesrepublik Deutschland? Düsseldorf 1978

Scheuch, E.K., Freizeit und Lebensweise. Manuskript Köln 1980

Scheuch, E.K., Tourismus. In: F. Stoll (Hg.), Die Psychologie des 2o. Jahrhunderts. Band XIII: Anwendungen im Berufsleben. Zürich 1981

Scheuch, E.K., Freizeit als Lebensinhalt? Wandel der Bedeutung von Arbeit und Freizeit. In: Die Adhäsion 1983

Schildmeier, A., Freizeitmöglichkeiten für ausländische Arbeitnehmer. Schriftenreihe des BMJFG Band 114. Stuttgart 1978

Schilling, J., Jugend und Freizeit. Tübingen 1974

Schilling, J., Aktivitäten und Gesellungsformen Jugendlicher im Freizeitbereich und ihre Relevanz für die Jugendarbeit.Diss. Konstanz 1975

Schilling, J., Freizeitverhalten Jugendlicher. Weinheim 1977

Schlösser, M., Freizeit und Familienleben von Industriearbeitern. Frankfurt-New York 1981

Schmettow, Graf von, B. & Lawitzke, P., Konzeption zur Verbesserung von Freizeitbedingungen In: ILS-Institut für Landes- und Stadtentwicklungsforschung (Hg.), Handlungsfeld Freizeit. Band 5001. Dortmund 1984

Schmidt, G., Ausverkauf. Ökonomische und sozialpsychologische Aspekte des Tourismus in Entwicklungsländern. In: Schmitz-Scherzer, R. (Hg.), Reisen und Tourismus. Darmstadt 1975

Schmidtchen, G., Neue Technik, neue Arbeitsmoral. Eine sozialpsychologische Untersuchung über Motivation in der Metallindustrie. Köln 1984

Schmieder, F., Präferenzen für Reiseziele und Landschaftsformen. In: Das Reisebüro 9, 1983

Schmitz-Scherzer, R., Freizeitbeschäftigung und Alter, Manuskript Bonn 1968

Schmitz-Scherzer, R., Freizeitbeschäftigung und Alter. Phil. Diss. Bonn 1969

Schmitz-Scherzer, R. & Rudinger, G., Motive - Erwartungen - Wünsche in bezug auf Urlaub und Verreisen. In: Studienkreis für Tourismus (Hg.), Motive - Meinungen - Verhaltensweisen. Starnberg 1969

Schmitz-Scherzer, R. & Lehr, U., Gesundheitliches Wohlbefinden und psychischer Alternsprozeß. In: mda (Medizin des alternden Menschen) 6, 1971

Schmitz-Scherzer, R., Sozialpsychologie der Freizeit.Stuttgart 1974

Schmitz-Scherzer, R., Rudinger, G. & Angleitner, A., Zur Struktur von Freizeitaktivitäten In: R. Schmitz-Scherzer (Hg.), Freizeit. Frankfurt 1974

Schmitz-Scherzer, R., Freizeit, Gleichheit ... In: Psychologie heute 1975, 9

Schmitz-Scherzer, R., Alter und Freizeit. Stuttgart 1975

Schmitz-Scherzer, R., Reisen und Tourismus. Darmstadt 1977

Schmitz-Scherzer, R., Freizeittherapie. In: R. Schmitz-Scherzer (Hg.), Aktuelle Beiträge zur Freizeitforschung. Darmstadt 1977

Schmitz-Scherzer, R., Psychologie der Freizeit in den USA. In: W. Nahrstedt (Hg.), Freizeitdienste, Freizeitberufe und Freizeitwissenschaften in den USA - Modelle für die Bundesrepublik Deutschland? Düsseldorf 1978

Schmitz-Scherzer, R. & Tokarski, W., Der ältere Mensch in der Familie. Eine Materialiensammlung (Maschinenschrfift) Kassel 1982

Schmitz-Scherzer, R. & Thomae, H., Constancy and change of behavior in old age: findings from the Bonn Lingitudinal Study on Aging. In: W. Schaie (ed.), Longitudinal studies of adult psychological development. New York 1983

Schmitz-Scherzer, R., Schulze, H. & Tokarski, W., Perspektiven der Freizeitforschung.Entwicklung einer Systematik als Arbeitshilfe für Untersuchungen zur Freizeitthematik. Forschungsbericht im Auftrag des Kommunalverband Ruhrgebiet. Kassel 1984

Schnell, P., Naherholungsraum und Naherholungsverhalten, untersucht am Beispiel der Solitärstadt Münster. Münster 1977

Schnell, P. & Weber, P. (Hg.), Agglomeration und Freizeitraum. Paderborn 1980

Schober, R., Urlaubserwartungen - Urlaubswünsche. In: Das Reisebüro 9, 1979

Schober, R., Motive des Reisens. Zum Attraktivitätswert der Urlaubsreisen. In: Studienkreis für Tourismus (Hg.), Reisemotive - Länderimages - Urlaubsverhalten. Starnberg 1981

Schöps, M., Zeit und Gesellschaft.Stuttgart 1980

Schrupp, F., Wohnungen des Automatenspiels. Psychol. Diplomarbeit Universität Bonn. Bonn 1983

Schulze, H., Freizeitverhalten Jugendlicher unter Berücksichtigung ihrer Wertsysteme. Psychol. Diplomarbeit Universität Bonn. Bonn 1981

Schutz, A., The Stranger. In: Phaenomenologica 15. The Hague 1964

sdf-Schriftenreihe, Spiel als zentrale Lebensäußerung. Bad Honnef 1974

Sobel, M.E., Lifestyle and social structure. New York 1981

Sorembe, V. & Westhoff, K., Änderungen von Einstellungen durch Reisen. In: R. Schmitz-Scherzer (Hg.), Reisen und Tourismus, Darmstadt 1977

Spiegel-Umfrage, Freizeitverhalten. Hamburg 1972

Spiegel-Umfrage, Der Deutsche und sein Hund. Der Spiegel 1976, 5

Spiegel-Verlagsreihe, Märkte im Wandel. Band 11, Freizeitverhalten. Hamburg 1983

Spiegel-Umfrage, Freizeitverhalten. Spiegelverlag, Hamburg, o.J.

Spode, H., "Der deutsche Arbeiter reist": Massentourismus im Dritten Reich. In: G. Huck (Hg.), Sozialgeschichte der Freizeit. Wuppertal 1980

Staines, G.L., Spillover versus compensation: A review of the literature on the relationship between work and non-work. In: Human Relations Vol. 33, 1980, 2

Stajkow, S., Time budget of the adult population. Proceedings of the 9. Int. Congr. Geront. Kiew 1972

Statistisches Bundesamt (Hg.), Statistisches Jahrbuch 1981 für die Bundesrepublik Deutschland. Stuttgart 1981

Stern, Der (Hg.), Das Leben im Alter. Kommunikations- und Konsumverhalten. Hamburg 1977

Stern, Der, "Unsere Alten". 1978, 33

Stern, Der, Lebensziele. Potentiale und Trends alternativen Verhaltens. Hamburg 1981

Stern, Der, Die Deutschen und ihr Fernsehen. 1982, 47

Stern, Der, "Freizeit die ich meine", 26.7.1984

Stern, Der/Allensbach, Repräsentativumfrage zur Arbeitszeitverkürzung. Hamburg 1984

Sternheim, A., Zum Problem der Freizeitgestaltung. In: Zeitschrift für Sozialforschung 1932

Stokols, D., Group place transactions: some neglected issues in psychological research on settings. In: D. Magnusson (ed.), Towards a psychology of situations. Hillsdale 1981

Stolte, D. (Hg.), Das Fernsehen und sein Publikum. Mainz 1973

Streib, G.F., Disengagement theory in socio-cultural perspective. In: International Journal of Psychiatry 1978, 6

Streich, R.K., Wechselwirkungen. Über den Zusammenhang von Arbeit und Freizeit. In: Animation Vol. 4, 1983, 10

Strelewicz, W., Jugend in der freien Zeit. München 1965

Strong, E.K., Vocational interests eighteen years after college. Univ. of Minnesota Press 1955

Strong, E.K., Interests of fathers and sons. In:Journal of Appl. Psychol. 1957, 41

Studienkreis für Tourismus, Motive- Meinungen - Verhaltensweisen. Starnberg 1969

Studienkreis für Tourismus (Hg.), Jugendreisen - Jugendbegegnung. Tagungsbericht. Starnberg 1978

Studienkreis für Tourismus, Die Meinungsmacher unter den Urlaubsreisen 1978. In: Das Reisebüro 3, 1980

Studienkreis für Tourismus (Hg.), Reisemotive - Länderimages - Urlaubsverhalten. Starnberg 1981

Studienkreis für Tourismus, Reiseanalyse 1982. Starnberg 1983

Super, E.D., Appraising vocational fitness. London 1949

Szalai, A., The use of time. The Hague/Paris 1972

Teleskopie, Fernsehnutzung. Strukturerhebung Winter 1978/79

Teleskopie, Tagesablauf und Hörfunknutzung 1978/79a

Teriet, B., Sabbaticals - eine ungenutzte arbeitszeitpolitische Chance? In: Personal, Mensch und Arbeit 1, 1978

Teriet, B., Der gleitende Ruhestand. In: Personalwirtschaft 6, 1979

Timm, A., Verlust der Muße. Zur Geschichte der Freizeitgesellschaft. Buchholz bei Hamburg 1968

Thomae, H., Entwicklungspsychologie In: Handbuch der Entwicklungspsychologie Band 3. Göttingen 1959

Thomae, H., Handbuch der Allgemeinen Psychologie Band 2. Göttingen 1965

Thomae, H., Das Individuum und seine Welt. Göttingen 1968

Thomae, H., Formen der Daseinsermöglichung. In: H.G. Gadamer & P. Vogel (Hg.), Psychologische Anthropologie. Stuttgart 1973

Thomae, H., Beziehungen zwischen Freizeitverhalten, sozialen Faktoren und Persönlichkeitsstruktur. In: R. Schmitz-Scherzer (Hg.), Freizeit. Frankfurt 1974

Thomae, H., Alternsstile und Altersschicksale. Ein Beitrag zur Differentiellen Gerontologie. Bern-Stuttgart-Wien 1983

Thomae, H. & Lehr, U. (Hg.), Altern - Probleme und Tatsachen. Frankfurt 1968

Thompson, E.P., Zeit, Arbeitsdisziplin und Industriekapitalismus. In: R. Braun et al. (Hg.), Gesellschaft in der industriellen Revolution. Köln 1973

Tocqueville, A. de, Democracy in America. New York 1954

Todt, E., Das Interesse. Bern 1978

Tokarski, W., Aspekte des Arbeitserlebens als Faktoren des Freizeiterlebens. Frankfurt-Bern-Las Vegas 1979

Tokarski, W., Some social psychological notes on leisure, the meaning of leisure, and life styles. In: World Leisure And Recreation Association (ed.), Proceedings of the 25th meeting in Zürich and Twannberg 5-12 Nov. 1981. New York 1981

Tokarski, W., Arbeit und Freizeit. Ein problematisches Verhältnis. In: Animation Vol. 2, 1981, 4

Tokarski, W., The situation of leisure research in W. Germany. In: Trends in leisure research in Europe. Budapest 1982

Tokarski, W., Überlegungen zur Freizeit als Rehabilitationsraum: Freizeit und Rehabilitation - ein Widerspruch? In: Das öffentliche Gesundheitswesen Vol. 44, 1982, 5

Tokarski, W., Some notes on the effects of the economic crisis on leisure- exemplified by the situation of W. Germany. In: Elra-information Vol. 10, 1982, 11

Tokarski, W., The situation of leisure research in Western Germany with emphasis on the methodological aspects. In: Society And Leisure Vol. 6, 1983, 2

Tokarski, W., Freizeitgestaltung. In: Oswald, W.D., Hermann, W., Kanowski, S., Lehr, U. & Thomae, H. (Hg.), Gerontologie - medizinische, psychologische und soziologische Grundbegriffe. Stuttgart 1984

Tokarski, W., Interrelationships between leisure and life styles. In: WLRA-Journal Vol. 26, 1984

Tokarski, W., Freizeitstile im Alter: Über die Notwendigkeit und Möglichkeiten einer Analyse der Freizeit Älterer. In: Zeitschrift für Gerontologie Vol. 18, 1985, 2

Tokarski, W. & Schmitz-Scherzer, R., Alter: Leben ohne Arbeit - Leben für die Freizeit. In: Das öffentliche Gesundheitswesen Vol. 45, 1983, 1

Tokarski, W. & Uttitz, P., Lebensstil - eine Perspektive der Freizeitforschung. Manuskript. Köln 1984

Toman, L.M. (ed.), Genetic studies at genuis Vol. 1-4. Stanford 1925-1947

Transfer-Enquête-Kommission, Zur Einkommenslage der Rentner. Stuttgart 1979

Türk, K., Grundlagen einer Pathologie der Organisation. Stuttgart 1976

Udry, J.R., The social context of marriage. In: H. Nickel (Hg.), Entwickpsychologie des Kindes- und Jugendalters Band 2. Bern-Stuttgart-Wien 1975

Uttitz, P., Freizeitverhalten im Wandel. Diss. Köln 1985

Vaassen, B., Die Bedeutung der Arbeit - Widersprüchliche Ergebnisse der empirischen Werteforschung. In: Psychologie und Praxis. Zeitschrift für Arbeits- und Orgnisationspsychologie Vol. 28 (N.F. 3) 1984, 3

Vagt, G., Zum Kumulationseffekt im Freizeitverhalten. In: Kölner Zeitschrift für Soziologie und Sozialpsychologie Vol. 32, 1976, 4

Vahsen, F.G., Vorüberlegungen zu Bedingungsmomenten einer Theorie der Freizeit. In: F.G. Vahsen (Hg.), Beiträge zur Theorie und Praxis der Freizeitpädagogik. Hildesheim 1983

Veblen, Th., Theory of the leisure class. London 1899

Vetter, F., Strukturelle Veränderungen des mitteleuropäischen Großstadttourismus. In: P. Schnell & P. Weber (Hg.), Agglomeration und Freizeitraum. Paderborn 1980

Voigt, D. & Mening, M., Sozialstruktur im deutschen Sport. In: Deutschland Archiv, 10. Jahrg., Köln 1977

Volk, H., Skilanglauf als Freizeitsport. Abt. Landespflege Nr. 8. Freiburg November 1981

Vroom, V.H., Work and motivation. New York 1964

Wachler, D., Das verlängerte Wochenende in seinen Wirkungen auf Familie und Haushalt. Düsseldorf 1972

Wacker, P.A., Urlaubserwartungen junger Leute. In: Jahrbuch für Jugendreisen. Bonn 1973

Wagner, W., Die nützliche Armut. Eine Einführung in die Sozialpolitik. Berlin 1982

Wald, R., Industriearbeiter privat. Stuttgart 1966

Wallner, E.M. & Pohler-Funke, M., Soziologie der Freizeit. Heidelberg 1978

Walvin, J., Leisure society: 1830-1950. London - New York 1978

Watrin, Ch., Arbeit und Leistung - Was kostet die Freizeitgesellschaft? In: E. Noelle-Neumann & E. Piel (Hg.), Eine Generation später. Bundesrepublik Deutschland 1953-1979. München 1983

Weber, E., Das Freizeitproblem. München 1963

Weber, E., Die Verbrauchererziehung in der Konsumgsellschaft. Bonn 1967

Weber, M., Die protestantische Ethik. Eine Aufsatzsammlung, hrsg. von J. Winckelmann. 3. Auflage Hamburg 1973

Weber, P. & Wilking, R., Schichtarbeit und Freizeit In: P. Schnell & P. Weber (Hg.), Agglomeration und Freizeitraum. Paderborn 1980

Weber-Kellermann, J., Die deutsche Familie - Versuch einer Sozialgeschichte. Frankfurt 1974

Webster, R., Rest days - a study in early law and morality. New York 1916

Wells, W.D. & Cosmas, S.C., Life Styles. In: Selected aspects of consumer behavior. A summary from the perspective of different disciplines, prepared for the National Science Foundation, Directorate for Research Applications. Washington 1981

Wendorff, R., Zeit und Kultur. Geschichte des Zeitbewußtseins in Europa. Opladen 1980

Werner, A. & Blumers, F.O., Jugend und Freizeit in Ulm. Stadtjugendwerk Ulm 1970

Wilensky, H.L., Work, careers, and social integration. In: Internatio-nal Sociological Science Journal 1960, 12

Wilensky, H.L., Die Umverteilung von Arbeit und Freizeit. In: E.K. Scheuch & R. Meyersohn (Hg.), Soziologie der Freizeit. Köln 1972

Winter, G., Einstellungsänderung durch internationale Begegnung. Studienkreis für Tourismus. Starnberg 1974

Winter, G., Psychologische Beiträge zu einer Theorie der Freizeit. In: F.G. Vahsen (Hg.), Beiträge zur Theorie und Praxis der Freizeitpädagogik. Hildesheim 1983

Wippler, R., Sociale determinanten van het Vrijetidsgedrag. Groningen 1968

Wippler, R., Leisure behavior. A multivariate approach. In: Sociologica neerlandica 1970, 6

Wippler, R., Freizeitverhalten Ein multivariater Ansatz. In: R. Schmitz-Scherzer (Hg.), Freizeit. Frankfurt 1974

Wohlmann, R., Soziale und kulturelle Bedingungen für die Reisegewohnheiten verschiedener Bevölkerungsgruppen. In: Motive - Meinungen - Verhaltensweisen. Studienkreis für Tourismus. Starnberg 1969

Wollmann, R., Reiseformen: Individual- und Veranstalterreisen. In: Das Reisebüro 9, 1978

Wolff, S., Reisemotive von Alleinreisenden und Familienreisenden. In: Das Reisebüro 12, 1982

Wolff, S., Urlaubsreisen 1982. Studienkreis für Tourismus. Starnberg 1983

Zablocki, B.D. & Kanter, R.M., The differentiation of life styles. In: Annual Review of Sociology 1976, 2

Zeit, Die, vom 24.6.1982

Zeit, Die, vom 11.11.1983

Zeit, Die, vom 9.12.1983

Zucker, W.H., Veranstalter-Reisen 1980 - Stagnation durch neue Abhängigkeiten. In: Das Reisebüro 6, 1981

Zuckerman, M., Dimensions of sensation seeking. In: Journal of Clinical Psychology Vol. 36, 1971

8. Sachregister

Studienskripten zur Soziologie

38 F. Böltken, Auswahlverfahren
Eine Einführung für Sozialwissenschaftler
407 Seiten. DM 19,80

39 H. J. Hummell, Probleme der Mehrebenenanalyse
160 Seiten. DM 14,80

40 F. Golzewski/W. Reschka, Gegenwartsgesellschaften: Polen
383 Seiten. DM 21,80

41 Th. Harder, Dynamische Modelle
in der empirischen Sozialforschung
120 Seiten. DM 14,80

42 W. Sodeur, Empirische Verfahren zur Klassifikation
183 Seiten. DM 15,80

43 H. M. Kepplinger, Massenkommunikation
207 Seiten. DM 16,80

44 H.-D. Schneider, Kleingruppenforschung
2. Auflage. 343 Seiten. DM 19,80

45 H. J. Helle, Verstehende Soziologie und
Theorien der Symbolischen Interaktion
207 Seiten. DM 16,80

46 T. A. Herz, Klassen, Schichten, Mobilitäten
316 Seiten. DM 19,80

48 S. Jensen, Talcott Parsons Eine Einführung
204 Seiten. DM 16,80

49 J. Kriz, Methodenkritik empirischer Sozialforschung
292 Seiten. DM 19,80

120 G. Büschges, Einführung in die Organisationssoziologie
214 Seiten. DM 16,80

121 W. Teckenberg, Gegenwartsgesellschaften: UdSSR
478 Seiten. DM 24,80

122 A. Diekmann/P. Mitter,
Methoden zur Analyse von Zeitabläufen
208 Seiten. DM 16,80

123 Goetze/Mühlfeld, Ethnosoziologie
326 Seiten. DM 19,80

124 D. Ruloff, Historische Sozialforschung
225 Seiten. DM 18,80

125 W. Tokarski/R. Schmitz-Scherzer, Freizeit
289 Seiten. DM 19,80

126 R. Porst, Praxis der Umfrageforschung
172 Seiten. DM 16,80

Preisänderungen vorbehalten